KB043729

The Urban Regeneration Theory and Experience

탈근대 도시재생

원제무 지음

탈근대 도시 재생

2012년 12월 20일 초판 1쇄 출간

지은이 원제무

펴낸이 오휘영
펴낸곳 도서출판 조경
등록일 1987년 11월 27일 신고번호 제 406-2006-00005호
주 소 경기도 파주시 문발동 파주출판도시 529-5
TEL: (031)955-4966~8 FAX: (031)955-4969 E-mail: klam@chol.com

필름출력 보현P&P 인쇄 보현P&P

ISBN 978-89-85507-88-2 93530

정가 24,000원

ⓒ 원제무, 도서출판 조경

※ 파본은 교환해 드립니다.
※ 저자와 협의하여 인지는 생략합니다.

The Urban Regeneration Theory and Experience

탈근대 도시재생

원제무 지음

머리말

국내건 국외건 나는 지금까지 가 보았던 도시들, 그 눈맞춤을 주고 받은 애뜻한 정의 교감을 사랑한다. 다리품을 팔아 도시의 구석구석을 돌아본다. 힘들어도 참고 견디면 도시의 영혼이 옛 도시이던, 다시 태어난 도시이던 간에 내속에 이미 들어와 있음을 알게 된다.

탈근대 도시가 생존하려면 크게 변하지 않으면 안된다. 앞서가는 세계의 도시들이 옷을 갈아입고 있다. 도시재생 또는 도시르네상스란 이름으로 탈근대 도시의 얼굴이 바뀌고 있다. 도시재생의 현장을 보고 있노라면 그 도시의 적극적이고, 직설적인 역사, 문화요소들이 튀어나와 이채롭게 느껴지기도 한다.

이 책에 수록된 도시재생의 사례는 그 동안 방문한 도시에 대한 느낌과 교감의 부산물이라 할 수 있다. 도시재생 프로젝트를 발견한다는 것은 곧 새로운 세상에 대한 접근이다.

지속가능한 도시, 생태도시, 인간도시에 대한 지향은 그 누구도 외면할 수 없는 화두이다. 끊임없이 도시를 재생 시키려는 정신이야 말로 미래의 도시를 풍요롭게 하는 자산일 것이다. 탈근대 도시재생의 공간도 다채롭게 펼쳐진다. 가슴을 열어젖히고 색채를 드러낸 수변 공간 재생에서부터 창의적 예술공간으로 새롭게 태어난 도심 재생 프로젝트까지, 도시의 아름다움과 가치를 높이며 도시민의 삶을 풍요롭게 하는 재생 공간의 아름다운 변신에 푹 빠져 버린다.

이 시대의 탈근대 도시재생이란 조류와 사상의 읽기와 실천은 어떻게 해야 하는가?
이것이 우리 도시 분야에 던져진 어려운 숙제이다. 이 같은 숙제를 푸는 단서를 마련 하고자 이 책을 집필하게 되었다.

우선 이 책에서는 탈근대 도시재생에 대한 내용을 도시재생 이론 · 정책, 도시재생전략을 통한 도시르네상스, 국내외 도시재생사례 총 3부로 구성하였다.

제 1 부에서는 도시재생이론, 정책, 제도를 폭 넓게 논한다. 이론에서는 도시재생 관련연구들, 도시재생의 유형별 분류와 평가 지표를 다룬다. 정책에서는 도시재생 프로세스, 도시정비사업, 그리고 사업추진방식 등에 대해 풀어 간다.

제 2 부에서는 문화를 통한 도시재생, 도시마케팅을 통한 도시재생, 공공디자인을 통한 도시재생, 복합용도개발을 통한 도시재생 과정과 전략에 대해 살펴본다.

제 3 부에서는 국내외 도시재생 사례를 파헤친다. 여기서는 문화, 워터 프론트, 생태환경, 생태공원, 예술에 의한 도시재생 사례를 선정하여 구체적으로 소개한다.

이 책은 도시민의 삶을 보듬으면서 도시재생으로 가는 길에 있어서 새로운 과제를 찾아내고 방법론과 전략을 다듬어야 한다는 차원에서 썼다. 출간의 소중한 기회를 주신 도서출판 조경의 오휘영 박사님에게 깊은 감사의 마음을 드리고 싶다. 이 책을 엮는데 주위의 많은 도움을 받았다. 특히 한양대 도시대학원 도시공학연구실 박사 · 석사 과정 연구생들에게 고마운 마음을 전한다.

2012년 12월

원 제 무

CONTENTS

제3장. 생태환경을 통한 도시재생

제4장. 생태공원을 통한 도시재생

제5장. 예술을 통한 도시재생

제 1 부

도시재생 이론 · 정책 · 제도

탈근대 도시 재생

제1장 도시재생의 개요

1. 도시재생의 기본방향 및 전략

도시재생이란 교외화와 신시가지 위주의 도시 확장으로 인해 상대적으로 침체되거나 쇠퇴하고 있는 기존 도시에 새로운 활력과 기능을 도입하여 재창조하는 것을 뜻한다.

표 1〉 도시재생의 주요관점별 내용

구분	내용
전략 측면	경제, 문화, 환경 등 종합적 접근전략
이해관계자 측면	파트너쉽
공간적 차원	지역, 지구, 커뮤니티
경제적 측면	공공과 민간의 경제 활성화
사회적 측면	공동체 의식 강조, 사회자본 형성
물리적 측면	문화유산과 자원의 보전관리, 장소성을 살린 도시건축환경 조성
환경적 측면	지속가능성, 생태도시

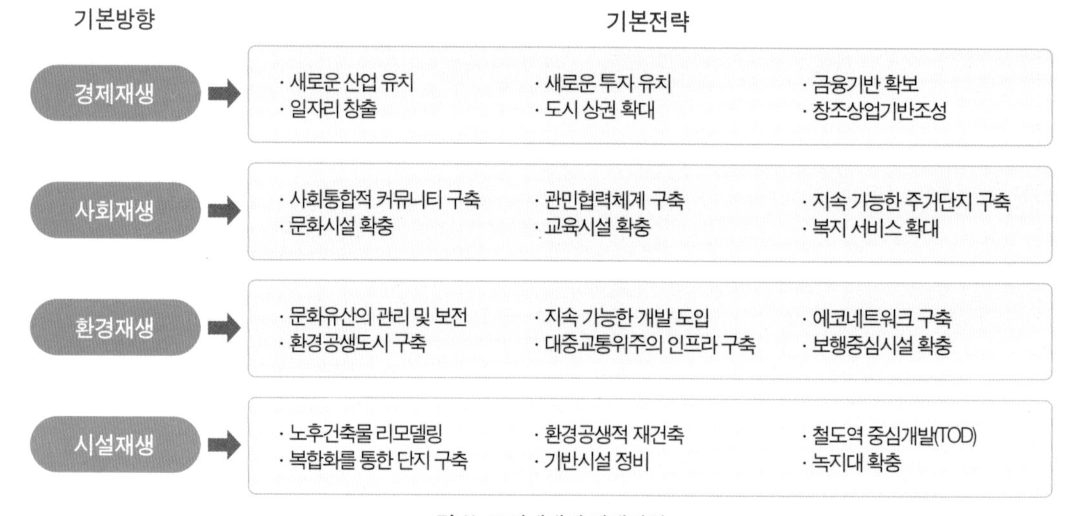

그림 1〉 도시재생의 정책방향

따라서 도시재생은 경제, 사회, 환경, 시설 측면에서의 재창조를 의미한다.

2. 도시재생의 배경

세계 대도시들에서는 도시 지역의 확산에 따른 자동차 통행시간의 증가와 교외화 현상, 도심부 쇠퇴 현상을 겪게 되어 에너지와 자원의 낭비 및 교통 혼잡, 공해 등의 문제가 초래되었다. 도시재생은 1950년대 이후부터 생겨나기 시작한 도시의 교외화(suburbanization) 현상과 도심 쇠퇴에 따른 대응책으로 볼 수 있다.

대도시의 도심쇠퇴는 도심경제 기반의 약화를 불러왔고, 실업률이 증가되어 범죄 등 사회문제로까지 이어졌다. 도심의 이와 같은 공동화, 환경, 사회문제들이 발생하자 세계 도시들에서는 도심지 쇠퇴현상을 극복하기 위한 도심재생 정책과 프로젝트를 실시하게 된다. 도심부의 투자 감소 및 경제적 여건의 약화 등으로 구시가지 및 기반시설의 노후화, 상업기능의 쇠퇴, 도심공동화 현상 등을 초래하였다. 이로 인해 실업률 증가와 같은 환경적, 경제적, 사회적 문제를 야기하여 1950년대의 도시재건(Urban Reconstruction), 1970~80년대의 도시재개발(Urban Renewal, Urban Redevelopment) 등의 정비사업이 이루어졌다. 이 같은 재개발사업은 물리적 환경정비에만 초점을 맞추었다. 사회 · 경제적인 재생보다는 물리적 재개발에 주력했기 때문에 침체된 도시경제를 활성화 시키지 못하였다.

1990년대에 들어 환경문제가 세계적 이슈로 등장하게 되자 녹지훼손과 토지이용의 비효율을 가져오는 도시교외의 개발에 대한 비판적 인식이 확산되었다. 이 같은 교외지역 난개발 문제등에 대한 대응책이 필요함에 따라 도시재생이 부각되기 시작하였다. 영국의 토니 블레어 정부와 일본 고이즈미 내각에서는 도시재생을 사회, 교육, 복지, 문화 서비스 수준의 개선과 도시경제 회복을 통한 경쟁력 확보라는 측면에서 도시부흥(Urban Renaissance)이라는 용어로 개념화하였다.

미국에서는 커뮤니티 운동과 연계된 '중심시가지 활성화사업'으로 구체화되고 있다. 일본에서는 '마을만들기 운동' 차원의 도시재생사업과 연계되어 있고, 영국에서는 '근린지역재생 운동(New Deal for Communities)'과 같은 사업과 연계하여 다양한 방식으로 추진되고 있다. 이같은 맥락에서 도시재생은 물리적 환경쇠퇴로 인한 지역 내 부정적 악순환의 매커니즘을 사회경제적 측면의 개선을 통해 긍정적 순환구조로 전환하기 위한 수단이라고 할 수 있다.

다시 말하면 도시재생이란 도시정비사업을 통해 도시의 물리 · 환경, 산업 · 경제, 사회 · 문화적 측면을 부흥시킨다는 포괄적 의미를 지니고 있다.

3. 도시재생의 목표

기존의 도시재개발정책은 물리적 환경정비 중심의 도시정비사업에 주안점을 두었다면, 도시재생사업은 환경, 사회 · 경제재생을 통한 지속가능한 도시 커뮤니티의 구축을 목표로 하고 있다.
이 같은 관점에서 도시재생은 이해관계자간의 합의 형성 및 종전 권리자의 생활적 지속성 확보 등을 중시한다. 도시정책의 관점에서도 도시관리적 관점과 주택정책적 관점, 사회경제적 관점을 동시에 고려하는 통합적 접근방식의 정비개념이라고 보고 있다.

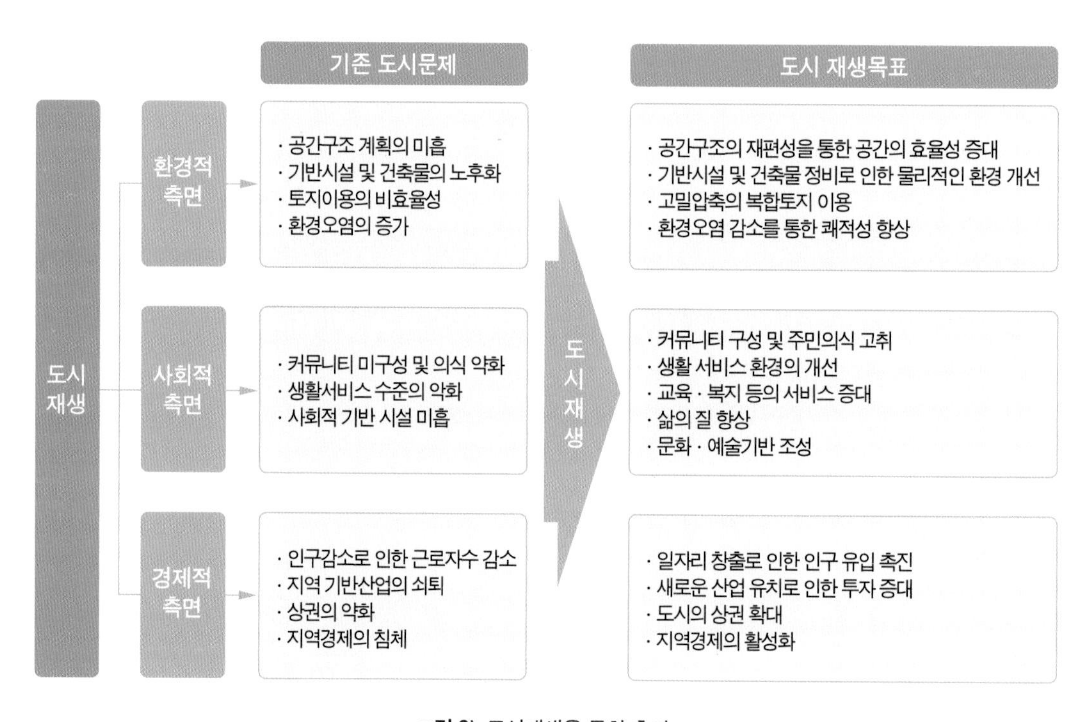

그림 2〉 도시재생을 통한 효과

4. 도시재생의 환경 · 경제 · 생활재생 측면의 파급효과

도시재생이란 산업구조의 변화(기계적 대량생산 체계 → IT, BT, NT 등 신산업 체계) 및 신시가지 위주의 도시 확장으로 상대적으로 쇠퇴되고 있는 기존 도시를 새로운 기능을 도입하여 재창출함으로써 물리 · 환경적, 경제적, 생활 · 문화적으로 재활성화 또는 부흥시키는 파급효과를 낳는다.

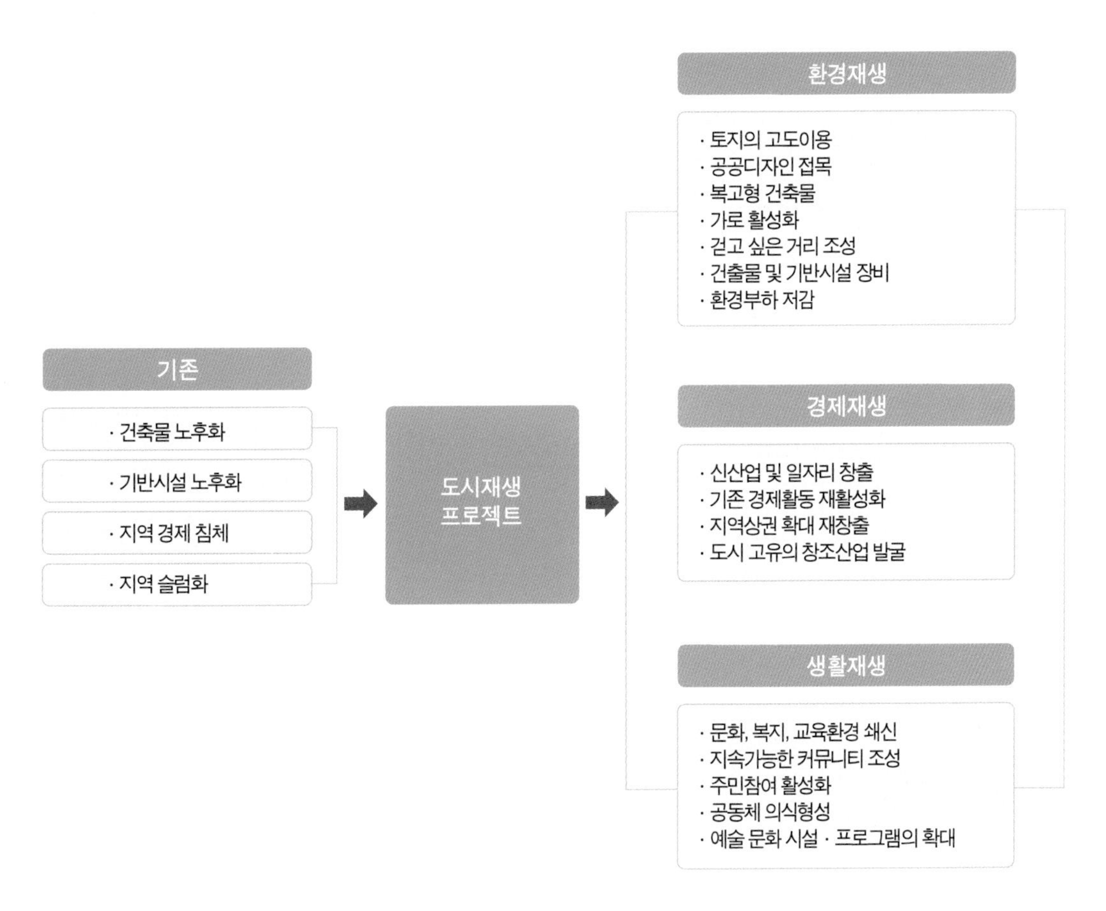

그림 3〉 도시재생의 환경 · 경제 · 생활재생측면의 파급효과

1장의 이야깃거리

1. 도시재생이란 무엇이며, 도시재생의 배경에 대해 논해보자.
2. 도시재생의 전략과 관점에 대해 이야기 해보자.
3. 기성 도시(또는 시가지)의 도시개발 정책은 재생정책 중심으로 진행되는데 그렇다면 기존 도심과 같은 지역의 도시개발 정책은 모두 도시재생인가?
4. 미국의 오래된 도시들의 도심지 쇠퇴현상을 극복하기 위한 도심재생 정책과 프로젝트에는 어떠한 것들이 있었는지 이야기해보자.
5. 도시재생에서 사회통합적 접근방식이 중요하다고 한다. 그렇다면 여기서 사회통합적 접근방식이란 무엇인가?
6. 우리나라 신도시에 도시재생의 유형별 계획원칙을 적용한다면, 어떤 계획요소를 반영할 수 있을지 생각해보자.
7. 도시재생의 정책방향을 기본방향과 더불어 그의 전략에는 어떠한 것이 있을지 이야기 해보자
8. 도시를 이루고 있는 경제, 사회, 환경, 시설 측면에서 도시재생의 전략을 논해보자.
9. 도시재생과 도시르네상스가 개념, 어원, 의미면에서 어떻게 다를까?
10. 도시재생의 목표는 무엇일까?
11. 도시재생을 통해 도시가 갖는 재생효과에는 어떤 것들이 있는지 논해보자.
12. 도시재생의 환경적 측면의 효과는 무엇인지 생각해보자.
13. 노후되고 낙후된 도시를 도시재생프로젝트를 통해 활성화 시킬 때에 어떠한 파급효과가 있을지 생각해보자.
14. 노후되고 낙후된 도시의 조시재생프로젝트의 최우선목표는 어디에 주어져야 할까?
15. 도시계획방식 중 Top-Down방식과 Bottom-Up방식 중 도시재생은 어떠한 관점으로 바라보아야 하는지에 대해 논해보자.
16. 일본의 도시등에서 벌리고 있는 마을만들기 사업과 우리 도시에서 펼쳐지고 있는 도시재쟁사업간의 차이는 무엇인가?
17. 도시재생을 실시한다면 환경적, 사회적, 경제적 측면에서 어떠한 재생효과가 있을까?
18. 모더니즘의 도시재생은 어떤 전략(전책)으로 추진되어 왔는지 살펴보자.
19. 포스트모던의 어떤 도시 패러다임이 도시재생에 영향을 미치고 있는지를 고려해보자.
20. 포스트모던 도시 패러다임중 스마트성장원칙(요소)의 어떤 원칙이 도시재생과 관계가 있는가?
21. 도시재생정책에 있어서 컴팩시티와 TOD 패러다임이 어떤 영향을 미치는지 살펴보자.
22. 모더니즘 속의 도시미화운동도 도시재생의 일환으로 보는 시각이 있다. 그럼 포스트 모더니즘 속의 공공예술 및 디자인 〈Public Art & Design〉 도 도시재생의 범주에 포함 될 수 있는가?

제2장
도시재생 관련 패러다임 변천

1. 모더니즘, 포스트모더니즘과 도시재생

1.1 모더니즘 도시계획의 특징

① 도시를 새로운 사회질서와 조화시키기 위한 공간으로 본다.

② 산업혁명 이후 도시의 각종문제의 해결을 위한 전원도시 등 이상주의적 도시를 추구하였다.

③ 도시의 토지이용을 체계화시키고 질서를 부여하는 마스터플랜 구축을 전개한다.

④ 급속한 도시화와 난개발에 대한 물리적 규제 수단으로 도시계획을 활용하였다.

⑤ 도시계획 및 규제의 지배적인 경향으로 물리적 측면의 계획이 중심을 이루었다.

1.2 모더니즘의 도시개발과 포스트모더니즘의 도시재생

모더니즘의 도시개발은 주로 주거 위주의 물리적 도시 재개발이 있다. 포스트 모더니즘에서는 지역의 사회, 문화, 환경 복지등을 중시하는 지속가능한 개발로 전환하였다. 포스트 모더니즘 속에서는 전통 및 복합용도 계획을 전제로 포스트 모더니즘에서는 신도시 수요의 감소로 인한 도시재생의 중요성이 더욱 부각되었다.

그림 4〉 모더니즘의 도시개발과 포스트모더니즘의 도시재생

표 2〉 모더니즘과 포스트모더니즘 도시요소 비교

	모더니즘	포스트모더니즘
도시정부	- 관료주의적 도시행정 - 공공서비스의 공급 - 도시 내 자원의 재분배 - 시정지도자들 중심의 도시행정체계 - 하향식(톱다운) 의사결정 - 합리적?종합적?장기적 계획	- 기업가주의적 도시행정 - 국제자본유치 - 관민 파트너쉽의 강화 - 시민참여형 도시행정체계 - 상향식(버텀업) 의사결정 - 부분적 · 단기적 · 국지적 계획
도시구조	- 도심과 일부 부도심 - 도심 지배적인 도시공간구조 - 교외화 - 도시쇠퇴 - 도심에서 외곽으로 지가하락	- 다핵도시 - 다결절점 도시 - 후기 교외화 - 도심재생 - 다양한 지가패턴 - ICT에 의한 도시옹간 구조로 변화
경관	- 기능주의적 도시설계 - 대량생산에 의한 도시건축 - 표준화된 주택, 건축 - 관주도형의 도시경관창출	- 절충 주의적 '꼴라쥬' 건축양식 - 다양한 도시경관 창출 - 문화유산의 보존 및 활용 - 복고주의적 건축 및 도시설계 - 정체성 있는 경관창출 - 도시설계 지향적인 도시계획 - 도시시설물에 미학적 요소 고려
도시계획	- 무계획적으로 형성된 도시 - 종합적 · 장기적 마스터플랜 - 계획신도시(대규모) - 도로건설위주의 도시계획 - 대규모 주택단지 건설 - 획일화된 토지이용계획 및 운용	- 서비스중심 · 단기적 계획 - 커뮤니티 중심계획(뉴타운, 신시가지 등) - 도심재생 - 복합용도(Mixed-Use)개발 - 워터프론트 정비 - 도시마케팅 -도시계획과정에 관민 거버너스 구축
문화와 사회	- 사회계층의 분화 - 집단내의 동질성 - 관주도형의 문화서비스 제공	- 생활양식의 다양화 - 도시 공간에 의한 소득계층의 분리 - 사회계층혼합(Social Mix) 시도 - 커뮤니티 중심의 문화형성 - 장소성 부각
도시경제	- 공업위주의 도시경제기반 형성 - 대량생산방식 - 규모의 경제	- 브랜드 강화를 통한 도시경쟁력 확보 - 서비스부문 도시경제기반 형성 - 글로벌 경제에 토대를 둔 도시경제체계 - 소비 지향적 도시 - 세계도시(글로벌도시)로서 세계경제를 조정(뉴욕, 동경, 런던, 서울 등) - 세계 도시간 네트워크 구축

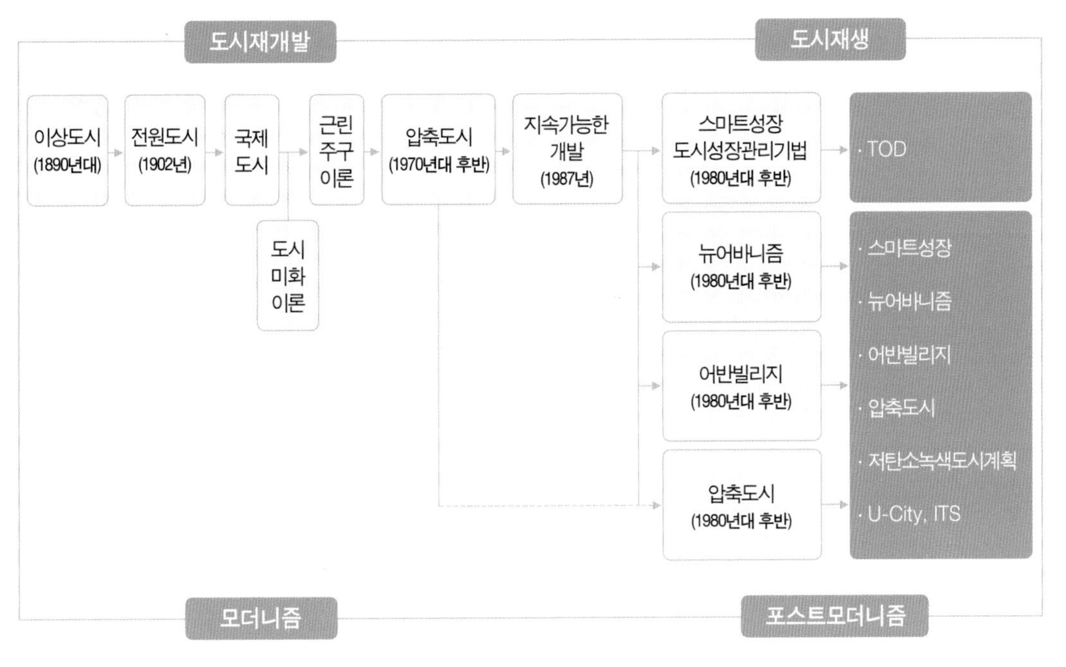

그림 5〉 모더니즘과 포스트모더니즘 속의 도시재생

1.3 도시재생 관련된 새로운 패러다임

그림 6〉 무엇이 도시재생을 부추기는가?

1.4 포스트 포드즘의 흐름을 타고

(1) 포스트 포드주의 특징

도시재생은 포스트 포드주의에 그 사상적 뿌리를 두고 있다.

- 중후장대형 품목에서 다품종 소량생산체계로 접어들게 된다.
- 수요특성을 파악하여 수요패턴의 변화를 디자인과 생산전략에 포함시킨다.
- 조직을 수평적 시스템으로 구축한다.
- 온라인 경영 및 노동자 권한의 증대로 생산에 관한 의사결정을 고도로 분권화시킨다.
- 유연적 전문화 시대로 접어든다.
- 기업 간 관계의 유연성이 확대된다.

그림 7〉 포스트 포드주의 국가, 사회 그리고 도시

- 생산입지는 다극화된다.
- 지역 내 노동시장은 다변화된다.
- 신산업지구가 등장하게 된다.
- 신보수주의의 작은 정부가 된다.
- 민영화와 탈규제가 일어나게 된다.
- 관 · 민 파트너쉽이 형성된다.
- 중앙정부의 기능이 점점 분권화 된다.
- 세계자본이 도시지역에 투입된다.
- 지리적 이동이 유연성이 확대된다.
- 도시간의 경쟁이 일어난다.
- 도심부 발전을 통한 소비공간이 재편된다.

2. 도시재생 실천 패러다임

2.1 스마트성장(Smart Growth)

(1) 스마트성장(Smart Growth)의 개요

미국에서 60년대와 90년대 사이의 도시화와 도시의 외연적 확산은 도시의 무질서한 개발과 성장을 가져왔다. 이러한 도시의 무질서한 확산과 개발로 인한 문제와 피해를 줄일 수 있는 대응 방안으로 미국에서는 스마트 성장이라는 도시패러다임이 대두되기 시작하였다.

스마트 성장은 압축개발(Compact Development)과 복합개발(Mixed-Use Development), 대중교통중심개발(Transit Oriented Development)기반의 지속가능한 성장을 해 가는 도시개발 방향을 원칙으로 하고 있다. 스마트성장이 신전통주의 설계(Neo-traditinal Design)와 신도시주의(New Urbanism)로부터 파생되어진 정책이라는 주장도 있지만 그 태생은 불명확하다. 스마트 성장은 개발이 진행되는 도시, 대도시권, 교외지역을 환경적으로 지속가능하게 하고, 경제적으로 풍요롭게 하면서, 사회적으로 건강한 도시로 만들 수 있는 자양분이 되는 패러다임이다.

스마트 성장이 가능하기 위해서는 민간사업자와, 정부, 시민단체(NPO)등의 협력이 필수적이다. 스마트 성장은 대중교통과 보행자 중심도시를 전제로 하면서 주거, 상업, 업무기능이 혼합된 복합토지이용을 추구하고 있다.

(2) 스마트성장(Smart Growth)목표

① 아직 개발되지 않은 자연을 보존한다.

② 계획된 지역의 개발사업의 인프라를 지원하고 지역이 가지고 있는 자원을 동원하여 근린지구 보전책을 강구한다.

③ 부적합한 토지이용이 가져오는 부정적인 영향을 최소화한다.

④ 긍정적인 토지이용의 영향을 최대화한다.

⑤ 공공에서 지출하는 비용을 최소화한다.

⑥ 사회적 형평성을 극대화해야 한다.

(3) 스마트성장(Smart Growth)의 원칙

① 근린지구의 보전

- 녹지 공간, 농업용지, 자연경관, 그리고 환경적으로 보존이 필요한 지역을 보존한다.
- 도시 공간구조를 더 이상 외연적으로 확산시키지 않는다.
- 개발 지향적 계획을 피하고, 생태계를 고려한 환경계획을 수립하고 실천한다.
- 주거지에 인접한 녹지지역은 보존한다.
- 에너지 절약을 위한 설계를 한다.

② 혼합토지이용의 유도

- 혼합된 토지이용을 유도하되 토지이용의 혼합으로 인한 부의 외부효과를 최소화 한다.
- 토지이용간의 부정적으로 상충되는 용도는 피한다.
- 토지이용계획 시 보행자와 차를 분리하는 설계를 한다.
- 해당지구로부터 3~5마일 내에서 직장과 주거를 균형있게 공급한다.

③ 보행중심의 커뮤니티 구축

- 보행중심의 네트워크를 구축한다.
- 자전거 이용자를 위한 네트워크를 짠다.

④ 다양한 대중교통서비스 제공

- 대중교통중심 설계를 우선적으로 한다.
- 지구에 알맞은 다양한 대중교통서비스를 제공한다.
- 대중교통 수단간 연계가 가능하도록 설계한다.

⑤ 공공재정비용의 최소화

- 다양한 주거유형을 공급하여 선택의 기회와 폭을 넓힌다.
- 저소득층과 중소득층을 위한 양질의 주택을 공급한다.
- 일생동한 소득 등의 변화에 따라 구입, 거주할 수 있는 양질의 주택을 공급한다.
- 순 주거 밀도가 1에이커당 6~7가구가 되도록 한다.
- 중정(또는 단지 중앙)에 녹지가 있는 집합주택(Clusering House)을 만든다.

⑥ 조밀한 근린지구의 조성

- 장소성이 강하면서 매력 넘치는 근린지구의 조성한다.
- 커뮤니티의 공동체의식의 강화한다.
- 커뮤니티의 각종 개발계획에 대한 예측 가능성의 확보한다.
- 누구에게나 공평하고, 비용 효과적인 개발사업의 시행한다.

2.2 뉴어바니즘(New Urbanism)

(1) 뉴어바니즘(New Urbanism)의 개요

1980년대 미국과 캐나다에서 시작된 이 패러다임은 도시의 무분별한 확산에 의한 도시문제를 극복하기 위한 대안으로 대두되기 시작하였다.

뉴어바니즘을 교외화 현상이 시작되기 이전의 인간적인 척도를 지닌 근린주구가 중심인 도시로 회귀하자는 목표를 지니고 있다. 뉴어바니즘은 도시개발에 대한 설계지향적인 계획 사조이다. 뉴어바니즘의 행동강령은 1996년 칼소프(Peter Calthorpe), 듀와니(Andres Duany), 프래터-지벅(Elesabeth Plater-Zyberk)등 북미의 도시계획가, 건축, 설계자, 교수들을 중심으로 제정되었다.

뉴어바니즘은 도시적 생활요소들을 변형시켜 전통적 방식으로 회귀하고자 하는 신전통주의 운동으로서 이론이라기보다는 이념으로 볼 수 있다. 근린주구 중심의 도시로 회귀하기 위해서는 다양한 형태의 건축물, 혼합용도개발, 여러 계층의 혼합주택을 추구함으로써 소비의 절감, 토지이용의 효율화와 통행량의 감소, 보다 나은 정주형태의 설계 등의 방법을 내세우고 있다.

뉴어바니즘의 원칙은 하워드의 전원도시 이론, 페리의 근린주구론, 도시미화운동으로부터 영향을 받았다.

(2) 뉴어바니즘(New Urbanism)의 목표

'과거 미국 시골마을의 모습으로의 회귀' 를 주장한다는 의미에서 신전통주의로 부르기도 한다.

기존의 용도지역제가 초래한 획일적이고 단조로운 경관을 탈피하여 용도지역, 단지계획, 건물용도와 형태 등에 있어서 다양성과 복합성을 추구해야 한다는 논리를 제시하고 있다.

뉴어바니즘의 주요원리는 효율적이고 친환경적인 보행도로의 조성, 차도 및 보행공간의 연결성 확보, 복합적이고 다양한 토지이용, 다양한 기능 및 형태의 주거단지 조성, 건축물 및 도시설계의 질적향상, 지역공동체를 위한 거점공간의 마련, 효율을 고려한 토지이용 밀도의 조정, 생태계를 토대로 한 지속가능성의 고려, 삶의 질적 향상 도모 등이다.

뉴어바니즘에 대하여 도시 및 교외주택의 미래 형태에 대한 새로운 대안을 제시하고, 지속적인 도시건축을 추구하기 위해 대중교통 접근성확보, 보행자 중심계획, 복합용도 근린주구 설계의 필요성 등을 재발견하고 있다는 긍정적인 평가가 지배적이다.

고전적 설계원칙	뉴어바니즘
· 사람의 이동거리를 기본 · 풍부한 공공용지 · 대중교통중심 · 대중교통으로 지역연결 · 도시경계부에 녹지띠를 설치 · 도보권에 의한 계획단위 · 물적환경 개선을 통한 사회적 커뮤니티 재생 · 커뮤니티 센터 · 건물외관과 도시의 조화 · 시빅센터 · 커뮤니티 의식	· 도보권 중심의 설계 · 사적공간에 우선하는 공공용지 확보 · TOD(대중교통중심개발) · 지역간 대중교통 연계체계 · 도시 경계부의 녹지(오픈스페이스)확보 · 도보권 단위의 설계 · 커뮤니티 단위의 생활권 · 근린주구 중심의 커뮤니티 센터 · 복고풍 건물외관 · 강한 커뮤니티 센터의 형성 · 커뮤니티 공동체 의식

(3) 뉴어바니즘(New Urbanism)의 주요 원리

① 효율적이며 친환경적인 보행도로 조성

- 일상생활시설은 집/직장에서 도보권내에 위치
- 보행 친화적 가로 설계 및 보행전용도로의 건설

② 차도 및 보행공간의 연결성 확보

- 교통분산과 보행의 편의성을 제고할 수 있도록 격자형 네트워크 형성
- 소로와 중로, 간선도로 등 도로별 위계 구축
- 보행활동을 즐겁게 할 양질의 보행네트워크의 공공공간 확보

③ 복합적이고 다양한 토지이용

- 단일 필지 내 상점, 사무실, 아파트, 단독주택 등 다양한 시설 배치

- 다양한 연령, 소득, 문화, 인종으로 구성된 사회적 다양성

④ 다양한 기능 및 형태의 주거단지 조성

- 다양한 유형, 규모, 가격으로 이루어진 주택의 근접배치

⑤ 건축물 및 도시설계의 질적 향상

- 아름다움, 경관, 편리함, 장소감에 대한 강조
- 커뮤니티 내 공용도 및 부지에 대한 우선적 고려
- 휴먼스케일의 건축과 아름다운 주변 환경

⑥ 지역공동체를 위한 거점공간의 마련

- 근린중심지와 주변과의 차별화
- 중심부에 공공공간을 배치
- 오픈스페이스를 예술작품으로 설계함으로써 공공영역의 질적 강화
- 중심부 고밀도 개발 및 주변부의 저밀도 개발

⑦ 효율을 고려한 토지이용 밀도의 조정

- 보행접근성을 높일 수 있도록 건물과 주택, 상점, 서비스시설의 근접배치
- 도시와 마을, 근린을 상호 연결하는 양질의 대중교통 네트워크 구축

⑧ 생태계를 토대로 한 지속가능성의 고려

- 개발과 운영에 따른 환경파급효과의 최소화
- 생태학과 자연시스템의 가치를 존중하는 환경친화적 기술의 사용
- 에너지 효율의 강화
- 지역생산물의 사용
- 보행의 촉진 및 자동차 교통의 억제

⑨ 삶의 질적 향상 도모

- 뉴어바니즘의 주요 원리를 수용한 삶의 질 제고

2.3 압축도시(Compact City)

(1) 압축도시(Compact City)의 개요

압축도시란 기존 도심지역이나 역세권과 같은 특정지역을 주거, 상업, 업무기능 등의 복합된 시설물로 고밀개발 하여 사회경제적 활동을 집중시켜 많은 사람들이 그 지역으로 모여들게 하는 개발방식이다.

압축도시개발은 오늘날 도시들이 직면한 환경문제를 해결하기 위해서 도시계획과 사회경제적인 지속가능성 간의 연계성을 강화하고, 용도를 복합화시켜 집중개념에 따라 다핵화 전략을 통해 고밀도의 도시개발을 유도하는 계획방식이다.

표 3〉 압축도시의 기본적 특징 및 공간형태

커뮤니티의 특성	공간 형태
(1) 높은 밀도 · 높은 인구 밀도 · 높은 주거 밀도 · 높은 취업인구밀도 · 높은 수준의 건축디자인 · 높은 수준의 공공디자인	(1) 복합용도 · 복합적 토지이용 · 복합적 용도와 건물이용
(2) 다양한 사회계층 혼합 · 다양한 계층의 혼합(Social-Mix) · 생활방식의 다양성 · 커뮤니티 거주주민간의 상호교류	(2) 다양성 있는 건물 및 공간 · 주거, 상업, 업무들이 혼재하므로 다양한 건물형태 및 디자인 공존 · 공공스페이스 활용 및 디자인 중시
(3) 보행중심 · 보행중심 생활권 · 극히 제한적인 자동차 이용	(3) 장소성 있는 지역공간 · 지역의 역사문화 등 장소성 강조 · 역사적인 장소, 건물, 문화의 보전 중시
(4) 대중교통중심 · 역세권중심 생활권 형성 · 경전철(LRT) 등으로 접근성 제공 · 도시철도 · 버스 등의 터미널, 정거장 · 직주근접 실현가능 · 생활권중심의 생활양식	(4) 공간적 경계 · 기존도시와 가급적 분리 · 지형, 녹지, 하천으로 구분 · 도시인프라(철도, 간선도로 등)로 분리

(2) 압축도시 (Compact City)의 목표

① 압축도시의 기본적인 원칙은 토지이용 및 건물의 복합화, 고층 · 고밀화를 통한 충분한 녹지의 확보, 보행자 공간확보와 자연과 기존경관을 보호하는 것을 원칙으로 한다.

② 토지이용을 고밀화하는 것은 인간과 인간의 생활에 관련된 활동 등의 이동을 감소시켜 사회적 비용을 절약시킬 수 있기 때문이다.

2.4 어반빌리지

(1) 어반빌리지(Urban Village)의 개요

쾌적하고 인간적인 스케일의 도시환경계획을 목표로 1989년에 영국에서 시작되었다. 출발점은 '지속가능한 도시건축을 위해서는 관련전문가들의 반성과 변화, 그리고 실천이 필요하다' 는 찰스 황태자의 영국 건축비평서이다. 황태자의 주장에 공감한 건축가, 계획가, 주택개발업자, 교육가들은 1989년 어반빌리지 협회를 조직하고, 어반빌리지의 기본개념과 계획원칙을 구체화시키고 있다. 어반빌리지 그룹에 의해 제안된 도시형 부락모형은 영국에 있어 기성시가지나 교외지역에 도시형 부락을 건설함으로서 기존의 전통적인 개발패턴의 폐해를 방지하고 새로운 도시 개발의 방향을 모색하고자 하는 목적에서 도출된 것이다.

(2) 어반빌리지(Urban Village)의 목표

어반빌리지의 기본개념은 1) 복합적인 토지이용 2) 도보권내 초등학교, 공공시설 및 편익시설 배치 3) 융통성 높은 건물계획 4) 보행자 우선계획 5) 적정개발규모(이상적인 개발규모는 40ha, 거주인구 300~5000인) 6) 지역특성을 반영한 고품격 도시 및 건축설계 7) 다양한 가격, 규모의 주거유형 혼잡을 통해 경제적, 사회적, 환경적으로 지속가능한 커뮤니티를 개발하는 것이다.

대중교통네트워크와 기존도시와의 연계된 개발을 목표로 하며, 교외지역의 녹지개발 보다는 기성시가지 재개발 지역의 재생에 주안점을 두고 있다. 어반빌리지의 개념이 적용된 최초의 사례는 영국 런던의 도크랜드 지역에 있는 웨스트 실버타운개발(West Silvertown Development)이다. 파운드 베리, 버밍험, 런던 밀레니엄 빌리지 등은 손꼽히고 있는 사례이다. 현재 20개 이상의 어반빌리지 프로젝트가 진행되고 있다.

표 4〉 어반빌리지 적용 영국도시 사례

도시/단지명	특　징
어반빌리지	· 휴먼스케일을 고려한 개발 · 고품위 디자인 · 치밀하게 계획된 기반시설 · '사회계층별섞임(Social Mix)' 과 '취득가능한 주택(Affordable Housing)' · 효과적인 유지관리'
파운드 베리	· 휴먼스케일 · 도보권 도시(Walkable City) · 용도혼합 · 주민참여 · 사회계층별 섞임(Social Mix) · 직주근접 · 범죄예방 · 중저소득층을 위한 주거(Affordable Housing)
버밍엄	· 지역 특성 고려 · 환경공생 · 주거밀도의 다양화 · 용도혼합 · 경전철(LRT) · 주민참여
런던 밀레니엄 빌리지	· 에너지 소비절감 주택자재 사용 · 에코파크 · 집주근접(SOHO 이용이 높음) · 중저소득층을 위한 주거(Affordable Housing) · 사회계층별 섞임(Social Mix)

2.5 대중교통지향형개발(Transportation-Oriented-Development)

(1) 대중교통지향형개발(TOD)의 개요

TOD모형은 피터 칼소프(Peter Calthrope, 1993)가 새로운 도시설계이론인 뉴어바니즘에 입각하여 지속가능한 도시형태의 개념모형으로 제시한 것이다. 그는 도시규모 및 입지에 따라 TOD모형을 도시형 TOD(Urban TOD)와 근린주구형 TOD(Neighborhood)로 구분하였다.

· TOD모형의 기본원리는 지역적 개발의 규모는 대중교통 기반형태가 되도록 한다.
· 대중교통 정차장 인근의 보행거리 이내에 상업 · 주거 · 직장 · 공원 · 공공용도 등이 입지되도록 계획한다.
· 지역적 목적지까지 연결되도록 보행 친화적인 가로 연계망을 구축하고 건축계획에 있어서 주거유형, 밀도, 비용의 적절한 혼합을 도모한다.
· 주거환경의 양질의 오픈스페이스를 확보하며 생태적으로 민감한 서식지와 하천유역을 보존한다.
· 공공공간에는 주민활동 공간을 초점으로 하여 기존 근린주구내의 교통회랑을 따라 점진 개발과 재개발을 도모한다.

(2) 대중교통지향형개발(TOD)의 내용

· TOD는 지역적 개발의 규모를 대중교통에 기반하며 주거유형과 밀도, 비용의 적절한 혼합을 그 전제로 하고 있으며 보행친화적인 가로와 연계교통망의 구축의 계획의 전제를 갖고 있다.
· 도시 규모 및 입지에 따라 도시형 TOD와 근린주구형 TOD로 구분하고 있으며, 지역적 개발의 규모는 대중교통기반 형태가 되도록 압축적이어야 한다.
· 정차장 인근의 보행거리 이내에 상업 · 주거 · 직장 · 공원 · 공공용도 등이 입지하며 지역적 목적지까지 연결되도록 보행 친화적인 가로 연계망을 구축하도록 한다.
· 양질의 오픈스페이스를 확보하여 공공공간을 건축물 배치와 주민활동의 장으로 활용하며 기존 근린주구내의 교통회랑을 따라 개발하도록 한다.

(3) 대중교통지향형개발(TOD)의 기본원리

표 5〉 대중교통지향형개발(TOD)의 기본원리

계획의 전제	계획의 원리
· 지역적 개발의 규모를 대중교통에 기반 · 주거유형, 밀도, 비용의 적절한 혼합 · 보행친화적인 가로 · 연계교통망의 구축	· 도시 규모 및 입지에 따라 도시형 TOD와 근린주구형 TOD로 구분 · 지역적 개발의 규모는 대중교통기반 형태가 되도록 압축적 개발 · 역세권이나 교통의 정류장 인근의 보행거리 이내에 상업, 주거, 직장, 공원, 공공용지 등의 입지 · 지역적 목적지까지 연결되는 보행친화적인 가로 연계망 구축 · 주거유형, 밀도, 비용의 적절한 혼합 · 양질의 오픈스페이스를 확보 · 공공공간을 건축물 배치와 주민활동의 주요 핵심으로 활용 · 기존 근린주구 내의 교통회랑을 따라 개발

2.6 도시패러다임별 도시재생전략

도시의 패러다임별 도시재생전략은 다음 그림과 같다.

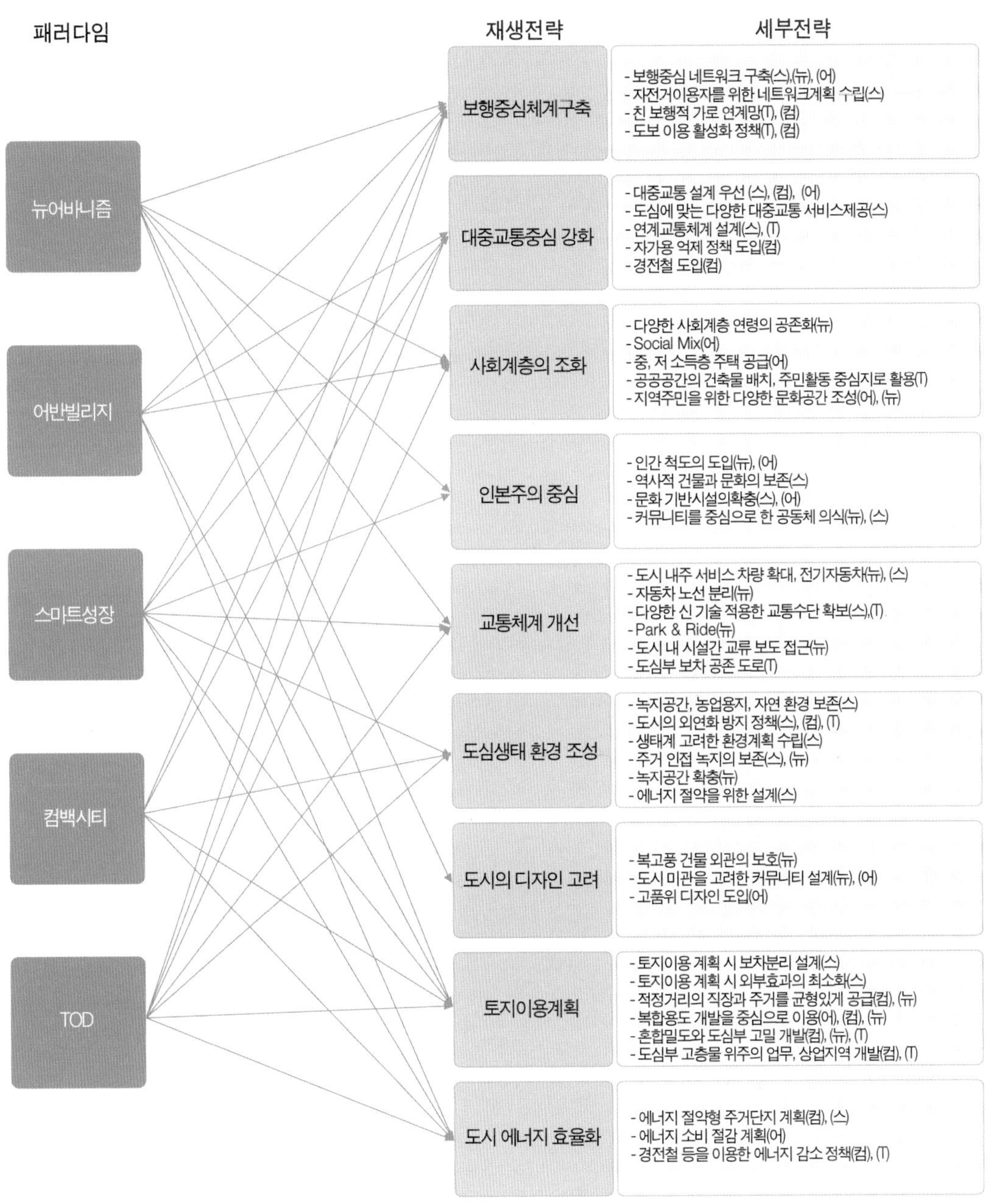

그림 8〉 도시패러다임별 도시재생전략

2장의 이야깃거리

1. 모더니즘 패러다임속의 도시계획 원칙(원리)에 대해 고민해보자.
2. 포스트 모더니즘의 도시재생은 모더니즘의 재개발에 비해 무엇이 어떻게 다른가?
3. 도시재생 프로젝트와 관련된 계획요소에는 어떤것들이 있는가 생각해보자.
4. 외국의 도시재생과 관련된 새로운 도시패러다임에 대해 논해보자.
5. 스마트 성장(Smart Growth)과 도시재생의 배경간에 서로 일치하는 점이 있는지 생각해보자.
6. 스마트성장은 어느 국가에서 어떻게, 왜 일어났는지 고려해보자.
7. 신 전통주의의 설계(Neo-traditional Design) 요소에는 어떤 것들이 있나?
8. 포스트모더니즘과 스마트성장간에는 어떤 관련성이 있나?
9. 스마트성장정책은 누가, 어떤식으로 펼치게 되는가?
10. 스마트 성장의 목표는 무엇일까?
11. 스마트성장 원칙(전략)은 도시재생과 어떤 연관이 있는가 살펴보자.
12. 스마트 성장의 원칙에 대해 논해보자.
13. 스마트성장은 도시성장은 멈추고 스마트한 정책으로 도시를 개발하고자 하는 것인가?
14. 스마트성장이 가능하기 위해서는 어떤 것들을 추구하여야 할까?
15. 뉴어바니즘(New Urbanism)이란 무엇인지에 대해 논해보자.
16. 도심지 도시재생에 뉴어바니즘 원리를 적용한다면 어떤 계획요소가 필요할까?
17. 근린지구를 보호하는 도시재생 방법에는 어떤 것들이 있을까?
18. 스마트성장 원칙들 중에서 왜 다양한 주거유형을 공급해야한다는 원칙은 무엇을 의미하는지 생각해보자.
19. 뉴어바니즘의 목표에 대해 생각해보자.
20. 뉴어바니즘의 주요원리에 대해 논해보자.
21. 도시재생에서 압축도시(Compact City)의 원리를 도입한다면 어떻게 해야할까?
22. 압축도시의 요소에는 어떤 것들이 있는지 논해보자.
23. 압축도시의 목표는 무엇이며, 해외의 선진사례에 대해 생각해보자.
24. 압축도시와 뉴어바니즘의 어떤 계획요소가 일치되는가?
25. 어반빌리지(Urban Village)란 무엇일까?
26. 어바니즘과 어반빌리지의 차이점은 무엇인가?
27. 어반빌리지가 추구하는 목표는 무엇인지에 대해 논해보자.
28. 도시재생과 어반빌리지의 계획원리간에는 어떤 관계가 있는지 고민해보자.

29. 대중교통지향형개발(TOD)의 개념에 대해 생각해보자.

30. TOD 계획의 전제와 기본원리에 대해 논해보자.

31. 도시재생과 관련시켜 TOD 계획원리를 살펴보자.

32. 도시패러다임별 도시재생전략에 대해 생각해보자.

33. 최근 논의되고 있는 스마트시티와 스마트성장간에는 어떤 차이점이 있는가?

제3장
도시재생 관련 연구들

1. 도시재생 개념 관련 연구

Robert & Sykes(2000)은 도시재생은 대도시 지역의 무분별한 외부확산을 억제하고 도심쇠퇴 현상을 방지하며, 도심부의 재활성화를 도모함으로써 궁극적으로는 경제성장과 환경보존이 조화를 이루는 지속가능한 도시개발을 추진하고자 하는 전략으로 보고 있다.[1] 아울러 도시재생은 도시문제의 해결을 이끌어주는 활동으로서 쇠퇴된 도시지역을 변화하기 위한 목표를 가지고 도시지역의 경제적, 물리적, 사회적, 환경적 부문에 대한 지속적인 개선을 가져오기 위해 포괄적이고 통합된 시각에서 추구하는 활동이라 보고 있다.

서충원(2002)은 일본의 「도시재생특별조치법」을 예로 들면서 도시재생은 "도시기능의 고도화와 도시 주거환경의 향상"이라고 정의하고 있다. 이러한 정의는 기존의 도시재개발과 유사하나 현재 일본 정부의 도시재생이 경제회생이라는 국가적 목표를 추구하고 있다는 점에서 기존의 도시재개발과 차이가 있다고 볼 수 있고, 추진방식에 있어도 기존 제도와 차이가 있다고 한다. 그리하여 도시재생이란 용어는 새로운 것이 아닌 원래의 기존 도시공간 환경변화를 통칭해 온 일반화된 용어임에도 불구하고 우리나라에서 도시재생이라는 용어를 강조하는 것은 기존의 도시의 물적 환경개선에만 치중해 온 정책과의 차별화를 위한 선택이라 볼 수 있다는 입장이다.[2]

김영환, 백기영, 오덕성(2002)은 도시재생(Urban Regeneration)이란 대도시 지역의 무분별한 외부확산을 억제하고 도심부 쇠퇴현상을 방지하기 위해 도심지역에서의 인구 및 산업의 회귀를 촉진하여 해당

---

1) Roberts, P. and Sykes, H (eds). 2000. Urban Regeneration, SAGE Publication. PP.17~18.

2) 일본은 최근 도시정비에 있어 쇠퇴된 도심지 경제의 활성화와 주민의 삶의 질 개선, 지역사회 복원에 치중하면서 도시재개발이라는 용어 대신에 도시재생이라는 용어를 새롭게 사용하고 있다.

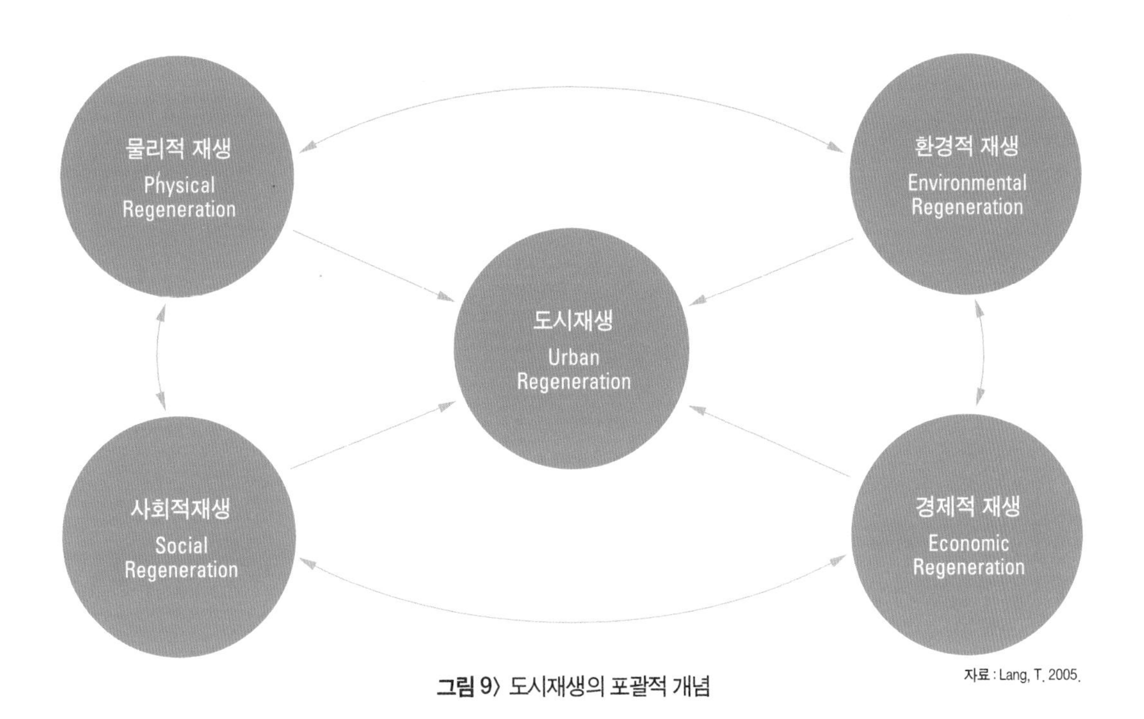

그림 9〉 도시재생의 포괄적 개념

자료 : Lang, T. 2005.

지역의 경제적 · 사회적 · 환경적 상태를 지속적으로 개선함으로써 쇠퇴지역의 문제를 종합적인 시각에서 해결하여 도심재활성화를 모색하려는 것이라고 개념화한다.

Lang(2005)에 의하면 도시재생의 개념은 도시의 쇠퇴, 노후화에 대응하기 위한 지방정책과 전략들이라고 말한다. 그에 의하면 도시재생은 사회적 · 환경적 · 문화적 · 경제적 영역내에서 문제점, 잠재력, 전략, 계획들을 통합적인 관점에서 함축하고 있는 용어임을 강조한다.[3)]

김수미, 양재혁(2005)은 도심재생을 "원래의 도시의 모습을 찾아가는 것, 그리고 도시민의 삶의 공간으로서 쇠퇴된 도시공간을 회복시키는 노력" 으로 정의한다.

임서환(2007)은 "산업구조의 변화 및 신도시, 신시가지 위주의 도시 확장으로 쇠퇴 또는 상대적으로 낙후하고 있는 기존도시에 새로운 기능을 도입 또는 창출함으로써 경제적 · 사회적 · 물리적으로 부흥시키는 일이다" 라고 정의하고 있다.

김세용(2007)에 의하면 도시재생은 기존 도시가 가지고 있는 물리적, 사회적, 경제적 문제를 치유하기 위한 모든 행위를 말하며, 도시재개발, 도시재활성화 등을 포괄하는 광의의 개념으로 정의한다.

3) Lang, T. 2005. Insights in the British Debate about Urban Decline and Urban Regeneration. IRS Working Paper. Leibniz-Institute for Regional Development and Structural Planning(IRS).

2. 도시재생 배경 관련 연구

Urban Task Force(1999)[4]는 도시재생의 배경으로 5가지 요인을 열거한다. 도시재생을 정확히 이해하기 위해서는 도시재생의 대두배경을 살펴볼 필요가 있다고 한다. 즉, 도시재생은 많은 요인들의 복합적 작용으로 등장한다고 하면서 첫째가 도시 간 경쟁의 심화이며, 둘째가 정보화사회, 셋째가 환경보존, 넷째가 라이프스타일의 변화, 다섯째가 도시의 외연적 상장의 한계 등을 들고 있다.

- 첫째, 도시간 경쟁의 심화이다. 도시간 생존경쟁으로 인한 경쟁의 심화는 도시의 양극화 현상을 나타내고 있다, 이른바 세계도시는 세계경제의 허브(Hub)로서 계속 성장하며 다른 도시와 격차를 벌리고 있다, 이런 도시간 경쟁의 심화는 도시 관리자 및 도시민으로 하여금 자신들의 도시를 더욱 매력적이고 경쟁력 넘치는 곳으로 만들기 위한 노력을 기울이게 하였으며, 이것이 바로 도시재생의 가장 큰 동력으로 작용하고 있다.

- 둘째, 정보화 사회의 등장이다. 탄소자원에 기반한 경제로부터 지식자원에 기반한 산업으로의 전환은 사회변화와 도시변화의 촉진제이기도 하다. 제조산업의 쇠퇴는 실업과 사회적 박탈 뿐만 아니라 많은 황폐토지(Waste land)를 발생시킨다. 특히, 전자통신의 발전은 처음 예측과는 달리 대량의 교외이주를 발생시키진 않았으나, 사무공간의 입지에 많은 유연성을 제공했으며, 사무공간의 분산을 유발하지 않았다. 조닝(Zonning)에 의한 직주분리는 더 이상 절대적이지 않으며, 주거, 상업, 레져, 기능이 하나의 건물에서 가능해져, 기능과 사용자간의 새로운 시너지 효과를 낳는다.

- 셋째, 환경적 위협이다. 지속가능성에 대한 관심의 확산은 이미 건축, 교통, 물, 에너지 관리 등의 분야에서 환경친화적인 기술을 발전시키고 있다, 지속가능성으로 인한 환경친화적 기술의 발전은 도시의 재생에 새로운 기회와 필요성을 제공하고 있다.

- 넷째, 생활양식의 변화이다. 경제성장과 기대수명의 증가에 따른 생활패턴의 변화는 도시에 새로운 수요를 발생시킨다. 경제발전과 수명이 늘어남에 따라 사람들의 전체 삶에서

4) Urban Task Force, 1999, Towards an Urban Renaissance : Final Report of the Urban Task Force Chaired by Rogers of Riverside, UK.

노동과 양육기간이 차지하는 비율은 줄어들었으며 레저, 문화, 교육시간은 늘어나고 있고 유동인구 또한 늘어나고 있다.

- 다섯째, 도시의 외연적 성장 한계이다. 도시의 스프롤(Sprawl) 방지와 기존 도시내 토지 활용의 극대화는 도시재생의 중요한 배경이 된다. 많은 고용과 장비를 필요로 하는 제조업에서 지식의 생산과 활용이 고부가가치를 창출하는 지식기반산업으로 경제성장의 방식이 바뀜에 따라 도시정책의 방향도 전환되고 있다.

김타열 외(2007)에 의하면 최근 대도시를 중심으로 낙후되고 쇠퇴한 기존 도심의 부흥과 전체적인 도시 균형발전 전략으로서 도시재생사업이 주목받고 있다고 한다. 구체적으로, 「도시 및 주거환경 정비법」에 근거한 도시환경개선사업, 청계천 복원사업 등 여러 사업들이 시행되었는데, 2005년 12월 「도시재정비 촉진을 위한 특별법」제정으로 도시재생사업의 규모가 더욱 확장되고 있는 추세라고 한다. 이러한 관심은 기존의 도시가 도심을 중심으로 국가의 경제성장과 더불어 급속한 성장을 해왔으나 신시가지 개발로 인하여 인구의 유출, 도시기능의 약화, 기반시설의 노후화 등으로 도심 경제 활력이 저하되었다는 점에서 비롯된다고 한다.

3. 도시재생 목표 관련 연구

Robert & Sykes(2000)은 도시문제 해결을 위해 종합적이고 통합된 비젼을 제시하고 실천해 가는 도시재생(Urban Regeneration)은 물리적 환경의 변화를 동반하는 도시재개발(Urban renewal)과는 다른 목적과 지향점을 갖는다고 한다. 즉, 도시재생은 도시문제를 해결함에 있어서 보다 장기적이고 전략적이며 목표지향적으로 접근해야 한다. 이러한 측면에서 도시재생의 주요목표 5가지를 주장하고 있다.

- 첫째, 도시지역의 현 상황에 대한 면밀한 분석에 기초하여 물리적 환경과 사회구조, 경제기반, 환경상태를 동시에 개선하는 것을 목표로 한다.

- 둘째, 도시문제 해결을 위해 종합적이고 통합된 전략을 수립하여 목표를 달성해 가되, 지

속가능한 발전과 조화를 이루도록 하며 가능한 한 정량화된 목표를 설정해야 한다.

- 셋째, 기존의 정주환경의 특성과 토지자원 등 지역의 자연적 · 경제적 · 인적 자원들을 최적으로 이용해야 한다.

- 넷째, 도시재생과 관련된 이해관계자들의 참여와 협력을 통해 합의를 도출하도록 노력해야 하며, 파트너쉽을 통해 이를 달성하도록 해야 한다. 성공적인 도시재생은 다양한 참여주체와 이해관계자들의 손에 달려있다.

- 다섯째, 목표달성을 위해 설정한 전략의 추진과정을 평가하고 변화하는 도시현황을 모니터링하는 것이 필요하다.

김영환, 백기영, 오덕성(2002)은 1990년대 이후에 추진되는 도시재생은 정책과 집행이 보다 종합적인 형태로 전환되고 통합된 처방이 강조된다고 한다. 그들은 성장관리 차원에서 전략적 관점이 재도입되고 지역차원의 성장을 도모하고 있고, 지역사회(Community)의 역할의 강조와 함께 문화유산과 자원의 보존, 환경적 지속성 등 지속가능한 개발의 개념이 도시재생 정책 및 계획 속에 반영되고 있다고 한다.

UNEP(2004)는 도시재생의 개념을 나라마다 개발수준에 따라 다양한 의미로 해석될 수 있다고 보고, 대부분의 선진도시의 목표는 도시로의 복귀를 촉진하고 도심을 재생하며, 도심의 활력을 창출하는 것에 초점을 맞추고 있다.

김영(2007), 황희연(2008)은 도시재생을 도시의 생태환경 및 기반시설 등의 물리적 환경과 도시구성원간 커뮤니티, 문화, 경제 등의 사회적 환경을 개선하는 등 종합적인 도시관리를 통해서 도시의 경쟁력을 확보하기 위한 사업으로 여기고 있다.

임서환(2008)은 도시재생을 도심만이 아닌 도시전체의 시각으로 도심재생을 다루면서 도시활동이 침체해 있거나 쇠퇴하는 기존도시에 새로운 기능을 도입하거나 기존의 기능을 재활성화하여 경제적, 사회적, 물리적으로 부흥시키는 것이라는 입장이다.

김석창(2008)은 도시재생(Urban Regeneration)은 산업구조의 변화, 신도시 · 신시가지 위주의 도시확장 등 다양한 원인으로 인해 상대적으로 쇠퇴하고 있는 기성 시가지에 새로운 기능을 도입 또는 창출함으로써 도시를 물리 · 환경적, 경제적, 생활 · 문화적으로 재활성화 또는 부흥시키는 창조적

작업으로서 도시재개발, 도시재활성화 등을 포괄하는 광의의 개념이라고 정의한다.

도시재생사업단(2009)은 도시재생의 기본방향을 7가지로 나누어 구체화시키고 있다.

자료 : 도시재상사업단, 쇠퇴도시유형별 재생기법 및 지원체계개발. 4차년도 Work Shop, 2009을 토대로 도식화 하였음

그림 10〉 도시재생사업단(2009)의 도시재생의 기본방향을 토대로 재구성한 틀

4. 도시재생 문제점 및 활성화 관련 연구

4.1 도시재생 문제점 관련 연구

강병주 외(2000)는 도심공동화의 원인은 여러 가지 원인에 기인한다고 보고, 그러한 원인들로서 ① 도심지역 시설의 노후화 및 슬럼화와 교외화, ②도시 정책적요인, ③사회적 변동으로 인한 도심지역 산업쇠퇴로 인한 경제적요인, ④개발위주의 도시정책과 경제논리와의 복합요인, ⑤구도심 압출력과 신도심의 흡인력, ⑥복합작용요인 등을 열거하고 있다.

백기영 외(2002)는 도심공동화의 문제점으로 첫째, 상주인구의 감소와 계층적 편중, 둘째, 경제적 쇠퇴현상, 셋째, 주택의 노후화, 넷째, 물리적 환경측면에서 도시기반시설과 도시서비스시설의 불충분한 공급 및 노후화 문제, 다섯째, 사회적 불이익의 집중과 집단적 빈곤화 등을 부각시키고 있다.

박천보(2002)는 도심기능이 도시의 계속적인 변화에 능동적으로 대처하지 못할 경우 도심은 쇠퇴하고 인구와 시설이 도심을 떠나는 도심공동화 현상이 발생하게 된다고 본다.

김영환, 백기영, 오덕성(2003)은 도시공간구조상 특히 도심부(City Center)는 해당도시의 경제 · 사회 · 문화적 중심지로서 공간적 · 기능적 위상 측면에서 도시 전체에 미치는 영향이 지대할 뿐 아니라, 산업화 이후 경제적 · 환경적 측면에서 쇠퇴현상이 지속적으로 심화되어 왔다는 점에서 도시재생의 핵심적 대상이 되어왔다고 강조한다. 도심재생의 기본 목적은 도심부의 경제적 기반을 재구축하고 물리적 환경을 개선함으로써 도심부로의 인구 및 산업의 회귀를 촉진하여 도심부를 활성화된 공간으로 부흥시키고, 나아가 이를 통해 도심부가 도시 활성화의 촉매제역할을 할 수 있도록 하고자 하는 것으로 보고 있다.

은기수(2005)는 도심부의 도심공동화는 도심부가 슬럼화되고, 도심부에서 상주인구가 지속적으로 감소함으로써 주민공동체가 붕괴할 가능성이 있어, 도시전체의 이미지를을 약화시킬 수 있을 경고하고 있다.

양재섭(2006)은 도심재생정책을 추진하고 있는 영국과 일본을 중심으로 도심재생의 개념과 정책기조, 공공부문의 역할과 지원제도 등을 비교하여 시사점을 도출한바 있다. 이를 통하여 「도시재정비 촉진을 위한 특별법」추진 시 모호한 지구지정요건, 공공지원 부족, 과도한 계획특례조치, 주민참여 배제를 문제점으로 지적하고, 우리나라 특성에 맞는 개념정립, 단계별 추진방식과 지원방식의 개선이 필요함을 제시하였다.

양재섭 · 장남종(2007)과 김영 외(2008)은 지역적 차원의 구체적인 재생방안은 정립되지 않았으며, 공공부문의 미미한 역할로 인하여 대규모 민간주도의 획일적인 사업으로 추진되고 있는 실정이라

비평을 하고 있다.

양재섭 · 장남종(2007)에 의하면 도심재생 차원에서 그 사업의 목적이 토지이용의 효율화와 물리적 환경개선에 치중해왔던 기존의 도시재개발과 별다른 차이가 없다는 문제에 직면하고 있다면서, 현재 도심재생 관련 사업에 대한 재조명이 필요하다는 비판을 제기하고 있다.

김영 외(2008)에 의하면 도시재생 사업의 일환으로 추진 중인 도심재생사업은 사업추진에 있어 여러 가지 문제점을 노정하고 있다. 무엇보다 지역적 특성을 간과한 채 단순한 개발방식, 즉 물리적 환경개선에만 치중한 사업으로 일관하고 있다고 강조하고 있다.

4.2 도시재생 활성화 관련 연구

안현진(2008)은 자동차의 보급과 소비 형태의 변화 등 사회적 변화와 도시화로 인해 도시가 팽창되고 신시가지 위주의 개발정책으로 도심이 쇠퇴하게 되었으며, 물리적 환경 저하와 도심공동화 같은 도심 쇠퇴 현상과 함께, 신 · 구도심간 격차심화, 도시경쟁력 감소와 기존 제도의 한계가 드러나고 있다.

형시영 · 민현정(2005)은 광주시가 현재 추진, 계획하고 있는 도심재생관련 사업에 대하여 그 사업을 주관하는 중심주체들의 인식을 설문조사를 통해 분석하고, 이를 통해 중요성과 사업성 차원에서 검토한 활성화 방안을 제시하였다.

조봉운(2007)은 도시재생의 의미를 도시의 일부 또는 전체가 성장하지 않고 정체 되었거나 쇠퇴하고 있는 상태에서 도시의 일부 또는 전부를 정비사업을 통해 물리 · 환경적, 사회 · 문화적, 산업 · 경제적 측면에서 기능을 새롭게 하거나 기존기능을 활성화하는 것으로 이해할 수 있으며, 이때 추진하는 사업을 도시재생사업으로 정의하고 있다.

5. 도시재생 전략에 관한 연구

진동규(1996), 안현진(2008)은 도심쇠퇴와 공동화 등으로 인한 도심문제들을 해결하기 위해 도심재생의 필요성이 대두되었다고 보고 있다. 이규방(2003)은 도심활성화를 위해서는 도심의 산업, 사회, 문화 등을 포괄하는 종합적인 관점으로의 전환이 필요한 시점이라고 보고 있다.

김혜천(2003)은 도심재생사업의 일환으로 도심활성화 사업은 쇠퇴한 중심도시를 재활성화해서 도시전체를 재생산해야 하는데 초점을 두고 있다고 한다.

이규방(2003)은 도심문제를 요약하면서, 첫째, 원거리 통근으로 인한 에너지 및 자원의 낭비, 교통

혼잡 및 공해유발, 그리고 지역 정체성의 상실과 같은 교외지역 자체에서의 문제점. 둘째, 도시활력의 저하와 그로 인한 구도심 경쟁력 저하 문제점. 셋째, 도심 토지의 저밀 이용 문제점 등이 있다고 보고 있다.

김영환 외(2003)는 영국, 일본, 미국의 사례를 바탕으로 성장관리형 도심재생방안을 검토하여 거시적 · 미시적 부문, 집행 · 관리 부문에 대한 전략을 도출하고, 그에 따른 성장관리형 도심재생의 기본전략 및 계획요소, 관리제도 등을 종합적으로 제시하였다. 김영환 외(2003)의 도시재생의 기본전략과 계획 요소는 다음과 같다.

표 6〉 도시재생의 기본전략과 계획 요소

기본방향		기본전략	계획요소
물리 · 환경	압축적이고 효용가치가 높은 도시공간 창출	· 분산적 집중화된 도시공간구조 · 입체적, 집약적 토지이용 · 대중교통 지향적 교통체계 · 체계적이고 종합화된 정비	· 다핵도시 공간구조체계 구축 · 복합용도개발 · 도심거주확보 · TOD체계의 집약적 개발 · 보행자 공간확충 · 도심부 밀도관리 강화
	자연과 인간이 공존하는 생태적 도시공간 조성	· 도심생태계 보존 및 회복 · 자연자원 및 경관보존 · 역사, 문화자원 보존	· 오픈스페이스의 연계체계 구축 · 이전적지의 녹지조성 · 휴먼스케일을 고려한 정비 · 기존 녹지 및 생태계 보존, 복원 · 역사, 문화공간 및 시설확충
산업 · 경제	점진적이고 균형있는 재생	· 기반시설의 체계적 정비 및 확충 · 기반시설과 정비 동시성 확보	· 개발의 예측 가능성 제고 · 기존 기반시설의 정비 및 활용 · 유휴토지 활용 프로그램 강화 · 민간활력 활용한 기반시설 확충
	자족적 경제기반의 구축	· 지불능력을 고려한 주택정책 · 도심경제 활성화	· 저소득층 주거공급 확대 · 순환형 도시재생 정착 · 소매업, 재래시장 활성화 · 도시형, 첨단산업 육성 · 레저 스포츠시설 유치
사회 · 문화	체계적이고 일관성 있는 재생 정책	· 정부간 기능조정 및 역할 분담 · 정책조정기능의 강화	· 지방정부의 자율성 제고 · 규제기준 및 지침의 유연성 확보 · 관련 계획간의 연계성 확보
	주민참여 활성화를 통한 도시관리 강화	· 공공/민간부분의 협력강화 · 주민참여	· 협력형 도시재생 추진지구 활용 · 주민참여 조직의 다양화, 체계화 · 다양한 주민참여기법 적용

자료 : 김영환 외, 2003.

남용훈, 김태엽, 신중진(2004)은 지금까지 도시의 도심쇠퇴 방지와 재생을 촉진하기 위한 정부차원의 종합적인 정책은 없었다고 해도 과언이 아니라는 의견을 제시하였다. 도심활성화를 위한 계획,

정책, 시책, 사업, 추진체계 등을 포괄하는 종합적인 접근이 이루어지지 않고 있다고 보고 있다. 지금까지는 각 개별사업을 위주로 하는 부분적이거나 단편적인 처방에 그치고 있어 해당지역의 경제 · 사회 · 환경을 향상시키고 지속적으로 관리하는 보다 종합적이고 체계적인 도심활성화 방안의 연구와 실천이 필요한 시기라고 강조한다.

한국건설교통기술평가원(2006)의 보고서에 의하면 도시재생은 산업구조의 변화 및 신도시 · 신시가지 위주의 도시확장으로 상대적으로 낙후되고 있는 기존 도시에 새로운 기능을 도입 · 창출함으로써 경제적 · 사회적 · 물리적으로 부흥시키는 것이라고 말하고 있다. 즉, 정비사업을 통해 도시의 물리 · 환경, 산업 · 경제, 사회 · 문화적 측면을 부흥시킨다는 포괄적 의미가 강조된 개념이며, 산업구조의 변화 및 신도시 · 신시가지 위주의 도시확장으로 상대적으로 쇠퇴되고 있는 기존 도시를 새로운 기능을 도입 또는 창출함으로써 물리 · 환경적, 경제적, 생활 · 문화적으로 재활성화 또는 부흥시킨다는 논리라고 볼 수 있다.

김용웅(2007)은 도시재생을 광의로는 정태적인 도시 토지이용 및 물적환경을 사회 · 경제구조나 생산기술 등 동태적인 사회 · 경제적 환경에 적응시켜 나가기 위한 일체의 교정 또는 회복적 변화(recuperative changes)를 의미한다고 한다. 즉, 도시재생은 공간적 확산(Spatial expansion)과 함께 도시성장과 발전의 2대 기본요소이고 극히 일부 신도시를 제외하고 오늘날 모든 도시들은 그동안 지속적으로 추진되어온 도시재생의 축적물이라고 할 수 있다라고 한다. 반면에 협의의 도시재생(Urban renewal)은 도시계획 틀 속에서 추진되는 도시공간에 대한 지난 교정 또는 회복적인 변화만을 의미한다고 볼 수 있다는 입장이다.

김영, 김기홍(2007)은 도심재생을 도심부의 도시기능 재활성활의 의미로 해석하고, 도심재생을 위해서는 물리적인 환경뿐만 아니라, 여건 변화의 수용과 도시기능의 복원을 위한 개선대책과 함께 사회 · 문화적인 측면의 개선도 동시에 추진되어야 한다고 강조한다.

윤정란(2007)은 전주시의 사례를 통해 기존의 도시기능강화와 새로운 기능의 도입 여부를 일본의 사례 등을 참고하여 분석하였다. 이를 통해 중소규모 역사도시의 도심기능과 특성에 맞는 새로운 재생방법으로 소규모 블록단위 개발, 공동개발 유도, 적정개발밀도 설정, 상업기능의 다양성과 차별성 강화, 커뮤니티 공간 설치와 보행자 전용 도로화 등의 방안을 제시하였다.

문채(2008)는 중심시가지 재생전략을 일본의 사례를 통해 살펴보고, 우리나라의 경우, 도심재생을 기반으로 하는 통일된 법 · 제도적 체계가 미흡하다는 점을 지적하면서 역세권 개발 등의 단순한 개발방식, 도심재생과정에서의 주민참여 부족을 지적하고, 그에 대한 대안을 제시하였다.

김영 외(2008)는 경남 마산시 사례를 통하여 지방 중소도시의 도심침체 원인을 분석하였고, 설문조사를 통하여 도심의 쾌적성, 도심의 문화적 이미지 구축 등 기존 커뮤니티 도시재생 방안이 중요한 계획요소임을 밝혔다.

6. 도시재생 유형 관련 연구

주관수 외(2007)은 도시재생을 보다 깊이 이해하고 구체화하기 위해서는 도시재생을 물리적, 경제적, 사회적, 문화적 재생으로 나누어 살펴보는 것이 필요하다 보면서 이들 유형을 열거하고 있다.
물리적 재생은 도시의 기반시설이 충분하지 않으면 새로운 개발이 일어나지 않으며, 정보통신시설의 중요성은 점차 커지고 있다, 높은 수준의 교통네트워크, 대중교통시설, 철도와 공항 등은 전반적인 물리적 개선에 필수적이다. 도시의 물리적 재생은 도시재생의 근간이 된다.
경제적 재생은 두 가지 접근 방법이 있다. 하나는 도시 내의 소비를 촉진하는 것이며, 또 다른 하나는 도시 내의 생산활동을 활발히 하는 것이다. 전자는 수요측면의 경제적 재생, 후자는 공급측면의 경제적 재생이라고 할 수 있다. 사회적 재생은 지역사회를 활성화하고 고용, 보건, 교육훈련 등 다양한 지원활동을 수행함으로써 개인의 삶의 질을 행상시키고, 사회통합에 기여한다. 따라서 사회적 도시재생을 성공시키기 위해서는 도시문제의 해결과정에 지역사회의 참여를 유도하고, 활성화될 수 있도록 지원해야 한다. 문화적 재생은 도시에 자신만의 고유한 특성을 부여해 주는 것이 문화적 측면이다. 대표적인 문화적 재생활동은 역사유적 재단장, 문화공간 조성 등이며, 전통문화공연 및 무형문화재를 활용한 다양한 이벤트까지 그 범위를 넓힐 수 있다.

표 7〉 도시재상사업단의 도시재생방식과 도시재생 내용

도시재생방식	도시재생 내용
1) 도시개발방식	부동산 개발, 도시개발
2) 주택개선방식	주택개량, 주택공급
3) 물리적 개선방식	장소만들기, 생활편익시설, 기초공공시설 확충
4) 사회경제적 개선방식	상권활성화, 고용증대, 직업훈련
5) 복지개선방식	생활보조, 자활지원, 복지서비스, 주거보조 등
6) 문화진흥방식	문화시설, 문화지구, 문화행사
7) 관광진흥방식	관광자원발굴, 관광자원조성, 관광객유치, 이벤트
8) 산업유치방식	고용기반, 투자유치, 기업 및 공장유치
9) 산업진흥방식	기존산업진흥, 신산업발굴
10) 기반시설 확충방식	도로, 대중교통, 접근성 향상

자료 : 도시재상사업단, 쇠퇴도시유형별 재생기법 및 지원체계개발, 4차년도 Work Shop, 2009

도시재생사업단(2009)에 의하면 도시재생대상사업을 10개로 나누어서 살피고 있다.

한국건설교통기술평가원(2006)에 따른 서울시 도시환경정비사업의 지역별 사업유도 방향은 다음과 같다.

표 8〉 서울시 도시환경정비사업의 지역별 사업유도 방향

지역구분	토지이용 유도방향
도심핵 지역	· 도심부의 상징적인 업무지역으로 유지, 발전
도심상업 지역	· 다양하고 활력있는 도심상업기능과 가로의 특성을 유지, 보강
역사 · 문화 보전지역	· 역사적인 분위기와 장소적 특성을 보존
도심서비스 지역	· 업무, 상업지원, 문화, 여가, 숙박 등 도심활동을 지원하는 서비스 기능 유도
	· 청계천 복원 후 기능개편이 예상되는 일부 지역에서는 주거 주용도 허용
도심형 산업지역	· 인쇄, 광고, 영상 등 도심형 산업유지/지원
도심주거지역	· 도심부에 남아 있는 주거기능을 유지하면서 새로운 주거기능 도입 유도
도심복합 용도지역	· 장래 남북녹지축을 조성하면서 도심활성화를 위한 복합개발 유도
혼합상업지역	· 다양한 상업활동의 유지, 강화

자료 : 한국건설교통기술평가원, 2006.

7. 도시재생 기법 관련 연구

황희연(2008)의 도시재생을 위한 기법의 유형에는 전체개발형 재생, 부분개발형 재생, 주민참여형 재생, 신시가지 연계형 재생방법이 있다고 한다.

전체개발형 재생기법은 도시전체의 물리적 개선을 의미한다. 개량이나 개별 개발 사업만으로 도시재생을 추진하기 힘든 복합용도개발지역, 구시가지의 경우 중앙 또는 지방정부의 주도하에 기반시설정비 뿐만 아니라 업무, 상업, 주택, 문화 등의 다양한 용도 시설을 배치하여 개발하는 형태이다.

부분개발형 재생기법은 기반시설보수를 통한 핵심지역의 부분적 개량을 의미한다. 즉, 도심쇠퇴지역(주거복합 포함)과 산업쇠퇴지역(재래시장 포함), 부분적 노후화가 진행되고 개별적인 개발이나 기반시설개발만으로 도시재생이 가능한 지역을 대상(부정필지를 포함한 지역이나 도시 경관을 저해하는 소규모지역을 포함한 지역)으로 시행하는 기법이다. 도로, 녹지축의 정비뿐만 아니라 개별적으로 시행되는 개발에 있어서도 미관 · 경관의 제안을 함으로서 도시전체를 안정적이고 조화롭게 발전시키는 기법이다.

주민참여형 재생기법은 공공공간에 대한 환경개선을 의미한다. 즉, 도심쇠퇴지역(주거복합포함)과

산업쇠퇴지역(재래시장 포함), 부분적 기반시설의 보수와 주민의 자발적 정비사업으로 활성화가 가능한 지역을 대상으로 한다. 주민참여를 확대함으로써 사업에 대한 책임성과 지속성을 유지하고, 공공부문과 민간부문이 공동으로 출자한 지역개발법인을 설립하고 이를 통하여 지역개발사업을 시행하는 등 민간자본의 유치와 지역개발사업의 원활한 추진을 도모한다.

신시가지연계형 재생은 대상지역 주변에 지역성장 거점을 조성하는 것을 의미한다. 기존의 중심시가지와 신시가지 지역의 연계를 통한 상생의 방안을 도출하는 기법으로 도시의 상생발전에 요구되는 조화된 도심의 경제활동 활성화와 관광, 문화, 교육, 교통 분야 등이 안배된 도시재생사업 방안이다.

3장의 이야깃거리

1. 도시재생개념에 관한 선행연구를 고찰해보자.
2. 물리적 도시재생에는 어떤 요소와 특징이 내포되어 있는지 살펴보자.
3. 무엇이 도시재생을 부추기고 있는지 고민해보자.
4. Urban Task Force가 밝힌 도시재생의 배경이 우리나라 도시에도 적용될 수 있을까?
5. 도시정비사업이 도시재생에 어떻게 기여할 수 있을까?
6. 도시재생에서 장소성을 찾기 위한 전략은?
7. 도시개발사업, 도시정비사업, 도시재정비 촉진사업의 특징을 법적 근거, 사업방식, 지정요건 측면에서 비교한 후 공통점과 차이점에 대하여 이야기 해보자.
8. 도시재생과 도시재개발이 다른점은 무엇인가?
9. 도시재생활성화 관련 연구에는 어떤 것들이 있는지 살펴보자.
10. 도시재생을 위한 기법의 유형은 어떠한 것이 있는지 토론해보자.
11. 우리나라 도시정비 관련제도의 체계를 살펴보고, 각 사업별로 특징에 대하여 이야기해보자.
12. 도시정비사업이 도시의 경쟁력 향상, 주민들의 주거안정, 주택가격 안정에 얼마나 기여한다고 생각하는가?
13. 도시재생 계획과정이 지금까지의 도시계획과정과 어떻게 다르며, 왜 중요한지 계획흐름을 구체화해 보자.
14. 도시재생의 기본전략과 계획 요소에 대하여 이야기 해보자.
15. Urban Task Force(1999)에서 주장하는 도시재생의 5가지 측면에 대해 논해보자.
16. 국내와 국외의 도시재생관련 연구의 차이점에 대해 생각해보자.
17. 국내의 도시재생의 문제점에 대한 연구에 대해 생각해보고, 활성화 방안에 대해 생각해보자.
18. 한국건설교통기술평가원(2006)의 도시환경정비사업의 지역별 사업유도 방향이 적절한지 살펴보자.

제4장 도시재생의 유형별 분류 및 평가지표

1. 도시재생지역의 유형화

도시재생후보지를 도심핵, 도심상업, 역사·문화보전, 도심서비스, 도심형 산업, 도심주거, 도심복합용도, 혼합 상업지역의 8개 유형으로 나누어 볼 수 있다.

그림 11〉 도시재생지역의 유형화에 따른 분류

2. 도시재생지역 유형별 정책목표

전면 철거, 점진적 정비, 거점정비사업 등 정비수법을 구분하기 위한 유형화 방식이 있으며, 도시 및 주거환경정비 기본계획의 정비예정구역 설정을 위한 유형 분류는 일반적으로 물리적 노후도만을 반영하고 있다. 지자체에 따라 토지 이용 유도방향에 따라 정비예정구역을 유형별로 분류하기도 한다.

3. 도시재생 타당성 검토를 위한 지표

3.1 물리 · 환경 부문

구 분
- 문화유산
- 문화시설
- 예술시설
- 걷고 싶은 거리비율
- 활성화 된 가로비율
- 건축물 노후도
- 노후 건축물 비율
- 복구 가능 건축물
- 녹지 비율
- 광장 비율
- 신규 주택 비율
- 용도별 건물 연면적
- 과소필지 지율
- 건축물 용도
- 복합용도 건축물 비율
- 차량진정기법 설치
- 차량통행불가 도로 비율
- 가로의 식재비율
- 도로율
- 최저주거기준 미달가구수
- 부정형 · 세장형 필지 비율
- 건축구조
- 필지이용현황

3.2 인구 · 사회 부문

구 분
- 공동화 수준
- 인구성장률
- 주야간 인구비율
- 노령화 지수
- 독거노인 가구 비율
- 세대당 인구수
- 경제활동인구

3.3 산업 · 경제 부문

구 분
- 취업률
- 실업률
- 1000명당 종사자수
- 사업체당 종사자수
- 사업체 종사자수 증감율
- 사업체수
- 사업체 증감율
- 3차산업 종사자수 증감율
- 제조업 종사자 비율
- 1000명당 음식숙박도소매업 종사자수
- 1000명당 음식숙박도소매업 종사자수 증감율
- 상업판매액
- 관광객수
- 사무실 공실률
- 빈 점포율
- 부동산 공시지가
- 부동산 공시지가 증감율

4. 도시의 분야별 유형분류 및 평가지표

4.1 도시의 분야별 재생측면 분류 및 전략

그림 12〉 도시의 분야별 재생측면 분류 및 전략

4.2 도시의 분야별 도시재생평가지표

표 9〉 도시의 분야별 도시재생 평가지표

재생분야	재생측면	평가지표	단위
자연환경	환경	- 도심 내 녹지비율	%
		- 공공공간으로의 접근거리	m, km
		- 환경오염지수	ug/m²
	생태	- 도심 내 생태하천 및 생태공원의 수	개수
		- 복원된 하천의 면적 및 비율	m², %
		- 지속가능한 에너지 사용 비율	%
	경관	- 랜드마크로 활용 된 지형지물의 개수	개수
		- 옥외 광고물의 적절한 배치와 가로환경의 정비 비율	%
		- 공원 또는 수변 시설까지의 거리	m,km
인프라	교통	- 천연가스 버스, 하이브리드카 등 에너지 절약 자동차의 대수 및 비율	%
		- ITS시설의 구축 비율	%
		- 장애인 노약자 등을 고려한 시설물의 개수	개수
		- 자전거 도로의 총 연장	m, km
		- 보행자 도로의 총 연장	m, km
	산업	- 정비된 소규모 상업 점포의 수	개수
		- 첨단 산업체의 수	개수
		- 벤처 산업에 대한 지자체의 지원 액	원
	교육	- 첨단 산업, 창조적 산업의 환경의 기반이 될 수 있는 교육시설의 개수	개수
		- 도심 내 대학의 첨단 산업, 창조산업 관련 학과의 비율	%
	정보	- 도심 내 정보 네트워크 구축 비율	%
		- IT 관련 산업체의 개수	개수
		- 도심 내 시민들의 통신서비스(핸드폰, 인터넷) 사용비율	%
역사문화	역사	- 역사 지구의 지정 · 보존 면적 및 비율	m², %
		- 전통 건축물의 보존 수	개수
		- 재 활성화 된 재래시장의 개수	개수
	문화	- 전통 문화재의 보존 비율	%
		- 연간 문화 행사 개최의 수	개수
		- 지역 내 주민의 문화에 대한 지출 비용	원
	예술	- 연간 도시 내 예술 축제 행사 개최 수	개수
		- 미술작품 등의 전시회 수	횟수
		- 랜드마크가 된 조형물의 수	개수

재생분야	재생측면	평가지표	단위
토지이용	주거환경	- 도심 불량 주거지 개선 비율	%
		- 영세 입주자에 지원금액	원
		- 대중교통과의 접근거리	m, km
	커뮤니티	- 오픈스페이스까지와의 거리	m, km
		- 커뮤니티 계획시 주민 참여 비율	%
	공간활용	- 지역의 전체 개발 밀도	%
		- 주상복합건물의 비율	%

4장의 이야깃거리

1. 도심의 산업이 쇠퇴하여 도심산업활성화가 도시재생의 목표라면 어느 도시재갱 다양성 지표들을 우선적으로 고려해야할까?
2. 도시재생 다양성 검토를 위한 지표중에서 계량화 · 비계량화 자료를 구분해보자.
3. 도시재생이 도시재생지역 토지이용에 어떻게 영향을 미칠까?
4. 도시재생지역의 8개 유형에 대해 나누어 설명해보고, 나누는 기준에 대해 논해보자.
5. 도시재생을 위한 정비수법에는 어떤 것들이 있을까?
6. 도시재생지역 유형별 토지이용 유도방향에 대해 논해보자.
7. 도시재생의 타당성 검토를 위한 물리 · 환경, 인구 · 사회, 산업 · 경제측면의 지표에는 어떤 것들이 있을지 생각해보자.
8. 도시재생의 재생 분야별 평가지표의 단위에 대해 논해보자.
9. 도시재생의 평가를 위한 지표를 환경, 생태, 경관, 교통 등 분야별로 생각해보자.
10. 도시재생프로젝트의 발의는 일반적으로 누가하는지 살펴보자.
11. 도시재생프로젝트의 계획과정에서 조합의 역할은 무엇인가?
12. 도시재생프로젝트 계획과정에서 설계단계는 무슨 일을 하는 단계인가?
13. 도시재생프로젝트 계획과정에서 인허가란 무엇을 의미하는지 생각해보자.
14. 도시재생평가지표에는 앞에서 살펴본, 뉴어바니즘, 컴팩트시티, TOD 등의 패러다임이 스며들어 있는지 살펴보자.
15. 도시재생프로젝트는 재개발, 재건축 이외에는 없는지 고민해보자.
16. 수많은 도시재생 관련 타당성 지표들 중에 해당프로젝트에 적합한 지표를 선정하는 원칙(원리)가 있다면 그것이 무엇인가?
17. 도시재생프로젝트 계획과정에서 감리는 무슨일을 하는것인지 살펴보자.

제5장
도시재생 프로젝트 프로세스

1. 도시재생프로젝트의 계획과정(Process)

도시재정비사업, 복합용도개발사업 등과 같은 도시재생 프로젝트는 일반적으로 구상, 계획단계로부터 공사감리단계에 이르기 까지 장기간이 소요된다. 도시재생프로젝트의 보편화된 프로세스를 단계별로 정리해 보았다.

1.1 기본구상단계

우선 도시재생프로젝트의 발의는 주민, 시정부, 조합, 시행사, 건설사 등에서 아이디어를 내어 이루어진다. 도시재정비사업(재개발 · 재건축)은 주로 추진위원회(후에 조합으로 변경)의 주도로 발의된다. 추진위원회가 구성되면 건축설계안(구상단계), 구조 안전진단 등에 대한 용역을 발주한다. 특히 구조안전진단 통과는 조합설립의 핵심적인 요건이 되므로 구조안전진단을 가장 먼저 실시하게 된다.
주상복합등 복합용도개발사업은 주로 시행사가 발의하여 지주들과 접촉하여 부지 매입후 인허가를 거쳐서 건설사를 찾는다. 시행사와 건설사는 시행사의 인허가과정까지의 소요비용을 지불하고 프로젝트에 대한 지급보증을 금융권에 해주고 시공권을 따낸다. 경우에 따라서는 건설사(시공사)가 시공권을 따내기 위해 추진한다.
시행사(Developer)역시 사업을 발의할 수 있다. 시행사는 해당 사업부지의 토지를 매립(주로 계약금만 지불)하고, 인허가를 받아들고, 건설사등과 사업비 등에 대한 협상후 토지매입부터 인허가까지 소요된 비용을 건설사로부터 정산하여 받는다.

1.2 기본계획 단계

기본계획단계는 종합적인 구상안에 근거한 부문별 계획에 대한 도시계획 결정과 인가를 위해 구상보다 구체적인 계획을 수립하는 단계이다. 이 단계는 프로젝트를 구성하고 각 사업이나 시설에 대한 계획을 구청의 도시계획과(또는 도시개발과)에 제출하고 협의하기 위해 준비하는 과정이다. 프로젝트의 각 사업과 관련하여 용도지역 · 용적률결정, 지구구획결정, 시설결정 등 도시계획결정과 사업인가에 필수적인 기본계획안을 정리하는 단계이다. 도시재정비사업과 같은 도시재생프로젝트에서는 이 단계에서 지구단위계획, 건축설계, 환경성평가, 교통성평가 등에 대한 용역을 발주하여 인허가에 대비하게 된다.

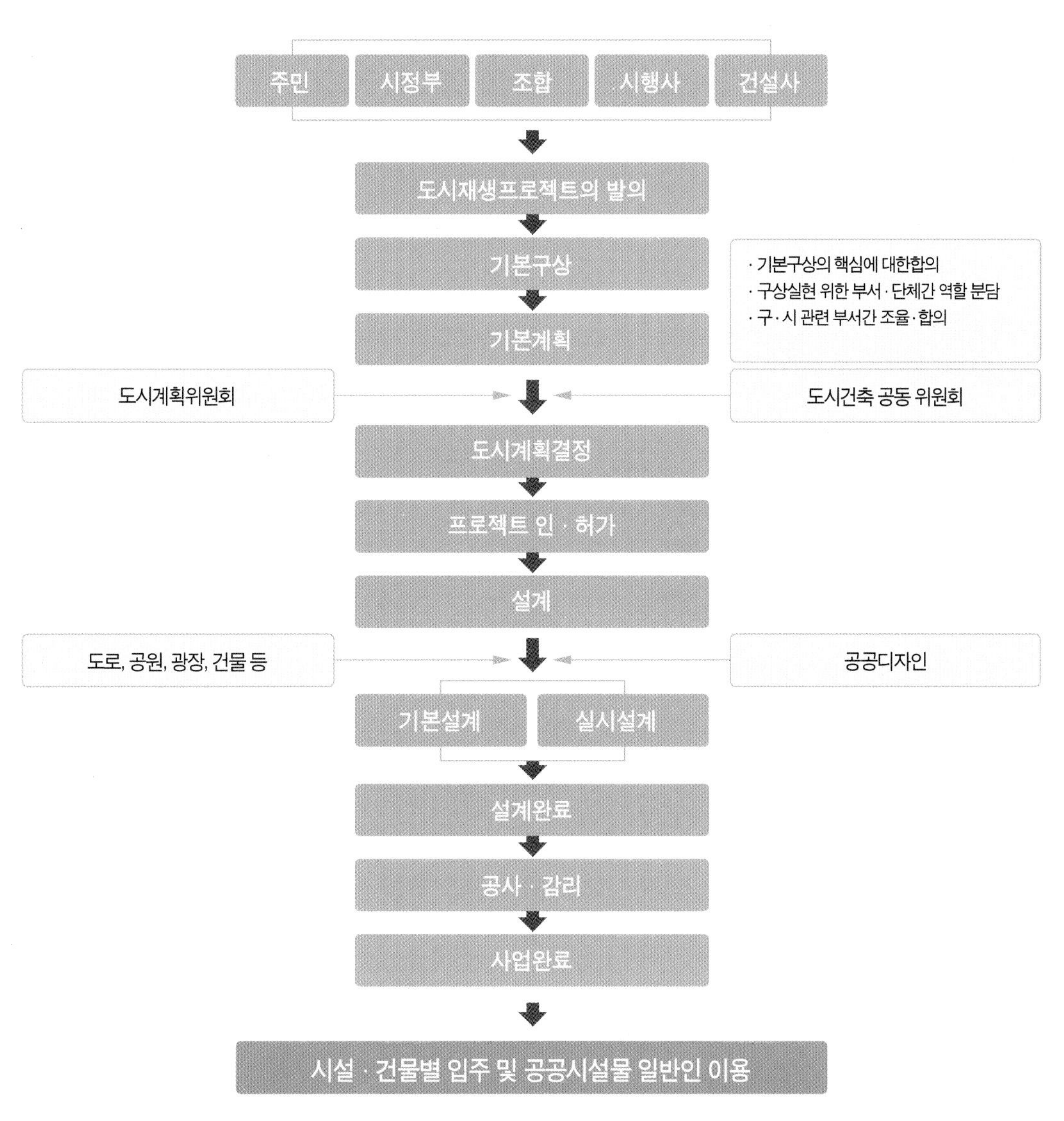

그림 13〉 도시재생 프로젝트 프로세스

1.3 설계단계

도시계획결정과 사업인가가 이루어진 후의 단계로서 건물별, 시설별, 인프라별 설계가 진행되는 과정이다. 사업지구내 주요 건물에 대해서는 별도의 설계가 필요하다. 예컨대 뉴타운 등 도시재생사업이 실시되는 지구내 복합용도시설에 대해서는 별도로 건축설계가 되어야 한다. 도시재정비사업에서 특별계획구역이 존재하는 경우에는 지구전체의 종합적 설계에서 특별계획 구역 설계를 때내어 추후에 별도로 특별계획구역내 건축 시설물 설계를 하게 된다.

설계작업에서 각 시설에 대한 기본적 설계안, 건설비, 부담방식 등을 확정하는 단계를 기본설계라고 부른다. 그리고 공사에 대비하여 각종 설계를 체계화시켜 마무리 하는 단계를 실시설계라고 한다.

1.4 공사 · 감리 단계

실시설계가 완료되면 공사가 시작된다. 사업주체, 계획가, 설계자의 업무는 전 단계에 산출된 설계에 따라 공사가 공정별로 명확히 이루어지도록 공사를 전반적으로 감리하는 단계가 된다. 도시재생 프로젝트 에서는 감리는 설계를 맡은 설계회사가 아닌 다른 건축설계회사 등에서 맡아서 진행한다.

2. 기성시가지 정비유형과 프로세스는?

2.1 토지활동형 프로젝트

공지나 이전예정지 등의 토지가 있을 경우, 당해 토지를 활용하기 위한 프로젝트를 의미한다. 공공이 사업을 주도하는 경우 지역(또는 지구)의 활성화를 위해 토지의 활용방안이 검토될 수 있다. 민간이 사업을 주도하는 경우 토지주가 개발하거나 디벨로퍼 등이 참여하여 프로젝트를 수행하게 된다.

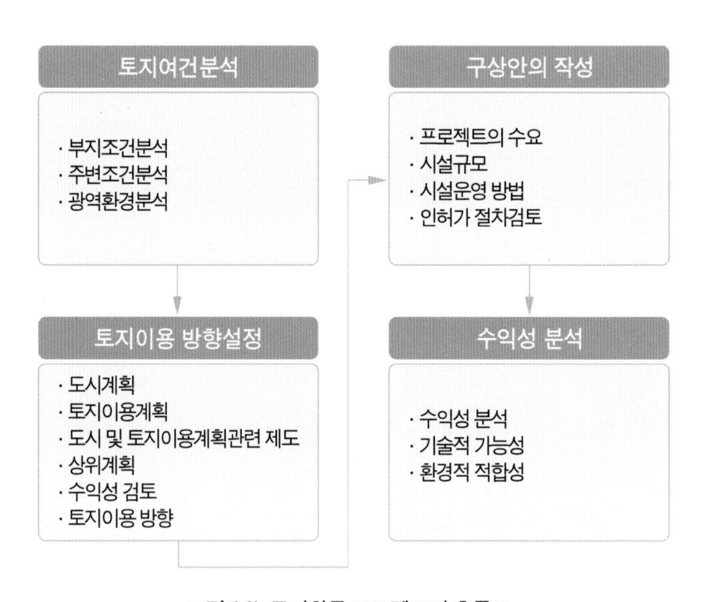

그림 14〉 토지활동 프로젝트의 흐름도

2.2 재개발형 프로젝트

재개발은 정비기반시설이 열악하고 노후된 불량 건축물이 밀집한 지역에 주거환경을 개선하기 위하여 시행하는 프로젝트이다. 특히 도시기반시설이 부족한 지역(도로여건이 열악하고, 주거환경이 열악한 지역, 무허가 건물이 밀집된 지역, 상습 침수지역 등)에서 시행되고 있다.

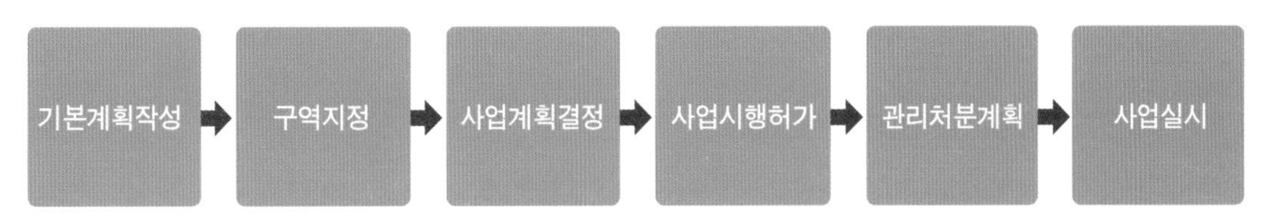

그림 15〉 재개발형 프로젝트의 흐름도

2.3 신도시(신시가지) 개발형

신도시에는 직주근접을 유도하기 위해 산업 등의 기능을 배치하는 자족형 신도시와 대도시(모도시)의 인구분산을 도모하기 위해 대도시 주변에 건설하는 신도시 등이 있다. 일반적으로 모도시와 분리되어 개발된 신시가지를 신도시라 부른다. 한편 신시가지는 모도시내에 있는 시가지를 개발한 경우에 신시가지라고 부른다.

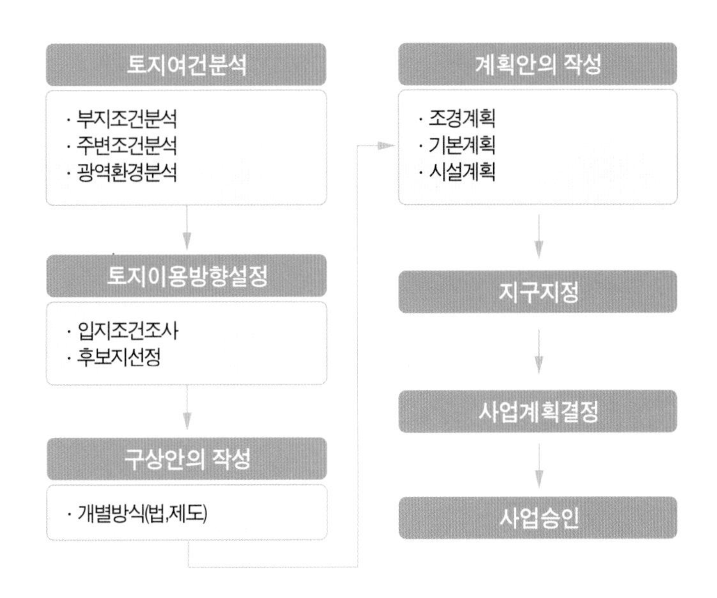

그림 16〉 신도시 개발 프로젝트의 흐름도

2.4 기성시가지 계획관리지구 개발방식 종합

그림 17〉 기성시가지 계획관리지구 개발방식 종합

3. 도시정비사업의 계획과정은?

3.1 도시정비사업 기본계획 프로세스

그림 18〉 도시정비사업 기본계획 프로세스

3.2 개별도시정비사업계획의 프로세스

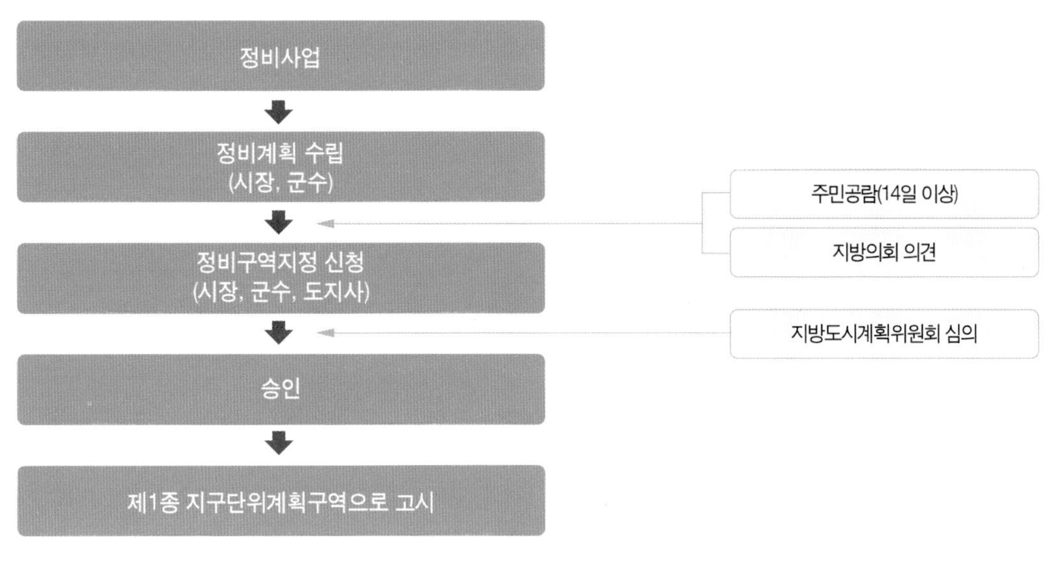

그림 19〉 개별도시정비사업계획의 프로세스

3.3 도시정비사업을 위한 추진위원회 및 조합의 구성

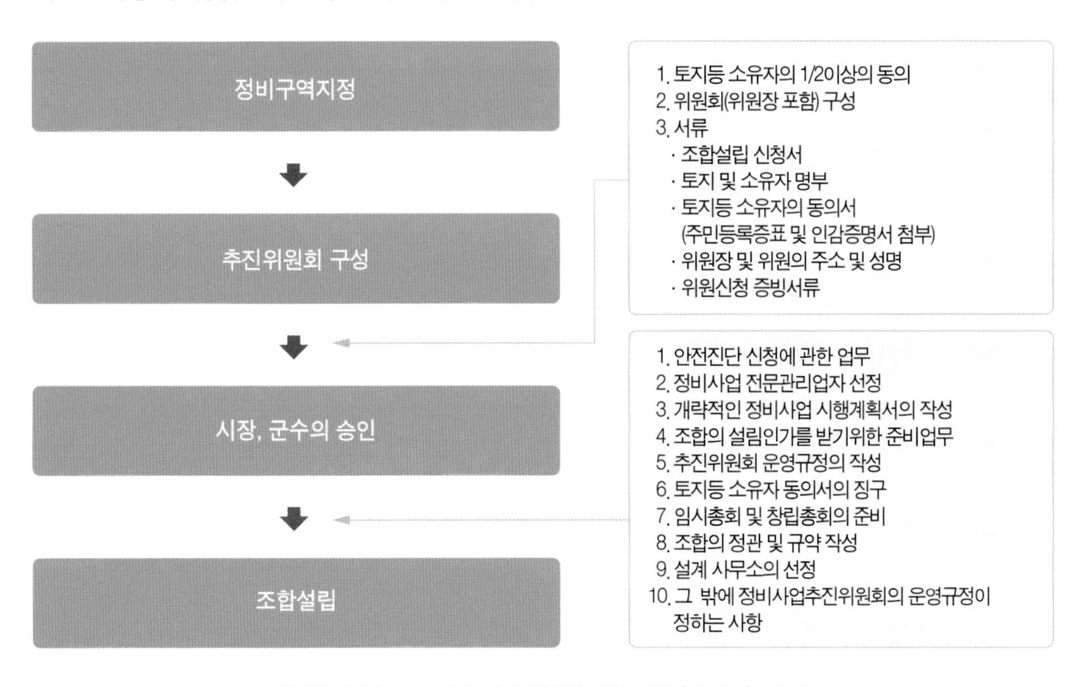

그림 20〉 도시정비사업을 위한 추진위원회 및 조합의 구성 프로세스

3.4 주택재건축사업의 안전진단과 시행여부 결정 프로세스

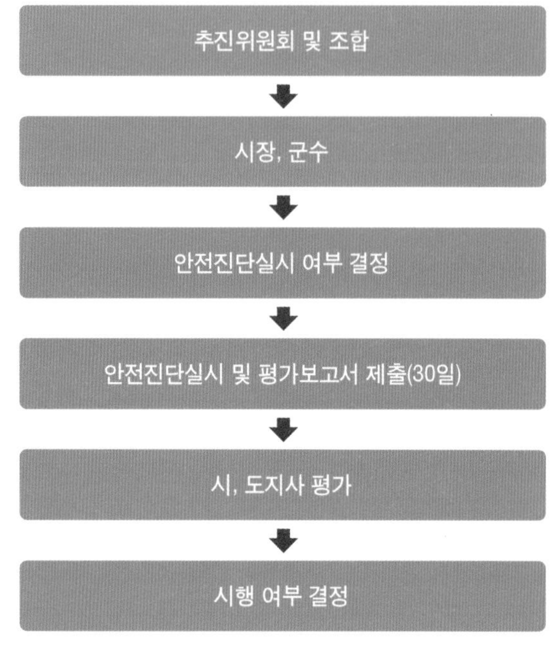

그림 21〉 주택재건축사업의 안전진단과 시행여부 결정 프로세스

3.5 도시정비사업 사업시행 프로세스

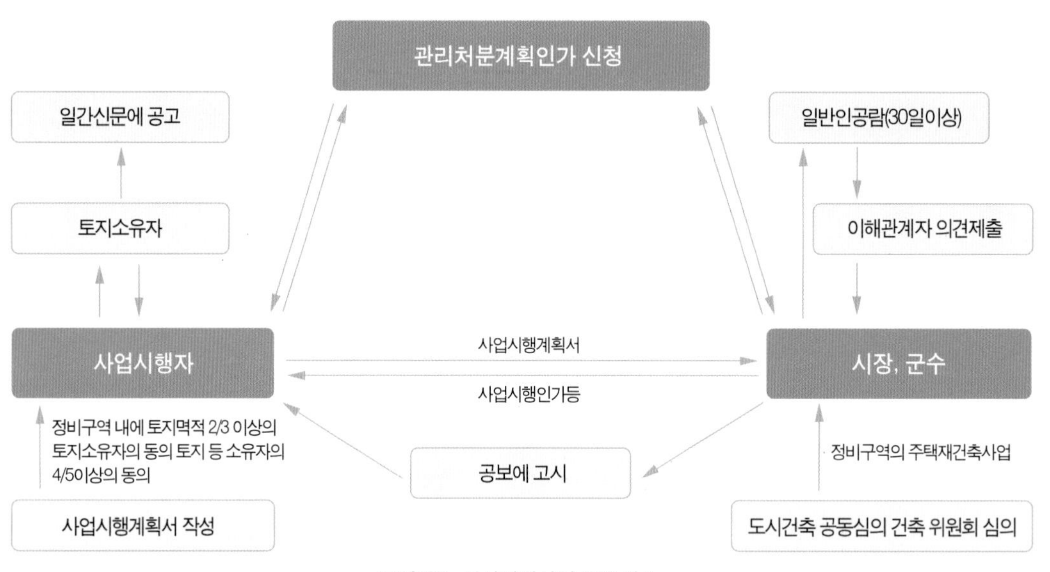

그림 22〉 도시정비사업 프로세스

3.6 관리 처분계획 프로세스

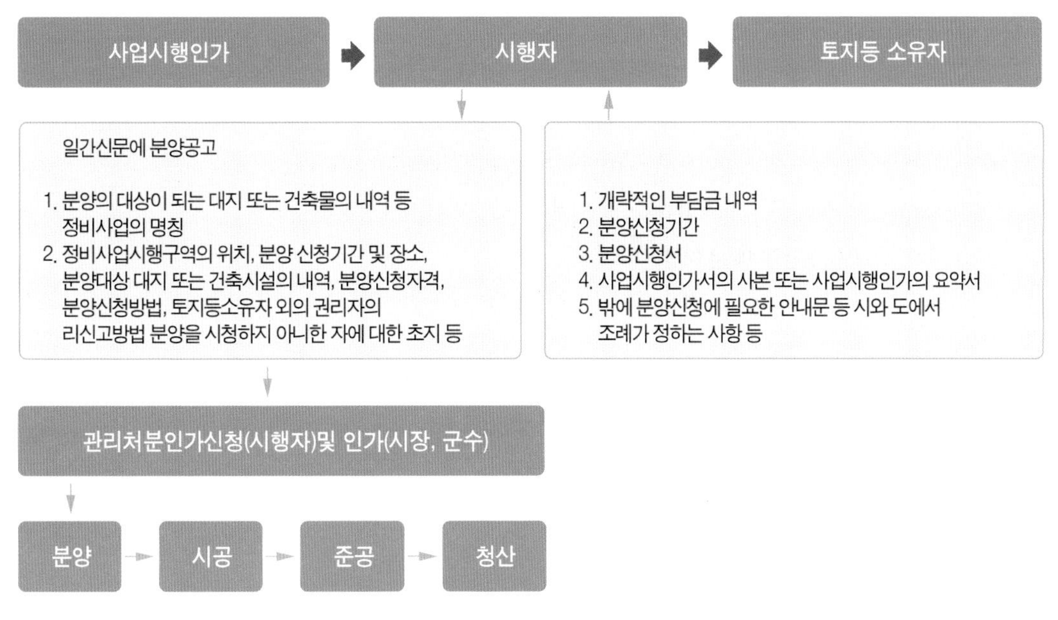

그림 23〉 관리 처분계획 프로세스

3.7 개발단위사업체제의 사업구조

그림 24〉 개발단위사업체제의 사업구조

5장의 이야깃거리

1. 도시재생프로젝트의 계획과정에서 기본구상단계에서는 어떠한 것들을 하는지 생각해보자.
2. 기성시가지 계획관리지구 개발 방식에서 환지처분방식이란 무엇인가?
3. 기성시가지 계획관리지구 개발 방식에서 관리처분방식에 대해 알아보자.
4. 도시재생 프로젝트의 계획과정을 도식화하여 보고 단계별 주요 전략에 대해 논해보자.
5. 도시재생프로젝트와 지구단위계획은 어떤관계가 있을까?
6. 어떤 도시재생프로젝트가 지구단위계획수립대상이 되는가?
7. 관민협력도시개발사업은 무엇일까?
8. 기성시가지의 정비유형에는 어떤 것들이 있는지 생각해보자.
9. 토지활동형 프로젝트란 무엇인지에 대해 설명하고, 흐름도를 도식화하여 보자.
10. 재개발형 프로젝트의 개념을 생각해보고, 기본계획부터 사업실시까지의 과정을 생각해보자.
11. 도시개발사업, 도시정비사업, 도시재정비 촉진사업의 특징을 법적 근거, 사업방식, 지정요건 측면에서 비교한 후 공통점과 차이점에 대해 이야기 해보자.
12. 도시정비 프로젝트의 사업의 범위에 따라 차이점은 무엇인지 생각해보자.
13. 도시정비사업이 도시의 경쟁력 향상, 주민들의 주거안정, 주태가격 안정에 얼마나 기여한다고 생각하는가?
14. 주택재건축사업에서 대안전진단이 필요한지 고민해보자.
15. 도시정비사업을 위한 추진위원회의 역할은 무엇이며, 추진위원회 구성요건은 어떤것들이 있는지 살펴보자.
16. 도시정비사업계획과정에서 지방도시계획심의 위원회에서는 어떤 내용을 심의하는가?
17. 관리처분계획프로세스에서 '청산'이란 무엇인지 알아보자.
18. 도시재생사업(재건축, 재개발)에서 조합, 건설업체, 금융기관의 역할은 무엇이고, 서로 어떤 관계를 가지는지 고찰해보자.
19. 도시재생사업에서(재건축, 재개발) 건설업체가 주도하여 금융기관에서 돈을 빌리는가?
20. 도시재생사업(재건축, 재개발)에서 이주비는 왜 발생되는가?
21. 도시재생사업(재건축, 재개발)에서 세입자는 누구를 말하며 이들이 주장할 수 있는 권리는 무엇인지 고민해보자.
22. 도시재생사업(재건축, 재개발)에 있어서 추진위원회 구성에서 관리처분인가까지 얼마나 걸릴까?
23. 도시재생사업(재건축, 재개발)시 기존의 살던 원주민들은 사업기간 중 어디에서 거주하나?
24. 재개발사업에 의해 임시거처를 마련하려는 원주민들 때문에 주변지역의 연립 등 다세대 주택의 임대료가 급등한다고 한다. 왜 그럴까?

제6장
도시정비를 통한 도시재생

1. 도시정비의 목표 및 방향은?

1.1 도시정비의 목표

(1) 도시의 경쟁력 향상

도시재생은 다양한 기능(주거, 상업, 업무, 위락, 관광 등)의 복합화를 통해 도시의 효율성을 제고하고, 다양한 창조적 공간확보를 통해 경쟁력을 향상시킨다. 미래 변화에 능동적으로 대응 가능한 도시를 계획하고, 도시가 물리적 건물 중심에서 환경친화적이면서 인간활동 중심적인 도시를 계획하기 위함을 목적으로 하고 있다.

(2) 복합용도개발추구

다양한 토지이용이 일어날 수 있도록 용도와 기능의 복합화를 토대로 한 도시재생 전략을 수립 · 집행해야 한다.

(3) 지속가능한 개발

환경, 생태를 염두에 두면서 도시와 환경이 조화를 이룰수 있는 재생을 추구한다.

(4) 서민들의 주거안정

도시재정비 사업과 같은 도시재생은 원주민의 재정착률을 제고하고, 영세 주민들의 정주방안을 모색하여야 한다. 그리고 서민들이 원하는 장소에 서민들이 원하는 주거공간을 공급하여야 한다.

(5) 주택가격 안정

정부는 토지거래허가구역 및 전매제한제도 등 주택투기 억제정책을 통하여 주택의 수요억제 및 공급을 해주어야 한다. 또한, 가격규제(분양가 상한제, 분양원가공개)등을 통하여 주택가격을 안정화를 도모해야 한다.

1.2 도시정비의 방향

(1) 신속한 사업추진

계획단계에서부터 주민참여를 통한 이해와 설득을 병행하여 불필요한 규제 및 인허가 단계를 대폭 축소하여야 한다.

(2) 관 · 민 파트너쉽 형성

공공과 민간, 주민들간의 이해관계를 조율할 수 있는 합리적인 제도를 마련하여 주민들을 설득하고 안심시킬 수 있는 합리적인 사업일정 및 계획을 마련해야 한다.

(3) 광역적인 인프라의 확충

기존 도로망 및 교통흐름을 고려한 광역교통계획을 수립하고, 대중교통중심(TOD)의 도시재생 사업을 유도해야 한다.

1.3 도시정비사업의 범위

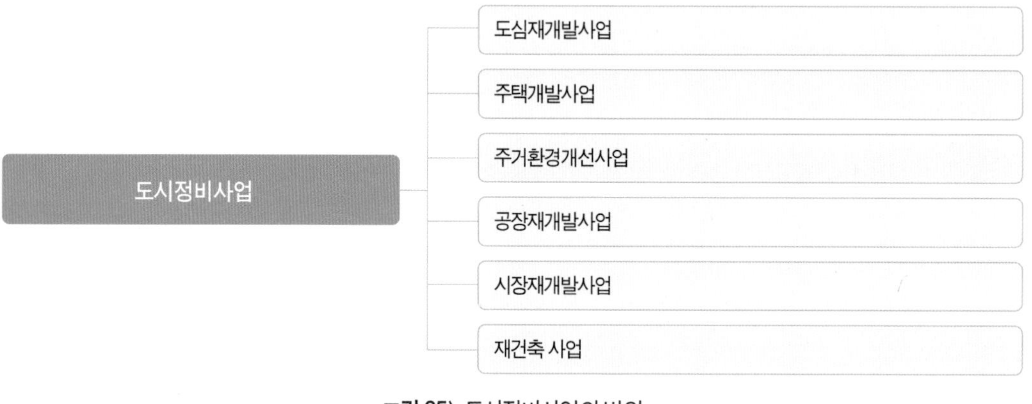

그림 25〉 도시정비사업의 범위

2. 도시정비의 방법에는 무엇이 있나?

(1) 언제 - 도시개발의 목표연도

도심을 재개발하는 착수시기와 순차개발 및 개발 단계와 완료시기를 의미한다.

(2) 어디서 - 도시재생사업 부지의 선정

서울, 수도권, 지방도시 도심, 도시주변지역 등 도시재생사업을 시행하게 될 장소를 의미한다.

(3) 누가 - 도시개발주체의 역할과 책임

공공과 민간의 역할 분담 및 협력, 책임과 권한의 균형을 조율하는 과정과 주체를 의미한다.

(4) 무엇을 - 도시개발대상의 기능 및 역할

용도지역(상업지역, 공업지역, 주거지역 등)의 변경 및 재편과 노후지역, 신도시 등의 개발 및 인프라의 확충 등의 사업을 시행하게 될 시설을 의미한다.

(5) 어떻게 - 도시개발의 방법

계획의 수립, 사업의 방식, 수용 방식, 관련 법률의 적용 등 도시 재생을 추진하게 될 수단을 의미한다.

3. 도시정비사업의 개요

3.1 도시정비사업의 개념

도시정비사업은 도시의 경쟁력 및 효율성의 향상을 위해 정비구역 내에 정비기반시설을 정비하고 주택 등 건축물을 개량하거나 건설하는 다음의 사업을 말한다.

표 10〉 도시정비사업 구분

종류	개념	비고 (기존법)
주거환경 개선사업	도시 저소득 주민이 집단으로 거주하는 지역으로서 정비 기반시설이 극히 열악하고 노후, 불량 건축물이 과도하게 밀집한 지역에서 주거환경을 개선하기 위하여 시행하는 사업	도시저소득주민의 주거환경 개선을 위한 임시조치법
주택재개발사업	정비기반시설이 열악하고 노후, 불량건축물이 밀집한 지역에서 주거환경을 개선하기 위하여 시행하는 사업	도시재개발법
주택재건축사업	정비기반시설은 양호하나 노후, 불량 건축물이 밀집한 지역에서 주거환경을 개선하기 위하여 시행하는 사업(정비구역이 아닌 구역에서 시행하는 주택재건축사업 포함)	주택건설촉진법
도시환경 정비사업	상업지역, 공업지역 등으로서 토지의 효율적 이용과 도심 또는 부도심 등 도시 기능의 회복이 필요한 지역에서 도시환경을 개선하기 위하여 시행하는 사업	도시재개발법 (도심재개발사업)

3.2 지정기준

(1) 주거환경개선사업

- 면적 2,000㎡ 이상

- 세입자세대수의 50%이상 필요
- 노후불량건축물이 건축물 총수의 1/2이상인 지역
- 개발제한구역의 노후불량건축물이 건축물 총수의 1/2이상인 지역

(2) 주택재개발사업

- 도시의 환경이 현저히 불량하게 될 우려가 있는 지역
- 건축물이 노후?불량하여 토지의 합리적 이용과 가치증진이 곤란한 지역
- 순환용 주택을 건설하기 위해 필요한 지역

(3) 주택재건축사업

- 건축물의 붕괴, 안전사고 우려가 있어 정비사업을 추진해야 하는 지역
- 기존 공동주택이 준공된 후 20년이 지났고, 규모가 300세대 이상, 부지면적이 10,000㎡ 이상인 지역

(4) 도시환경정비사업

- 토지가 건축대지로서 효용을 다할 수 없게 되거나 과소토지로 되어 도시환경이 현저히 불량하게 될 우려가 있는 지역
- 건축물이 노후 불량하여 그 기능을 다할 수 없거나 건축물이 과도하게 밀집되어 토지의 합리적 이용과 가치의 증진이 곤란한 지역

3.3 도시정비사업 시행자와 방법

(1) 주거환경개선사업

- 시장, 군수, LH공사가 지정시행(토지주의 2/3동의) 실시
- 자가개량방식이란 시장 · 군수가 정비구역 안에서 정비기반시설을 새로이 설치하거나 확대하고 토지 등 소유자가 스스로 주택을 개량하는 방법
- 분양방식이란 주거환경개선사업의 시행자가 정비구역의 전부 또는 일부를 수용하여 주택을 건설한 후 토지 등 소유자에게 우선 공급하는 방법
- 환지방식이란 주거환경개선사업의 시행자가 환지로 공급하는 방법

(2) 주택재개발사업

- 조합(조합원의 1/2이상 동의시 시장, 군수, LH공사등과 공동시행)이 지정시행 실시
- 정비구역 안에서 인가받은 관리처분계획에 따라 주택 및 부대?복리시설을 건설하여 공급하거나, 환지로 공급하는 방법

(3) 주택재건축사업

- 조합(조합원의 1/2이상 동의시 시장, 군수, LH공사등과 공동시행)이 지정시행 실시
- 정비구역 안 또는 정비구역이 아닌 구역에서 인가받은 관리처분계획에 따라 공동주택 및 부대 · 복리시설을 건설하여 공급하는 방법

(4) 도시환경정비사업

- 조합, LH공사, 토지소유주 등이 공사 등과 지정 시행
- 정비구역 안에서 인가받은 관리처분계획에 따라 건축물을 건설하여 공급하는 방법 또는 환지로 공급하는 방법

3.4 도시정비사업의 내용

- 정비사업의 기본방향 및 계획기간
- 인구, 건축물, 토지이용, 정비기반시설, 지형 및 환경 등의 영향
- 토지이용계획, 정비기반시설계획, 주거지 관리계획, 교통계획
- 녹지, 조경, 에너지 공급, 폐기물 처리 등에 대한 환경계획
- 사회복지시설 및 주민문화시설 등의 설치계획
- 정비구역으로 지정할 예정인 구역의 개략적 범위
- 건폐율, 용적률에 관한 건축물의 밀도 계획
- 세입자에 대한 주거안정대책

도시정비사업과정에서 발생되는 잇슈와 문제점에 대한 대책을 제시해보면 다음과 같다.

표 11〉 도시정비사업 과정별 대책

구 분	내 용
사업주체	공공관리자 제도 도입
주민참여	총회의 주민 참석 의무비율 상향 조정, 전자투표제
정보공개	정비사업 홈페이지 구축, 정비사업자료 공개 의무화
사업비 추산	사업비 내역을 조합 설립 동의서 청구 시 제출토록 의무화
세입자 대책	휴업 보상금 기준 상향, 세입자 대책 개별 통보, 주거 이전비 차등 지급 등
정비사업체	등록 기준과 등록취소, 제한 강화

공공관리제도가 도입된 도시재정비사업의 프로세스는 다음과 같이 정리해볼수 있다.

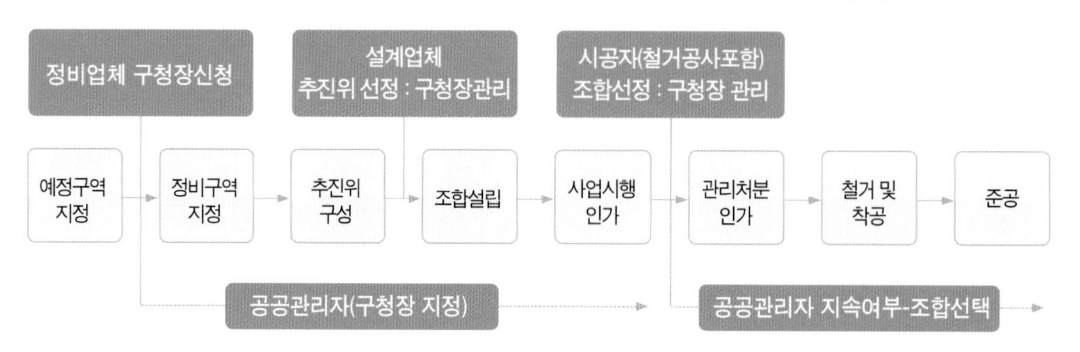

그림 26〉 공공관리자제도가 도입된 도시정비사업 프로세스

4. 도시정비 프로젝트의 주체별 개발방식

4.1 주체별 개발방식의 분류

그림 27〉 주체별 개발방식의 분류

4.2 관련법에 근거한 개발방식 비교

구분	사업상식	토지권리취득방식	적용근거
공공주도형	일괄매수 공영개발 방식	일괄매수(수용방식)	도개법
	공공지정 공공개발 방식	혼합방식	도정법, 도개법
민관협력형	공공지정 공공개발 방식	조합 또는 토지 등 소유자 (혼용방식)	도정법, 도개법
	조합공공 공동개발 방식	조합 또는 토지 등 소유자 (혼용방식)	도정법, 도개법
	공공투자 조합개발 방식	조합 또는 토지 등 소유자 (혼용방식)	도정법
	공공지정 신탁개발 방식	조합 또는 토지 등 소유자	도정법, 도개법
민간주도형	일괄매수 민간개발 방식	조합(신탁회사)	도정법, 도개법
	신탁지주 공동개발 방식	조합(환지방식)	도정법, 도개법
	지주공동 조합개발방식	조합(사업주체)	도정법, 도개법

그림 28〉 관련법에 근거한 개발방식 비교

5. 도시정비 프로젝트의 나가야 할 방향은?

5.1 정책적 방향

도시정비 프로젝트는 주택공급 측면의 개발이 아니라 도시의 발전방향과 연계하여 추진되어야 한다. 추진 과정 중에서는 공공부분의 참여와 지원이 전제되어야 하며 토지소유자로 구성된 조합원과 세입차, 임차상인 등 이해당사들의 참여가 보장되어야 한다. 또한, 대규모 정비 프로젝트를 동시에 추진하기 보다는 순차적인 정비를 통한 사업의 속도조절도 필수적이라고 할 수 있다.

5.2 제도적 방향

도시정비 프로젝트의 제도적 방향으로는 다음과 같이 정리할 수 있다.

- 도시정비 프로젝트는 주거환경 개선뿐 아니라 도시의 종합적인 정비를 추진할 수 있도록 하고 이

를 제도화할 필요가 있다.

- 도시정비 프로젝트는 광역생활권 내에서 단계적 개발방식과 순환개발방식을 추진할 수 있도록 제도화 하여야 한다.
- 도시정비 프로젝트 방식을 공공주도의 사업과 민간주도의 사업으로 이원화해야 한다.
- 도시정비사업관련 분쟁해결을 위해 해당지자체에 분쟁위원회를 설치해야 한다.
- 도시정비 프로젝트 사업 추진 과정에서 이해 당사자들의 참여가 보장될 수 있도록 제도화해야 한다.
- 도시정비 지역의 원주민 재정착률을 제고할 수 있는 저렴한 주택 공급을 확대해야 한다.
- 도시정비조합의 회계감사의 투명성을 제고하는 방안을 모색해야 한다.
- 도시정비 프로젝트 사업에 있어 주택세입자와 임차상인 등의 권익을 보호할 수 있는 전문상담기관을 설치하거나 전문기관의 자문을 받을 수 있도록 지원해야 한다.
- 도시정비사업의 투명성을 확보하고 조합과 시행사 간의 비리를 척결하기 위해 공공이 개입하는 방안이 필요하다.
- 정비업체와 시공사 중심으로 진행되던 사업을 구청이나 공사 등의 공공 관리자가 맡아 정비업체와 시공사가 연계해 추진위 구성에 관여하는 잘못된 관행을 막을 필요가 있다.
- 공공관리자 제도가 이미 도입된 도시정비사업지구에 대한 모니터링을 통해 공공관리자 제도의 단점을 지속적으로 보완할 필요성이 있다.

표 12〉 정부의 재개발 제도개선 추진 방안

구 분		현행	개선방안(검토안)
세입자지원	상가세입자	· 휴업보상금 지급기준 미흡 - 휴업 보상금 지급 기준 : 3개월	· 휴업보상금 지급기준 재정립 - 휴업 보상금 지급기준 상향 조정 : 3개월 → 4개월
		· 사업구역내 재정착제도 미비 - 상가 등의 분양권이 없어 사업구역내 재정착이 어려움	· 재정착 기회 부여 - 조합원에게 분양하고 남은 상가 등은 상가세입자에게 분양권 우선 부여
	주거세입자	· 세입자 등의 이주대상주택 부족 - 재개발 사업추진시 세입자 등이 이주 할 수 있는 주택이 부족	· 순환개발 방식 추진 및 임대주택 우선확보 - 재개발 세입자 등의 이주단지 확보 이후 개발하는 순환개발 방식 추진 - SH공사 임대주택 위주 건설
분쟁 조정 기구 설치		· 분쟁발생시 중재기능 미흡 - 세입자와 조합, 조합과 조합원 등 이해관계자간 분쟁시 중재기능 미흡	· 분쟁조정위원회 설치 - 재개발 관련 분쟁해결을 위해 시 · 군구에 분쟁조정 위원회 신설 *도시 및 주거환경정비법을 개정하여 설치근거를 마련, 구체적 운영방안은 시 · 도조례에 위임

구 분	현행	개선방안(검토안)
투명성 강화	· 조합 회계감사 투명성 부족 - 조합에서 회계감사 기관 선정	· 회계감사의 투명성 제고 - 지자체장(시장 · 군수 · 구청장)이 직접 선정한 기관에게 회계감사 수행
	· 감정평가의 객관성 부족 - 구청장이 감정평가사를 추천하되, 계약은 조합이 감정평가사와 계약	· 감정평가의 객관성 확보 - 지자체장(시장 · 군수 · 구청장)이 감정평가사를 선정하고 계약도 직접 수행
건물주 책임 강화	· 조합이 세입자 보상금 전부 부담 - 건물주는 세입자수에 관계없이 비용부담하지 않고 조합이 전부 부담(주거이전비를 목적으로 친인척 등 위장 전입)	· 건물주의 책임 부담 강화 - 건물주도 세입자 보상금을 일부 부담

자료: 국무총리실보도자료, 2009. 2

6. 뉴타운 사업이란?

6.1 사업대상

뉴타운 사업의 대상지역은 다음과 같이 구분할 수 있다.

- 노후불량주택 밀집지역으로 재개발 사업의 추진되고 있거나, 추진예정인 지역으로서 동일 생활권 전체를 대상으로 체계적인 개발이 필요한 지역
- 미 · 저개발지 등 개발밀도가 낮은 토지가 산재하고 있어 종합적인 신시가지개발이 필요한 지역
- 도심 및 근처 인근지역의 기성시가지가 무질서하게 형성되어 주거 · 상업 · 업무 등 새로운 도시기능을 복합적으로 개발 · 유치할 필요가 있는 지역

6.2 뉴타운 사업의 유형

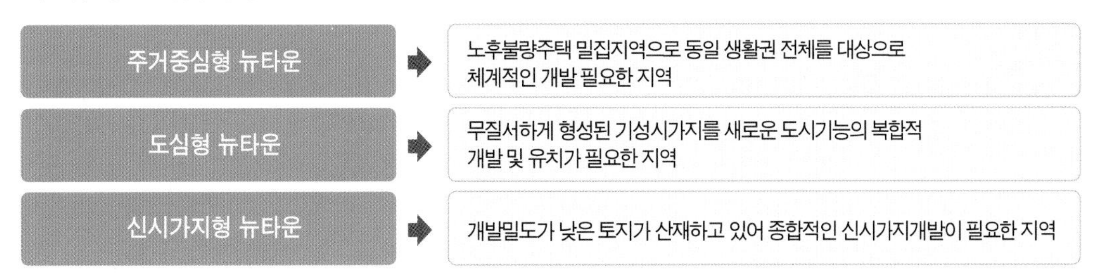

그림 29〉 뉴타운 사업의 유형

6.3 뉴타운 지정 개발절차

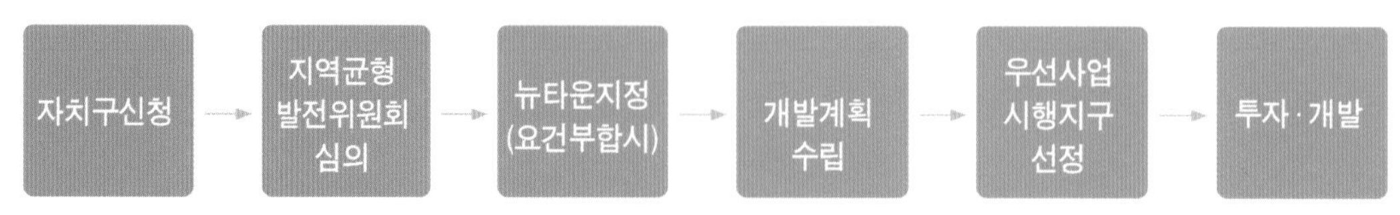

그림 30〉 뉴타운 지정 개발 절차

6.4 제1기 뉴타운 3개 지구 사업

표 13〉 제1기 뉴타운 3개 지구 사업개요

구분	길음뉴타운	은평뉴타운	왕십리뉴타운
위치	- 성북구 길음동 정릉동 일대	- 은평구 진관내외동, 구파발동 일대	- 성동구 하왕십리동 일대
면적	- 95만m2 (28만 7천평)	- 349만 5천m2 (108만여평)	- 33만7천㎡ (10만 2천평)
건립규모	- 13,730가구, 41,200명	- 14,000가구, 39,200명	- 5,000가구, 14,000명
개발방향	- 보행중심의 녹색타운	- 생태전원도시	- 복합기능을 가진 도심형 커뮤니티
개발방식	- 도시계획시설+주택재개발 - 기반시설설치: 시, 자치구 - 주택재개발사업: 민간 - 미시행구역에 대하여 시 · 구가 구역지정(사업)계획 수립지원	- 도시개발법에 의한 도시개발사업(공영개발) - 전체를 3단계로 구분하여 단계별로 시행	- 주택재개발사업, 획지별 개발 (도정법에 의한 정비사업, 왕십리뉴타운 제1종 지구단위계획)
기반시설 설치내용	- 서경대 진입로(B=8 →15m, L=740) - 학교부지 2개소 추가확보(초등학교, 중고병설 학교 1) - 소공원(4개소)	- 도시개발사업을 통해 기반시설 공급	- 지구단위계획(특별계획구역)과 주택재개발을 통해 각종 기반시설 공급
사업효과	- 도시기반시설 확충으로 주거환경개선 및 생활편익도모 - 재개발사업기간 최대한 단축	- 개발제한구역내 낙후지역 시가지를 종합적으로 개발?정비하여 쾌적하고 편리한 생활환경을 조성 - 임대주택 공급확대를 통한 서민 주거 생활 안정 기여	- 도심부 낙후지역 정비

(1) 왕십리뉴타운

위치	- 성동구 하왕립리동 일대
면적	- 33만 7천 m2 (10만 2천명)
건립규모	- 5,000가구, 14,000명
개발방식	- 주택 재개발 사업 획지별 개발
개발방향	- 복합기능을 가진 도심형 커뮤니티
기반시설 설치내용	- 지구단위계획(특별계획구역)과 주택 재개발을 통해 각종 기반시설 공급
사업효과	- 도심부 낙후지역 정비

(2) 은평뉴타운

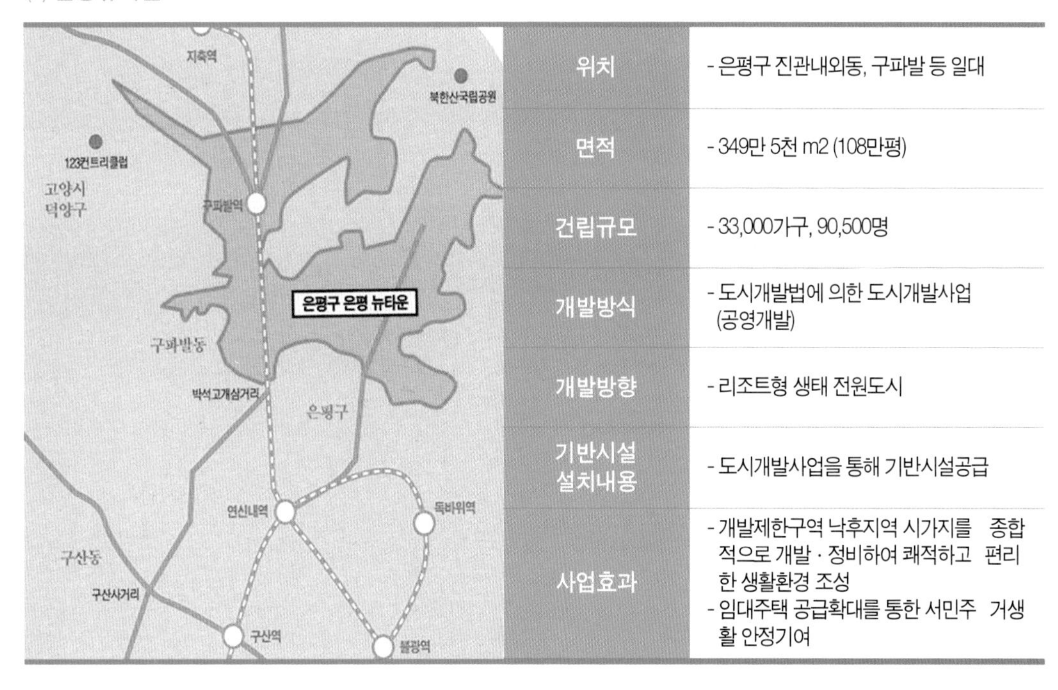

위치	- 은평구 진관내외동, 구파발 등 일대
면적	- 349만 5천 m2 (108만평)
건립규모	- 33,000가구, 90,500명
개발방식	- 도시개발법에 의한 도시개발사업 (공영개발)
개발방향	- 리조트형 생태 전원도시
기반시설 설치내용	- 도시개발사업을 통해 기반시설공급
사업효과	- 개발제한구역 낙후지역 시가지를 종합적으로 개발 · 정비하여 쾌적하고 편리한 생활환경 조성 - 임대주택 공급확대를 통한 서민주 거생활 안정기여

7. 균형발전촉진지구는?

7.1 사업목적

자치구별로 중심거점지역을 지정, 육성하여 지역주민의 각종 도시생활이 이곳에서 이루어질 수 있도록 복합도시를 개발하는 사업이다. 지역주민의 생활편의를 제고하는 동시에 도심 및 강남 중심의 서울의 도시구조를 다핵화로 전환함으로써 지역균형발전 및 교통 · 환경 등 각종 도시문제를 함께 해결하고자 하는 목적이 있다.

7.2 1차 균형발전촉진지구

표 14〉 1차 균형발전촉진지구 개요

<table>
<tr><th>지구</th><th>위치</th><th>권역별 분포</th><th>중심지 위계</th></tr>
<tr><td>청량리 균형발전촉진지구</td><td>- 동대문구 용두동 14일대</td><td rowspan="2">동북권(2)</td><td>부도심</td></tr>
<tr><td>미아 균형발전촉진지구</td><td>- 성북구 하월곡동 88일대
- 강북구 미아동 70일대</td><td rowspan="4">지역중심</td></tr>
<tr><td>홍제 균형발전촉진지구</td><td>- 서대문구 홍제동 330일대</td><td rowspan="2">서북권(2)</td></tr>
<tr><td>합정 균형발전촉진지구</td><td>- 마포구 합정동 419일대</td></tr>
<tr><td>가리봉 균형발전촉진지구</td><td>- 구로구 가리봉동 125일대</td><td>서남권(1)</td></tr>
</table>

(1) 청량리 촉진지구

구분	내용
위치	- 동대문구 용두, 전농동 일대1
면적	- 357,700 m2 (10만 8천평)
건립규모	- 13,730가구, 41,200명
개발방식	- 주택 재개발
개발방향	- 동북권 생활 문화 교류점으로 개발
기반시설 설치내용	- 교통체계개선 - 정보네트워크 구축
사업효과	- 동대문구 자력 성장기틀 마련 - 지역 균형발전

(2) 미아 촉진지구

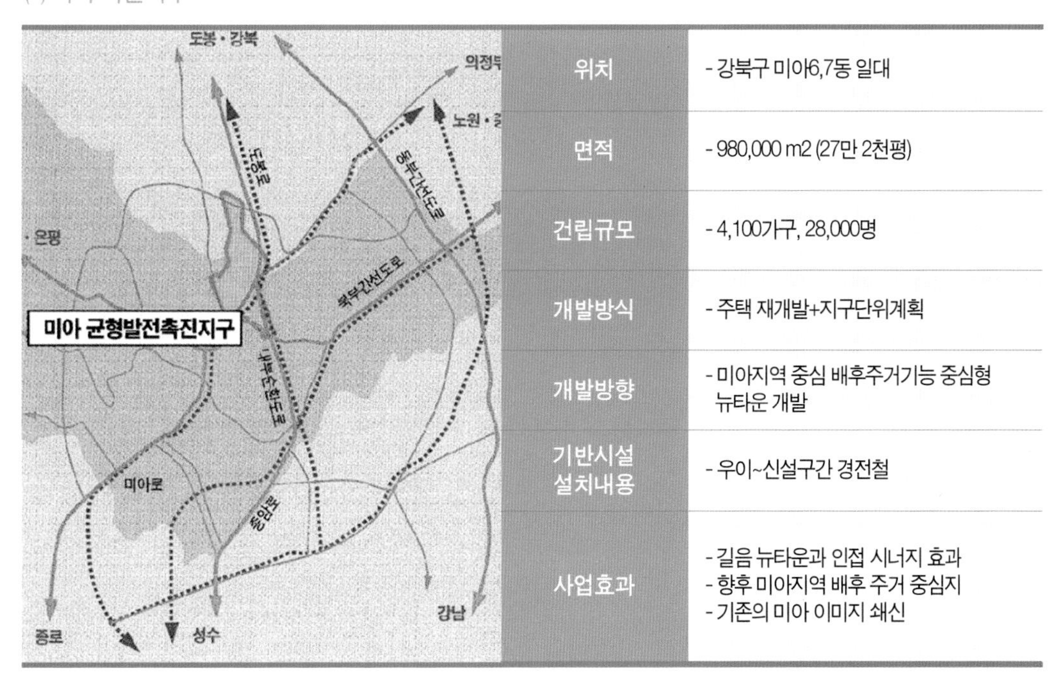

구분	내용
위치	- 강북구 미아6,7동 일대
면적	- 980,000 m2 (27만 2천평)
건립규모	- 4,100가구, 28,000명
개발방식	- 주택 재개발+지구단위계획
개발방향	- 미아지역 중심 배후주거기능 중심형 뉴타운 개발
기반시설 설치내용	- 우이~신설구간 경전철
사업효과	- 길음 뉴타운과 인접 시너지 효과 - 향후 미아지역 배후 주거 중심지 - 기존의 미아 이미지 쇄신

8. 재개발은 무엇인가?

8.1 재개발이란?

토지의 합리적이고 효율적인 이용과 도시의 기능을 회복하기 위하여 건축물, 부지의 정비와 대지의 조성 및 공공시설 정비에 관한 사업을 말한다.

도시 재개발은 토지이용의 효율화, 주거환경과 도시의 개선, 도시기능의 회복 등의 목표 속에서 추진된다. 또한, 슬럼치구 등 환경의 정비, 주택질의 향상, 빈곤해소, 도시의 균형개발 등 공공과 사회적 편익을 도모하기 위해 시행된다.

재개발 사업은 도심재개발 사업과 불량주택 재개발 사업으로 구분할 수 있다. 도심재개발이란 도시의 노후화된 도심부를 현대적 시설로 개선하여 도심이 가지고 있는 기능을 효율적이고 원활하게 발휘하도록 한다. 불량주택 재개발은 불량주택 및 공공 시설물의 기능을 정비하고 환경을 순화함으로써 안전하고 기능적인 주거지를 조성하도록 한다.

8.2 재개발의 도입배경

(1) 도심재개발사업

- 1983년 도심재개발 촉진 방안 발표
- 서울올림픽 개최에 따른 도심 환경정비를 위한 재개발 사업 활기
- 1990년대 이후 부진

(2) 불량주택재개발사업

- 1950년대 이후 노후 불량주거지 문제 제기
- 1960년대 철거 이주사업 및 시민 아파트 건설
- 1970년대 초 현지 개량사업
- 1980년대 중, 후반 자력재개발, 위탁재개발 도입
- 1980년대 이후 민간자본에 의한 주택재개발 위주로 진행

8.3 재개발 사업의 한계

(1) 원주민의 낮은 재정착률

- 민간사업의 수익성 추구로 인하여 중대형 주택 위주로 건설되어 주민들의 추가 부담으로 연결
- 사업기간 동안 지급되는 거주비가 충분치 않아 사업기간 동안 발생되는 이자 또한 영세민들에게

는 부담으로 연결

(2) 부정적 외부효과

- 재개발구역의 고밀도 공동주택 개발로 인하여 기존 기반시설에 과부하 발생
- 재개발구역 주변의 열악한 기반시설로 인해 진입도로 확보가 어려움
- 지역의 수용 능력을 초과하는 개발은 기반시설 부족으로 이어져 도시 전체에 경제적 비효율성을 가져옴

(3) 정부의 역할 미비

- 주택재개발에 관련된 중앙정부의 역할이 미약한 실정임
- 정부는 기반시설 확보 및 원주민 정착률을 높이기 위한 구체적인 방안을 마련치 않고, 별다른 대책 없이 불량주택을 개량하고 주거환경을 개선하려고 하고 있음
- 지속적으로 중대형 위주로 주택이 건설될 경우 도시 저소득층의 주택문제가 심각해짐

9. 재건축은 무엇인가?

9.1 재건축이란?

기존 건축물이 노후화 되거나, 구조적으로 안전성이 저하 되어 안전사고의 우려가 있거나, 유지보수비가 과다 소요되는 경우 그 대지위에 새로운 주택을 건설하기 위해 기존 주택의 소유자가 재건축 조합을 설립하여 시공사와 함께 주택을 건설하는 사업을 말한다.

「도시 및 주거환경 정비법」에 따르면 주택재건축사업은 노후?불량건축물이 밀집한 지역에서 주거환경을 개선하기 위하여 시행하는 사업이다.

9.2 재건축의 도입배경

- 1960~1970년대 지어진 아파트가 시공기술 및 유지관리 인식 미흡 등으로 인하여 20년이 경과한 1980년대에 들어서면서 질적인 문제를 겪게 됨
- 몇 건의 아파트 붕괴사고로 주택 노후화에 대한 안전대책의 필요성이 널리 인식되게 됨
- 1983년 이후 합동재개발사업으로 노후 아파트 재건축이 활기
- 1984년 '집합건물의 소유 및 관리에 관한 법률' 이 제정되어 재건축 사항이 포함됨
- 1987년 12월 '주택건설촉진법' 을 개정하여 재건축 사업의 법적 근거를 마련

9.3 재건축 사업의 한계

(1) 주변도시환경 미고려

- 재건축사업은 사업단지에 국한되어 재건축되기 때문에 주변도시의 축, 경관등과 연계되지 않은채 사업이 실시된다.
- 재건축사업은 주변도로, 상하수도, 녹지등의 인프라와는 별개로 추진되어 도시재정비나 환경개선에 크게 기여하지 못한다.

(2) 획일적인 정비사업

- 재건축 사업은 대부분 주거단지 조성이 목적임
- 개발 목적, 사업 주체, 지역의 특성에 따른 다양한 방식의 시도가 어려움
- 대부분이 중?대형 공동주택으로 주거 유형의 선택 폭이 좁음

(3) 주택 가격

- 주택을 자산이라는 가치에 중점을 두고 있음
- 재건축 사업의 고급주택과 대형주택을 통해 고수익을 보장 받으려는 성향이 나타나고 있음
- 해당 재건축 사업 단지 뿐 아니라 주변의 주택 가격에 큰 영향을 미침
- 저소득층을 위한 주거의 선택 기회를 배제할 가능성이 있음

(4) 조기 멸실로 인한 자원낭비

- 유지관리 비용이 과도할 경우 재건축을 시행하는 것이 바람직함
- 재건축 시기를 구조, 설비,등의 노후화에 따른 유지관리비용 부담보다는 주택시장에 의해 결정하는 경향이 있음
- 재건축의 시행은 주택의 조기 멸실을 유도하여 자원낭비가 심각함

6장의 이야깃거리

1. 지방의 도시재생사업의 발전방안은 어떠한 것이 있을까?
2. 도시재생의 성공여부를 판단해 볼 수 있는 평가지표는 무엇일까? 어떤 측면의 평가지표가 우선적으로 고려되어야 할까?
3. 우리나라 도시정비 관련제도의 체계를 살펴보고, 각 사업별로 특징에 대하여 이야기해보자.

4. 도시정비의 목표에는 어떤 것들이 있는지 논해보자.

5. 도시정비의 방향은 무엇인지 이야기 해보자.

6. 도시정비사업의 종류와 종류별 개념을 생각해보자.

7. 도시정비사업의 주거환경개선사업, 주택재개발사업, 주택재건축사업, 도시환경정비사업의 지정기준은 어떻게 되는지 논해보자.

8. 도시정비사업에서 일괄매수방식, 혼합방식, 지주공동방식, 신탁방식의 차이점을 논해보자.

9. 도시정비사업의 종류별 시행자와 방법에 대해 생각해보자.

10. 도시정비사업은 공공, 민관, 민간의 주체별 개발 방식이 어떠한 차이가 있는지 논해보자.

11. 도시정비사업이 나아가야 할 방향을 정책적, 제도적측면에서 이야기 해보자.

12. 뉴타운 사업이 무엇인지 이야기 하고, 그 유형에 대하여 이야기 해보자.

13. 균형발전촉진지구란 무엇인지 사업의 목적에 대해 설명하고, 개념을 이해해보자.

14. 재개발과 도시정비사업은 어떠한 관계인지 생각해보자.

15. 그동안에 추진된 재건축사업의 문제와 한계는 무엇인가?

16. 재개발과 재건축의 차이점에 대해 생각해보고, 두 방식의 문제점과 해결방안에 대해 논의해보자.

17. 도시재생관련 주요법 및 제도의 변천과정을 살펴보자.

18. 도시재생관련 주요법과 제도에는 어떤것들이 있는지 고민해보자.

19. 서울시에서 도시주거환경개선사업에 공공관리자제도(2010년 발표)를 도입했다. 이 제도는 재개발, 재건축 사업을 공공이 관리하는 것으로, 구청장이 정비업체를 직접 선정하고 조합설립위원회 구성과 승인까지 주도적으로 관리하는 제도이다. 이 제도를 둘러싼 장 · 단점에 대해 논의가 무성하다. 무슨 장 · 단점이 있는지 고민해보자.

20. '서울휴먼뉴타운' (2010년 발표)은 아파트 위주의 개발에서 탈피해 저층주거지 환경을 개선해 보존하는 형태로, 재개발로 인한 저층주거지의 멸실을 줄이고, 주거 유형의 다양화를 실현하고자 했다. 이 '서울휴먼뉴타운' 정책의 성과를 논하시오.

21. 도정법(35개조항) 및 도촉법(4개조항) 개정내용은 일몰제 및 출구전략, 주민알권리 및 투명성강화, 대안적 정비방식 도입, 정비사업추진 활성화 방안 등을 포함한다. 이 두 개 법의 개정내용의 적절성에 대해 검토해보자.

22. 도정법 및 도촉법에 의하면 주민들이 정비구역 해제를 요청하면 추진위가 미설립된 경우 30%이상 동의를 받아 인가가 되며, 사업인가 등은 주택수급이 불균형하거나 시장이 불안할때로 시기를 조정한다고 한다. 여기서 동의율 30%의 의미는 무엇이며 주택수급상황에 따라 사업인가시기를 조정한다는 내용에 대해 논란은 없는지 살펴보자.

제7장
도시재생 관련 제도 및 사업추진방향

1. 도시재생 관련 제도

국내에서 재개발, 도시정비 등 도시재생사업과 관련된 주요 법과 제도는 경제개발 및 도시개발 과정에서 파생되어온 문제들을 개선하기 위한 대응전략의 일환으로 전개되어 왔다.

1973년「주택개량 촉진에 관한 임시조치법」, 2002년「도시 및 주거환경 정비법」, 2005년「도시 재정비촉진을 위한 특별법」 등이 제정되면서 기존 제도의 문제와 미비점들을 개선해 왔다.

도시재생사업이 도시재정비와 재개발관련 법안의 통합 운영으로 보다 체계적이고 지속적으로 추진하기 위해 국토해양부는「도시 및 주거환경 정비법」,「도시재정비 촉진법」,「도시개발법」 등으로 나뉘어 운영되어온 도시재정비 관련법을 2011년「도시재생 활성화 기본법」으로 통합 운영하기로 하였다.

1.1 도시 및 주거환경정비에 관한 법률

재개발사업에 대한 최초의 근거는 1962년「도시계획법」 제정이다. 이 법으로써 일단의 불량지구 개선에 관한 사항을 도시계획으로 결정하여 사업을 시행할 수 있도록 한 것이다.

1971년에는 도시계획법 개정으로 재개발사업의 시행조항을 삽입함으로써 도시계획법상 재개발사업의 근거를 마련하게 되었다. 재개발과 관련된 최초의 근거법은 1973년 제정된「주택 개량촉진에 관한 임시조치법」이다.

법의 주요 내용은 건축법 기준에 미달한 건축물의 정비 등 무허가 주택 밀집지역을 정비하기 위해 재개발지구로 지정하여 주택개량사업을 하는 것이다. 재개발구역 내 공공시설의 설치는 시가 담당하고 주민들은 자력으로 주택을 개량토록 하는 것으로 무허가 불량주택의 정리를 주 목적으로 1981년까지 한시적으로 제정되었다.

1.2 도시정비 관련법 체계

그림 31〉 도시정비 관련법 체계

1.3 기존 사업들의 법적 통합

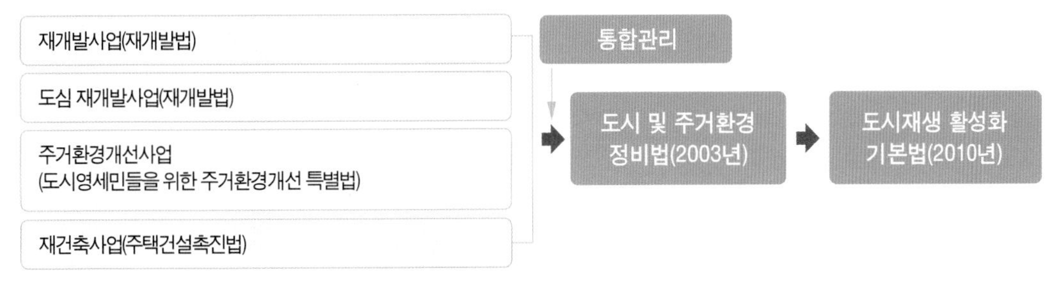

그림 32〉 기존 사업들의 법적 통합

기성시가지 내 도시문제에 효과적으로 대응하기 위한 목적으로 1976년「도시재개발법」을 제정하고, 대상지역의 성격에 따라 상업 · 업무지역 중심의 도심재개발사업과 주거지역 중심의 주택개량재개발사업으로 구분하여 시행하였다.

1980년대 이후의 재개발사업은 1983년에 서울시가 도입한 합동재개발방식의 적용으로 큰 변화를 겪게 된다. 주민(조합원)은 택지를 제공하고 건설회사(참여 조합원)는 사업비용 일체를 부담하는 등 사업을 민간이 주도적으로 추진하는 민간 주도의 재개발을 실시하게 되었다. 이 사업방식의 적용으로 토지 등의 소유자와 건설회사는 큰 개발이익을 얻게 되었다.

합동재개발방식은 수익성을 높일 수 있는 고밀개발로 추진됨으로써 침체된 재개발사업을 활성화시키는 계기를 마련하였으나 저소득 세입자의 주거불안 증가, 도시기능 저하, 도시공간 구조의 왜곡, 도시환경 악화 등 각종 문제를 발생시켰다고 볼 수 있다.

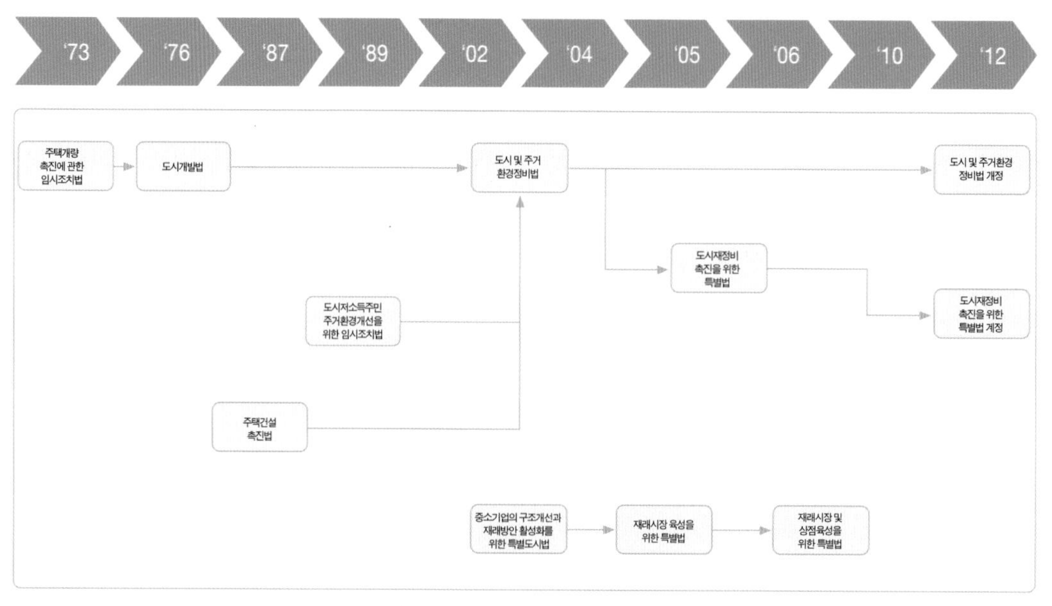

그림 33〉 도시재생 관련 법제정 현황

1980년대 말, 재개발 추진에 따른 문제들이 사회적 이슈로 대두되면서 재개발사업의 공공성과 공공의 역할을 강화해야한다는 요구가 높아졌다. 이에 대응하여 1989년 「도시저소득주민의주거환경개선을위한임시조치법」을 제정하고 주거환경개선사업을 시작하게 되었다.

주거환경개선사업은 노후 주거환경의 개선이란 측면에서 도시재개발법에 근거한 기존의 주택재개발사업과 유사한 면이 있으나, 무허가 판자촌 등 저소득 주민이 집중 거주하는 지역으로서 거주민이나 민간건설사가 자발적으로 정비를 원활히 추진하지 못하는 지역을 대상으로 하며, 저소득 거주자의 생활안정에 주안점을 두고 공공주체가 직접 시행하는 등 공익성을 우선으로 한다는 점에서 차이가 있다. 주거환경개선사업은 1999년까지 한시적으로 적용할 예정이었으나, 지자체의 재원부족 및 지역주민의 경제적 한계 등으로 사업이 활발히 추진되지 않았으며 그 결과 2004년까지 연장되었다.

한편, 공동주택의 노후화에 따른 관리효율 저하 등의 문제에 대응키 위해 1984년 집합 건물의 소유 및 관리에 관한 법률 및 1987년 「주택건설촉진법」 개정으로 노후 공동주책의 정비를 위한 재건축사업의 근거를 마련하였다. 그러나 재건축사업 시행으로 저층의 노후 공동주택단지는 획일적으로 고층 · 고밀 주택단지로 개발되었다.

도시재개발법에 의한 기존의 재개발사업은 개발이익 차원에서 지구 분리를 용이하게 하고 개별 단위 사업별로 시행되었다. 그 결과 주변 경관과의 부조화, 주요 공공 · 편익시설의 부족 등 난개발을 초래하여 균형적 도시발전을 유도하지 못하였다. 이에 정부는 기존의 재개발 관련 제도의 미비점을 보완하고 유사한 사업들을 통폐합하여 일체적으로 운영할 수 있도록 새로운 법체계를 마련하였다. 2002년 「도시 및 주거환경 정비법」을 제정하여 2003년 7월부터 시행하였고, 2006년 「도시재정비 촉진을 위한 특별법」이 제정되었다. 그 후 「도시재정비 촉진을 위한 특별법」의 한계를 보완하여 2010년에는 「도시재생 활성화 기본법」이 만들어지게 된다.

2012년에는 도시 및 주거환경정비법 개정 및 도시재정비 촉진을 위한 특별법이 개정되기에 이르렀다.

1.4 도시정비사업의 변화

종전	
주택건설 촉진법	주택재건축사업
도시재개발 사업	주택재개발사업
도시재개발 사업	도심재개발사업
도시재개발 사업	공장재개발사업
주거환경 개선법	주거환경개선사업

도시 및 주거환경정비법 시행후 (2003.07.01)	
도시 및 주거환경 정비법	주택재건축사업
도시 및 주거환경 정비법	주택재개발사업
도시 및 주거환경 정비법	도시환경 정비사업
도시 및 주거환경 정비법	주거환경 개선사업

도시재정비촉진을 위한 특별법 시행후 (2006.07.01)	
재정비촉진사업	
도시 및 주거환경 정비법	주택재건축사업
도시 및 주거환경 정비법	주택재개발사업
도시 및 주거환경 정비법	도시환경 정비사업
도시 및 주거환경 정비법	주거환경 개선사업
도시개발법	도시개발사업
재래시장 육성을 위한 특별법	시장정비사업
국토의 계획 및 이용에 관한 법률	도시계획시설사업

1.5 도시개발사업 · 정비사업 · 재정비 촉진사업 비교

구분	도시개발사업	정비사업				재정비 촉진사업
		주택재개발	주택재건축	주거환경개선	도시환경정비	
근거법	도시개발법	도시 및 주거환경 정비법				도시재정비 촉진을 위한 특별법
사업방식	· 환지방식(입체환지) : 환지계획 · 수용사용 : 조성토지공급계획 혼용방식	관리처분계획 : 분양미신청자 현금정산				도시재정비 촉진을 위한 특별법
시행자	· 국가/지자체 · 공기업 · 토지소유자/조합원등	조합 조합+공사	조합 조합+공사	지자체 · 공사 (주민 2/3 동의)	토지소유자/ 조합 조합+공사 지자체, 공사	지자체 조합 공기업 총괄사업관리자
구역 지정 요건	1만㎡ (공업지역 3만㎡)	1만㎡	(공동주택) 300호/1만 노후불량건물	2천㎡	·	주거지형 50㎡ 이상 중심지형 20㎡ 이상
	나지 50% 이상 (민간)	70호/ha 30년 건물 2/3 첨도율 30% 개발불능 50%	(단독주택) 30년건물 2/3 도로율 20% 확보가능	80호/ha 30년 건물 2/3 첨도율 30% 개발불능 50%	·	도정법의 지정요건 강화 구역통합조건 완화 구역확대가능(10%)
동의 요건	· 나지 : 면적2/3 소유지1/2 · 수용, 사용(공공) 요건없음(민간) 면적 2/3, 소유지 2/3	· 추진위원회 : 토지등소유자 1/2 · 조합설립 : 토지등소유자 4/5 · 공동시행(조합+공사) : 조합원 1/2 · 지자체, 지정개발자 : 요건없음(주거환경개선 사업은 2/3 필요)				지자체 조합 공기업 총괄사업관리자

그림 34〉 도시개발사업 · 정비사업 · 재정비 촉진사업 비교

1.6 도시 및 주거환경정비법(도정법) 도시재정비촉진을 위한 특별법(도촉법)의 개정 내용

(1) 도시 및 주거환경정비법 개정내용 (2012.2)

① 개정이유

최근 주택재개발사업 등 정비사업이 부동산 경기침체, 사업성 저하 및 주민 갈등 등으로 지연 · 중단되고 있다. 이에 따라 공공의 역할 확대, 규제완화 및 조합운영의 투명성 제고 등을 통한 정비사

업의 원활한 추진을 지원하고, 사업 추진이 어려운 지역은 주민의사에 따라 조합 설립인가 등을 취소할 수 있도록 한다. 또 정비사업이 일정기간 지연되는 경우에는 구역을 해제할 수 있도록 하고, 전면 철거형 정비방식에서 벗어나 정비 · 보전 · 관리를 병행할 수 있는 새로운 사업방식을 도입하는 등 도시 재정비 기능을 강화하려는 것이다.

② 주요개정내용 요약

· 출구전략

- 정비구역 등의 해제 및 조합 설립인가의 취소와 관련된 세부요건과 절차를 신설함
· 출구전략에 따른 해제대안 및 신규산업방식 신설

주거환경관리사업	가로주택정비사업
- 지자체가 정비기반시설 등 설치 - 주민이 스스로 자가주택 등을 개량, 정비, 관리 - 해제된 정비구역 등에서 시행하는 경우, 정비기반시설 및 임시수용시설 등의 소요비용 일부를 우선 보조하거나 융자	- 노후, 불량 건축물 밀집구역에서 종전의 가로를 유지하며 소규모로 주거환경 개선 - 정비계획 및 구역지정 등의 대상이 아님 - 기존 주택 수 이상을 공급해야 함

· 지원 및 활성화 대책

- 주택재개발사업의 용적률을 법적 상한까지 완화(증가되는 용적률의 일정 비율을 소형주택으로 신설)
- 추가적인 방법으로 세입자 손실보상 대책을 수립하여 시행하는 경우에도 용적률을 완화
- 현금청산대상자에 대한 청산금 지급의무 발생시기를 명확히 규정, 법적 기한 내에 청산하지 않을 경우에는 이자를 지급
- 기존의 주택의 감정평가액 범위내에서 2주택 분양을 허용, 이 중 1주택은 전용면적 60제곱미터 이하 (60제곱미터 이하로 공급 받은 1주택은 3년간 전매하거나 전매를 알선할 수 없도록 함)
- 폐공가의 밀집, 우범지대화의 우려가 있는 경우 관리처분계획의 인가 전에 건축물의 조기 철거가 가능
- 정비사업의 공공관리 업무에 관리처분계획 수립에 관한 지원 업무를 추가함
- 다주택자가 주택을 매매하는 경우 2주택까지 (임대사업자의 경우 3주택까지) 조합원의 지위를 양도를 한시적(2013.12.31.)으로 허용

· 세입자 대책

- 정비계획에 세입자의 주거대책을 포함하도록 함
- 도시환경정비사업의 시행자는 사업시행으로 이주하는 세입자가 사용할 수 있는 임시상가를 정비구역 또는 인근에 설치할 수 있음
- 도시환경정비사업의 시행자는 사업시행으로 이주하는 세입자가 사용할 수 있는 임시상가를 정비구역 또는 인근에 설치할 수 있음
- 법적 보상비 외에 추가적인 방법으로 세입자 손실보상 대책을 수립하여 시행하는 경우 용적률을 완화
- 조합원이 둔 세입자의 손실보상액을 조합원의 종전의 토지 또는 건축물의 가격에서 차감할 수 없도록 함

· 기타

- 국민주택 규모의 주택 및 임대주책 의무건설 비율의 상한을 규정함
- 정비사업에 공공관리를 시행하는 경우 추진위원회를 구성하지 않을 수 있음
- 동의서 제출 시 서면동의 방법 개선 : 신분증 사본을 첨부하여 서면동의서에 지장날인 및 자필서명, 인감 사용과 병행
- 중요한 사항을 의결하는 총회의 조합원의 직접 참석비율을 강화(10%→20%)
- 정비사업의 추산액이 100분의 10이상 증가하는 경우 조합원 3분의 2이상 동의를 받도록 한
- 시장, 군수는 사업시행인가를 한 경우 그 사실을 관할 경찰서장에게 통보, 정비구역 내 주민 안전을 위한 조치를 요청
- 분양대상자와 한국토지주택공사 등 공공이 공동소유하는 방식으로 주택(지분형 주택)을 공급할 수 있도록 함

(2) 도시재정비촉진을 위한 특별법 개정내용 (2012.2)

① 개정이유

- 재정비촉진지구의 지정이 해제된 경우 구역내 토지등소유자가 원하는 경우 개별 정비사업으로 전환하여 계속 추진할 수 있도록 하고, 재정비촉진계획 결정의 효력이 상실된 구역을 존치지역으로

전환할 수 있도록 하는 등 해제된 재정비촉진구역의 관리방안을 마련함

- 재정비촉진지구의 지정 시 주민설명회를 개최하고 재정비촉진계획 수립 시 시 · 도 또는 대도시 조례로 정하는 바에 따라 주민 동의를 받을 수 있도록 하여 주민 의견수렴 절차를 강화함
- 재정비촉진구역 지정기준을 완화하는 특례를 폐지하여 무분별한 재정비촉진지구의 지정을 방지하는 등 현행 제도의 일부 미비점을 개선 · 보완하려는 것임

② 주요개정내용 요약

- 국가는 기초자치단체의 재정자립도 등을 고려하여 기반시설 설치비용의 10~50% 범위 내 지원 의무화(시행령으로 규정)
- 재촉사업이 관계 법률에 따라 구역지정의 효력이 상실된 경우, 해당 구역에 대한 재정비촉진계획 결정의 효력도 상실
- 무분별한 재정비촉진지구 지정을 방지하기 위해 재정비촉진구역 지정기준을 완화하는 특례(도정법상 정비구역 지정요건 미달지역을 재정비촉진구역으로 지정 허용)폐지 등
- 시장 · 군수 · 구청장은 재정비촉진지구의 지정 또는 변경을 신청하려는 경우 주민설명회를 개최하도록 함
- 재정비촉진지구의 지정을 해제하는 경우 재정비촉진구역내 추진위 또는 조합 구성에 동의한 토지등소유자 2분의 1 이상 3분의 2 이하의 범위에서 시 · 도 또는 대도시 조례로 정하는 비율 이상 또는 토지등소유자의 과반수가 원하는 경우 「도시 및 주거환경정비법」에 따른 개별 정비사업으로 전환하여 계속 추진할 수 있도록 함
- 무분별한 재정비촉진지구 지정을 방지하기 위해 재정비촉진구역 지정기준을 완화하는 특례를 폐지함
- 재정비촉진구역 결정의 효력 상실 등
- 재정비촉진사업이 관계 법률에 따라 구역지정의 효력이 상실된 경우 해당 재정비촉진구역에 대한 재정비촉진계획 결정의 효력도 상실된 것으로 봄.
- 시 · 도지사 또는 대도시 시장은 재정비촉진계획 결정의 효력이 상실된 구역을 존치지역으로 전환할 수 있으며, 이 경우 해당 존치지역에서는 기반시설과 관련된 도시관리계획을 재정비촉진계획 결정 이전의 상태로 환원되지 않을 수 있음
- 국가는 재정비촉진지구를 관할하는 기초자치단체의 재정자립도 등을 고려하여 대통령령으로 정하는 경우 기반시설의 설치에 드는 비용의 100분의 10이상 또는 100분의 50이하의 범위에서 지원하여야 함

표 15〉 도시재생 관련 주요법 및 제도 변천 내용

년도	주요내용
1962	- 도시계획법 제정
1965	- 도시계획법 제14조(기타 지구지정) 신설 · 불량지구 개조사업을 촉진하기 위하여 필요한 경우에 재개발지구 지정할 수 있다고 규정 - 건축법시행령 개정 · 재개발 구역내 건축제한 조항개정
1971	- 도시계획법내 재개발 근거 마련 · 도시계획사업의 시행조항에 재개발사업 시행조항을 개정 삽입 (제 31-53조 신설)
1972	- 특정지구개발촉진에관한임시조치법 제정 · 특정기구 정비 지구를 지정할 수 잇도록 규정
1973	- 주택개량촉진에관한임시조치법 제정 · 주택개량사업을 별개의 도시계획사업으로 규정 · 재개발구역 지정시 종전의 용도폐지 및 변경 가능성 부여 (양성화 가능성 부여) · 국공유지를 해당 지자치단체에 무상 양여 (공공투자 위한 재원마련)
1976	- 도시재개발법 제정 · 도시재개발법을 제정하여 주택개량재개발사업과 도심지재개발사업을 구분하여 시행할 수 있도록 함 · 주택개량재개발사업에서 국공유지 무상양여 조항 삭제 · 과소토지규모, 건물의 노후 등으로 불량기준을 설정하고 이에 근거하여 재개발구역 지정기준 설정 · 주택개량재개발사업에 대한 별도의 사업절차 등 규정
1977	- 도시재개발법시행령 제정
1981	- 도시재개발법 개정 · 도시재개발 구역을 지구로 분할하여 사업시행 가능 · 건축물 소유자 총수 2/3이상의 동의사힝 첨부 · 주택철거에 대한 임시수용조치 후 사업시행 조항 보안 - 도시재개발법시행령 개정
1982	- 도시재개발법 개정 · 재개발사업 시행자 범위 확대 · 시행자에게 수용권 인정 · 분양신청 희망자는 토지수용대상에서 제외하고 임차권도 보호
1983	- 도시재개발법시행령 개정 · 제3개발자의 사업비 예치 조정 · 사업시행에 따른 비용부담 시행 보완 · 지방도시계획위원회에 토지소유자 참여 · 합동재개발 방식의 도입
1986	- 서울시 합동재개발사업세부시행지침 제정
1987	- 건설부 도시재개발업무지침 제정

표 16〉 도시재생 관련 주요법 및 제도 변천 내용(계속)

년도	주요내용
1993	- 도시재개발법시행령 개정
1995	- 도시재개발법 전문개정 · 기본계획수립제도 개선 · 공장재개발사업 추가 · 주택재개발구역지정 실효규정 신설 · 국 · 공유지 매각절차 간소화 및 건설시공사 지위 강화 · 공공기관의 사업참여 기회 확대 · 순환재개발방식 도입 · 조합임원자격 및 벌칙 강화
1996	- 1996년 6월 29일 대통령령 제 15,096호의 도시재개발법시행령 개정으로 재개발사업이 지역실정에 맞게 시행되도록 하기 위하여 인구 100만 이상의 도시 외에 당해 지방자치단체의 장이 필요하다고 인정하는 도시의 경우에도 재개발기본계획을 수립할 수 있도록 하고, 재개발구역 지정이 있는 날부터 1년 6월이 경과하여도 재개발사업이 이루어지지 아니하는 때에는 시장 · 군수 또는 구청장이 제3개발자로 지정할 수 있는 자의 범위에 당해 재개발구역 전체 토지의 2분의 1이상을 소유한 자외에 민관합동법인 및 부동산신탁회사를 추가하였음 - 도시재개발법시행령 개정
1997	- 도시재개발법 개정 · 주택재개발법사업시 지자체의 공공시설 설치 의무화
1998	- 도시재개발법시행령 개정 · 지자체의 의무적으로 설치해야하는 공공시설의 범위 규정
1999	- 도시재개발법 개정 · 권리의무 승계, 공익을 위한 개선명령, 지장물등의 이전요구 규정, 분양받을 권리의 대항규정 등 삭제 - 도시재개발법시행령 개정 · 권리의 신고규정 및 분양받을 권리의 양도통지 규정 삭제
2000	- 도시재개발법시행령 개정 · 과태료 부과기준 마련
2002	- 도시및주거환경정비법 제정 · 도시재개발법(도심, 주택, 공장재개발사업), 도시저소득주민의주거환경개선을위한임시조치법(주거환경개선사업), 주택건설촉진법(재건축사업) 등 3개 법률 통합
2005	- 도시재정비촉진을위한특별법 제정 · 도시 낙후 지역의 주거환경개선과 기반시설의 확충, 도시기능의 회복을 위해 광역적인 계획 및 체계적이고 효율적인 추진 근거 마련 · 재정비촉진지구 지정 및 재정비촉진사업(도시및주거환경정비법에 의한 주거환경개선사업, 주택재개발사업, 주택재건축사업, 도시환경정비사업, 도시개발법에 의한 도시개발사업, 재래시장육성을위한특별법에 의한 시장정비사업, 국토의계획및이용에관한법률에 의한 도시계획시설사업 등 대상) 시행의 근거 마련
2011	- 도시재생 활성화 기본법 통합 운영 · 국토해양부는 도시재생사업의 활성화를 위해 도시재정비와 재개발관련 법안을 통합 운영하여 보다 체계적이고 지속적인 개발을 가능하게 함 · 주거환경정비법(도정법), 도시재정비 촉진법(도촉법), 도시개발법(도개법) 등으로 나누어 운영되어온 도시재정비 관련법을 통합 운영
2012	- 도시 및 주거환경정비법 개정 - 도시재정비 촉진을 위한 특별법 개정

1.6 광역단위의 계획적 정비 관련 법률

기성시가지내에서 이뤄지는 재개발 등 각종 정비사업은 개별적인 소규모 구역단위로 분리 시행되어 왔다. 그 결과 생활권 단위에서 필요한 주요 도시기반시설을 계획적으로 조성하지 못해왔다. 서울시는 이러한 문제를 개선하고 특히 강남 · 북간의 균형발전을 촉진하기 위해 2003년 3월 「지역 균형발전지원에 관한 조례」를 제정하였다.

뉴타운 사업이라는 이름으로 광역단위의 계획적 정비를 시행할 수 있는 근거가 되었으며, 지역균형발전사업을 실효성 있게 추진할 수 있도록 각종 행 · 재정적 지원방안을 구체화하는 한편, 길음, 왕십리, 은평 등 지역에서 시범사업을 시행하고 있다. 서울시의 뉴타운 사업은 기존의 「도시 및 주거환경 정비법」에 의한 정비사업과 「도시개발법」에 의한 도시개발사업으로 추진할 수 있다. 중앙정부 또한 기성시가지내에서의 계획적 정비를 위한 제도 개선을 고민해왔으나 「도시 및 주거환경 정비법」에 의한 사업방식만으로는 광역적이고 효율적인 정비에 한계가 있는 것으로 판단하여 2005년 「도시재정비 촉진을 위한 특별법」을 제정하게 되었다.

「도시재정비 촉진을 위한 특별법」을 통해 공공이 수립하는 광역적 정비계획을 통해 사업성과 공공성을 확보하고, 선 계획 후 시행의 사업체제를 정착시키는 한편 효율적 기반기설 확보를 위한 다양한 인센티브제도를 도입하여 사업성 위주의 정비가 아닌 살기 좋은 도시환경 조성을 위해 도시 및 주거환경 정비법상의 한계점을 많이 보완하였다. 그러나 세입자나 원거주민에 대한 거주대책이나 커뮤니티의 공동체의식 형성과 지속적 발전 측면에서는 아직 미흡한 점이 남아있다. 원주민의 재정착률이 30% 미만에 달하는 등 원주민을 내쫓는 개발방식으로 문제가 부각되었다. 이에 대한 극복방안으로 국토해양부는 2010년 「도시재생 활성화 기본법」을 제정하여 도시정비 관련법을 통합운영하기에 이른다.

1.7 재래시장의 정비 관련 법률

「도시 및 주거환경 정비법」 등에 근거한 주거환경 정비사업이나 도시환경 정비사업 이외에 도시재생과 관련된 국내 주요 사업으로 「재래시장 육성을 위한 특별법」에 근거한 재래시장의 정비사업을 포함할 수 있다. 재래시장의 정비사업을 추진하는 과정에서 재래시장의 현대화를 촉진하고 유통산업의 균형 있는 성장을 도모함으로써 지역경제의 활성화와 국민경제의 발전에 이바지하기 위하여 재래시장 육성을 위한 특별법을 제정, 운영하고 있다.

기존의 재래시장은 유통업의 전면 개방과 국내 · 외 대형할인점, 홈쇼핑 및 전자상거래 등의 활성화로 인하여 경쟁력이 저하되어 재래시장의 경쟁력 확보를 목적으로 재건축 · 재개발사업을 신속하게 추진하기 위해 기존의 「중소기업의 구조개선 및 경영안정 지원을 위한 특별조치법」(1997.1.13.)에 따라 용적률 확대, 세제감면 등 여러 가지 지원책을 정비사업 대상구역에 적용하게 되었다. 그러나 상권과 입지에 따른 매출액의 차이, 권리금 문제와 노점상 등 이해관계자간의 갈등으로 시장재건축 · 재개발사업이 원활히 추진되지는 못했다.

이에 기존 법률을 폐지하고 2002.1.26. 「중소기업의 구조개선과 재래시장 활성화를 위한 특별조치법」을 새롭게 제정하게 된 것이다. 재래시장의 재건축 · 재개발에 한하여 주상복합건물의 건축과 용도지역 변경에 필요한 도시계획 결정 절차를 대폭 간소화하고, 수도권지역 재건축 · 재개발시장에 대한 과밀부담금 50% 감면, 시장 재개발 · 재건축의 동의 특례, 용적률 특례를 허용하는 등 재래시장 활성화를 위한 지원 기반을 마련하였다.

이후 중소기업의 구조개선과 재래시장 활성화를 위한 특별조치법을 근간으로 2004.10월 「재래시장 육성을 위한 특별법」을 제정하게 되었다. 시장정비사업은 「재래시장 육성을 위한 특별법」에 근거하고, 「도시 및 주거환경 정비법」 상 도시환경정비사업과 집합건물의 소유 및 관리에 관한 법률을 준용하고 있다. 사업계획 승인 및 절차는 주택법을 도시관리계획의 결정 등에 관한 절차 등은 국토의 계획 및 이용에 관한 법률을 준용하고 있다.

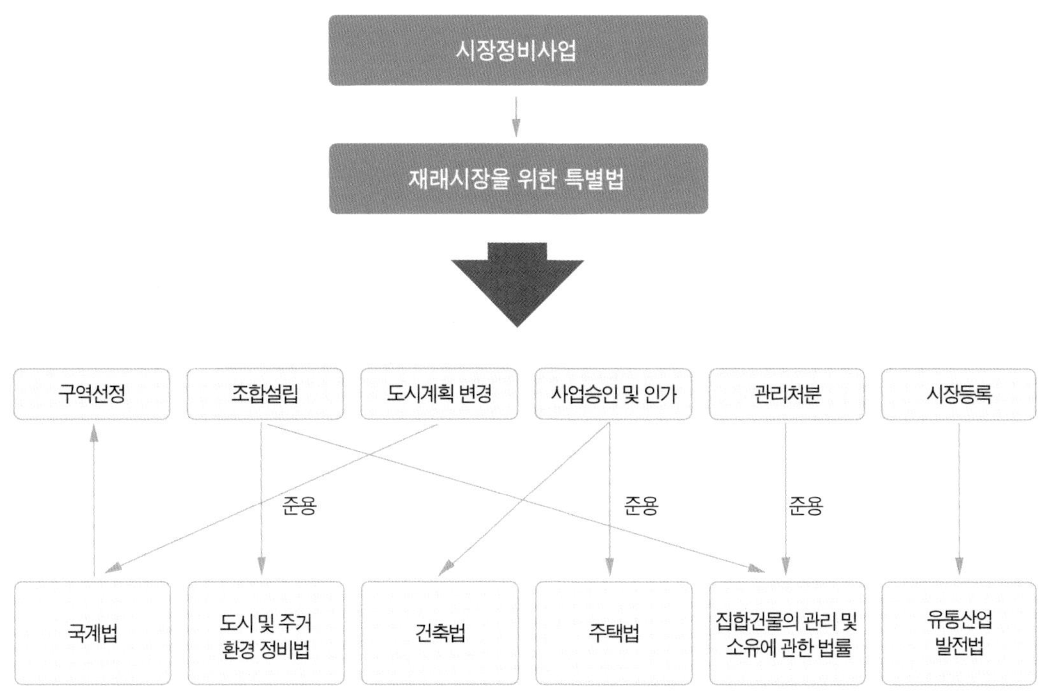

그림 35〉 시장정비사업 관련법 적용체계

표 17〉 2000년 이후 서울시 도시정비사업과 관련법의 변천과정

년도	주요내용
2002.10	은평 · 왕십리 · 길음 시범 뉴타운지구(사업근거법 없는 상태)
2003.03	서울시 지역균형발전지원에 관한 조례 시행
2003.07	도시 및 주거환경정비법 시행(2002.12.30. 제정)
2003.11	2차 뉴타운 : 12곳(교남, 한남, 전농, 답십리, 중화, 미아, 가좌, 아현, 신정, 방화, 노량진, 영등포, 천호)
2003.12	3차 뉴타운 : 11곳(이문 · 휘경, 장위, 상계, 수색 · 중산, 북아현, 시흥, 신길, 흑석, 신림, 거여 · 마천, 창신 · 숭인) - 시범뉴타운 발표 4년만에 26개 지구/ 226개 구역 지정
2006.05	지방선거 : 뉴타운 공약 후보들 대거 당선
2006.07	도시재정비 촉진을 위한 특별법 시행(2005.12.30. 제정)
2008.04	18대 총선 : 뉴타운 지정 공약 급증 → 뉴타운 지구가 27㎢(약 820만평)까지 증가
2008.09	정부 '보금자리주택 150만호 건설 계획' 발표
2009.01	용산참사
2010.04.13	'서울휴먼타운' 계획 발표 : 뉴타운 대안
2010.04.14	'신주거정비 5대 추진방향' : 대규모 철거 지양, 원주민 재정착
2010.07	재정비사업 : 공공관리자 제도 시행(2009.07 시업 실시 후 2010. 07 본격 실시)
2011.08	국회입법지원위원 입법의견제안서 「도시재정비 촉진을 위한 특별법」과 「도시및주거환경정비법」 통합 - 국토해양부
2011.11.10	서울시 구청장 협의회 TF팀 '뉴타운 사업 개선 토론회'
2011.11.23	서울시 휴먼타운사업 중단 : 마을 공동체 사업으로 흡수
2011.12.01	도시재정비 촉진을 위한 특별법 시행령 개정 시행
2011.12.14	서울시 흑석 · 시흥 · 길음지구 서울형 휴먼타운 조성
2012.01.30	서울시 뉴타운 · 정비사업 신정책구상 발표
2012.02.17	서울 뉴타운 28곳 토지거래제한 해제

2. 도시재정비 사업 추진에 따른 이슈 및 문제점

2.1 저소득층의 낮은 재정착률 유도

현재 우리 도시의 재개발 · 재건축 사업은 저가주택이 밀집된 노후지역을 고밀의 고가주택지역으로 전환시키며 이윤을 극대화 하는 사업이다. 이같은 사업방식은 기존의 저렴 주택 재고를 일시에 소멸시킴으로써 저소득 거주자들의 주거안정을 위협한다는 것이다. 세입자의 경우 별다른 대책 없이 퇴거하게 되고 사업 준공 후에는 임대료 상승분에 대한 부담능력이 없기 때문에 다른 지역으로 이주할 수 밖에 없다. 결국 세입자의 재정착률이 낮아지고 그 만큼 저소득층의 주거안정을 저해한다고 할 수 있다. 서울시 도시정비사업지구의 재정착률이 30%에도 못미치는 이유가 여기에 있다.
재개발사업구역 내 가옥소유자의 경우도 소규모 주택으로 인한 과소필지 토지소유 또는 국공유지 등 타인토지 상의 가옥소유자가 많다. 이와 같은 가옥에 대한 재개발 사업시 보상금이 많지 않아 인근 지역의 전세로 가기에도 힘든 경우가 많다.

2.2 사업성 없는 노후주거지는 정비계획에서 제외

기존의 정비 대상지역에는 노후정도나 기능 회복의 필요성보다는 수익성이 기대되는 부지 등이 주로 재개발 대상지역에 포함되어 있다. 서울의 경우는 개발의 수익성이 큰 대부분의 노후 · 불량주택지가 재개발되었다. 지방 중소도시 같은 곳의 많은 노후 · 불량주택지들은 수익성이 적어 정비계획도 제대로 없이 방치되고 있다.

2.3 이해관계자들의 분쟁발생

도시재정비에 대한 전문성이 없기 때문에 행정부서와 조합간, 개발업체와 주민간, 주민과 조합간, 시공사와 조합간 사이에는 끊임없이 불신과 갈등이 야기된다. 세입자와 조합, 조합과 조합원 등 이해관계자는 분쟁이 수시로 발생되어도 분쟁해결을 위한 위원회등이 미흡하다.

2.4 복지프로그램의 미흡

재정비사업은 단순히 물리적 변화이상의 지역의 변화를 추구해야 하며 그러기 위해서는 사업구역 내 주민들의 삶의 질을 개선할 수 있는 다양한 복지프로그램이 도입되어야 한다. 재정비사업 지역 거주민의 삶의 질 개선에 대한 고려 없이 단순히 물리적 사업으로 추진하다 보니 정비사업구역 주민의 삶의 질은 주거불안정과 더불어 오히려 악화되는 경향을 보이고 있다.

2.5 사업 유인 프로그램의 미비

재정비사업은 도시의 공간구조를 개선하여 도시민의 삶의 질을 개선하고, 도시경쟁력을 높일 수 있는 공공성이 큰 사업이다. 따라서 다양한 인센티브 제공을 통하여 정비사업을 유도해야하나 현재는 정비사업에 대한 특별한 유인책을 제시하지 못하고 있다. 정비사업에 요구되는 자금 및 세제지원과 같은 다양한 유인책이 필요하다.

2.6 규제위주의 정책

재정비사업을 유인하는 프로그램은 없는 반면 이에 대한 정비사업에 대한 규제는 강하다. 「도시 및 주거환경 정비법」의 개정은 재건축사업의 규제에 초점이 맞추어 졌다 해도 과언이 아니다. 따라서 도시공간의 효과적 이용을 위해서는 획일적인 규제의 적용을 지양하고 지역 여건에 따라 차별적으로 적용할 수 있는 도시재정비사업의 적용 방안이 마련되어야 한다.

7장의 이야깃거리

1. 도시재정비사업에서 저소득층의 낮은 재정착률이 잇슈가 되고 있다. 이에 대한 대책은 무엇이 있을까?
2. 국내의 도시재생 관련 제도는 언제 시작되었는지 배경에 대해 논해보자.
3. 도시 및 주거환경정비에 관한 법률이란 무엇인지에 대해 생각해보고, 비전과 목표에 대해 논해보자.
4. 도시 재정비사업에서 야기되는 갈등에는 어떤 것들이 있는지 살펴보자.
5. 재정비사업에서 다양한 복지 프로그램의 도입이 왜 필요한지 고민해보자
6. 재정비사업을 활성화 시키기 위한 공공측면에서 유인책은 무엇인가?
7. 도시재생 관련 법의 제정 현황에 대해 논해보고, 잇슈에 대해 생각해보자.
8. 도시정비사업의 변화에 대해 논해보자.
9. 도시 및 주거환경정비법(도정법)의 출구전략에 대해 논해보자.
10. 도정법의 개정된 이유는 무엇인지 생각해보고, 주요 전략에 대해 논해보자.
11. 도시재정비 촉진을 위한 특별법(도촉법)의 주요내용에 대해 논해보자.
12. 도정법과 도촉법의 주요특징, 성격, 내용상 차이점은 무엇인가?
13. 도시재정비 사업 추진에 따른 효과에는 어떤 것들이 있는지 생각해보자.
14. 도시재정비 사업의 문제점에 대한 개선방향을 논해보자.
15. 외국의 낙후지역 재생제도를 국가별로 비교분석해보자.
16. 미국의 도시재개발기금으로서 조세증가담보보증제도에 대해여 살펴보자.
17. 외국의 빈곤지역재생기금에 대해서 알아보자.
18. 외국의 도심재생전담조직은 도심재생에서 어떤 역할을 하는지 살펴보자.
19. 외국(해외선진국)의 도시재생정책 및 제도 중 우리나라 도시에서 접목 가능한 정책이나 제도는 어떤 것들일까?
20. 현재 우리 도시에서 적용되고 있는 도시재생 관련 법은 규제에 초점이 맞추어져 있다고 한다. 이런 주장에 대한 적절성을 논의해보자.

제8장
외국의 도시재생사업의 정책

1. 외국의 도시재생 정책 및 전략

1.1 상업업무기능 재생 제도

(1) 상가중앙집중화(CRM, Centralized Retail Management, 미국)

1970~80년대 전반, 교외형 쇼핑센터를 중심시가지로 유치하였던 제도로서, 교외지역으로의 인구분산에 따른 도심공동화 방지를 목적으로 한다.

(2) 업무개량지구(BID, Business Improvement District, 미국)

자산가치의 일정 비율에 해당하는 부담금을 부과하여 업무활동 활성화를 위한 재원을 조달한다.

(3) 매점입지법(일본)

대규모 소매점포 입지에 관한 법률로서, 시설의 배치 및 지역생활환경의 활성화를 도모하는 운영방식으로서 채택히여 도심지역 소매업의 발전을 도모한다.

1.2 낙후지역 재생 제도

(1) 기업촉진지구(EZ, Enterprise Zones, 영국)

기업 및 산업 유치 촉진에 의한 도심재생을 도모하기 위해 각종 규제 완화 및 세제 인센티브를 제공하는 도시개발제도로 '80년대에 도입 되었으며 공공부문이 기반시설을 선투자한다.

(2) 재생촉진기구(EZs, Empowerment Zones, 미국)

낙후지역에 대한 도심재생 촉진제도로서 '92년 클린턴 정권이 전격 반영하였으며, 이후 HUD 산하의 도시재생프로그램으로 발전하였다.

(3) 고용촉진지구(EZ, Employment Zones, 미국)

만성적 실업 지역을 선정하여 고용창출을 유도하는 지역파트너십 지원 제도로서, 실업자를 대상으로 지역 기업 고용알선, 개인사업 설립비 지원, 교육 및 기술 훈련, 자격취득 지원 등을 추진한다.

(4) 도시첼린지(CC, City Challenge, 미국)

도심문제가 심각한 지역을 대상으로 하는 주택, 범죄, 교육, 문화사업 등의 포괄적 정책프로그램이다. 지자체 활성화 계획을 공개경쟁방식으로 선정하여 포괄적인 보조금 교부 형식으로 운영하고 지자체 및 민간조직 등이 해당 지역 재생의 주체가 된다.

(5) 중심시가지활성화법(일본)

중심시가지의 정비, 개선, 상업 등의 활성화를 목적으로 '98년 재정' 되었으며, 중앙정부의 지침에 따라 지자체가 기본계획을 수립한다.

1.3 도심주거기능 재생 제도

(1) 입지효율저당권(LEM, Location Efficient Mortgage Project, 미국)

중심시가지에서 대중교통을 이용하는 세대가 주택구입 자금 차입 시 한도액을 증가해 줌으로써 중심시가지 거주를 촉진하려는 제도이다. (김광우, 1978)

(2) 오피스 주택 연계 공급프로그램(OHPP, Office Housing Production Program, 미국)

도심의 업무용 건물 수요 급증에 따른 주택 감소, 주택 및 임대료 가격 급등에 따른 문제 개선을 위해, 일정 면적 이상의 오피스건축 시 일정 면적의 주택건설을 의무화하는 제도이다.

1.4 도시재생 활성화를 위한 금융 및 재정지원 제도

(1) 도시재개발 기금

① 조세증가담보금융(TIF, Tax Increasement Financing, 미국)

개발이나 정비를 통해 개발이익이 예상되는 재산에 대해 기존 및 미래의 세입차이를 대상으로 그 차이만큼을 개발사업에 지원하는 제도이다.

② 단일도심재생기금(SRB, Single Regeneration Budget, 영국)

1994년 4월 창설된 영국의 도시재생보조금제도는 전국에서 경쟁방식으로 선발된 민관파트너십 활동 및 시가지활성화 프로젝트를 대상으로 보조금을 지원한다. 2001년 현재, 잉글랜드에서 900개의 파트너십 자금 및 사회, 경제, 환경 측면을 총합적으로 고려하는 재활성화사업을 지원 하였다. 지역 고용촉진, 주민 교육여건 향상, 빈곤지역의 사회적 문제 대응, 환경보호 및 정비, 치안유지 강화 등을 목적으로 한다.

③ 유럽구조기금(ESF, Europe Structural Funds)

유럽연합의 도시지역의 사회경제적 구조조정 지원기금을 의미한다.

④ 유럽지역개발금(ERDF, Europe Regional Development Funds)

유럽구조기금 중 유럽 낙후지역의 물리적, 경제적 개선/개발 지원 기금, 유럽 도시재생의 자금지원 역할 담당하고 있다.

(2) 빈곤지역 재생기금

① 커뮤니티개발보조금(CDBG, Community Development Block Grant, 미국)

1974년에 제정된 주택커뮤니티개발법에 근거하며, 공공시설의 개보수, 건축물의 철거 및 개보수, 슬럼화 방지 등을 위해 저소득층 지원한다.

② 커뮤니티뉴딜사업(New Deal for Communities)

빈곤지역 지원자금 프로그램으로 영국에서 1998년 9월 도입하였다. 빈곤지역의 실업문제, 범죄, 도시환경 쇠퇴 문제 해결을 위한 장기적 관점의 정책으로 지역활성화를 위한 리더 및 코디네이터 양성, 지역주민 및 지자체 · 등 다양한 자원활동을 지원하고, 파트너십 결성 및 기본계획을 수립한다.

1.5 도시재생 전담 조직

(1) 도심재생 파트너십

① TCM(Town Center Management, 영국)

1980년 영국에서 중심시가지 재생 목적의 민관파트너십이 조직한 비영리조직이다. 도시계획, 부동산개발 경영 등 전문가로 구성된 중심시가지 매니저를 중심으로 중심시가지의 활성화를 위한 관리 및 운영 역할 시행한다.

② EP(English Partnership, 영국)

지속가능 성장을 지원하기 위한 도시재생 국가 조직으로, 낙후지역의 전략 개발 및 조언, 공유지의 공적 활용, 도심재생과 사업 지원이 목적이다.

③ 마을관리조직(TMO, Town Management Organization, 일본)

중심시가지활성화법(1998)에 근거하여 행정, 시민, 상점가, 기타 사업자 등 다양한 구성주체가 참가하여 중심시가지의 문제를 종합적으로 조정 · 관리 · 운영하는 조직체이다. TMO 가능 조직체는 상공회의소, 제3섹터의 특정회사, 제3섹터의 공익법인 등이며 224개 TMO가 활동 중이다.

(2) 커뮤니티개발공사

① 커뮤니티개발공사(CDC, Community Development Corporation, 미국)

도시의 도심 주거기능 재생 및 중심지구 활성화를 위해 1960년대 조직되어 연방정부의 재정지원 및 민간기업, 개인기부를 통해 활동재원을 마련한다. 빈곤지역에서 커뮤니티단체를 통해 저소득계층의 주택정비를 담당. 600여개의 이상의 CDC가 1994년까지 40만호 주택 제공, 6만7천명 고용 창출 및 도심재생 등에 기여하고 있다.

② 영국도시재생협회(BURA, British Urban Regeneration Association)

도시재생을 위한 정보 및 아이디어 제공, 교환을 목적으로 하는 비영리조직이다. 영국에서 1990년대에 조성되었으며, BURA의 지역네트워크는 민관파트너십에 기초하여 재생계획을 실행하기 위해 모든 분야의 조직들을 통합운영하게 되었다.

표 18〉 선진국의 도심재생 정책 및 제도 사례

구분		정책 및 제도 내용	관련제도	해외사례			비고
				영국	미국	일본	
계획·정책	상업 업무 기능 재생	- 도심인구 공동화 예방 조치 - 중심시가지 상업 활성화 조치 - 도심업무기능의 경쟁력 유지	CMR(집중소매관리)		○		-미국, 일본의 상업 업무 기능 활성화를 통한 도심재생 방안 모색
			BID(업무개량지구)		○		
			대규모소매점포법			○	
	낙후 지역 기능 재생	- 기업유치로 낙후 재생 - 고용촉진으로도심활성화 시도 - 고실업률 지역의 고용창출 - 지역의 재생 파트너십 모색	EZ(Enterprise Zone)	○	○		-기업유치를 위한 특정 도심지역 설정(영국, 미국) -중앙정부차원의 법적인 제도로 정착(일본)
			EZs(Empowerment Zones)	○			
			고용촉진지구 (Employment Zone)	○			
			CC(City Challenge)	○			
			중심시가지 활용법			○	
	도심 주거 기능 재생	- 도심 저소득층 주택보유 촉진 - 업무시설과 주거 연계프로그램	LEM(입지효율저당권)		○		-도심에 상주인구를 증가시키기 위한 방안(미국)
			OHPP(Office Housing Product-ion Program, 사무실 주택연계공급제)		○		

구분		정책 및 제도 내용	관련제도	해외사례			비고
				영국	미국	일본	
금융 · 재정	도시재개발기금	- 고정자산세로 개발기금 마련 - EU와 연계한 재개발 프로그램 - 소외계층에 직업 교육 기회 제공 - 민간건설후 공공시설 기부채납	TIF(Tax Increasement Financing, 세금충당금지원)		○		-도심재생기금의 마련을 위한 세금 충당계획 -영국의 중앙정부와 EU를 활용한 활성화 대책
			SRB(단일도심재생기금)	○			
			ESF(유럽구조기금)	○			
			ERDF(유럽지역개발기금)	○			
			PFI(민자활용수법)			○	
	빈곤지역재생기금	- 저소득계층지역의 슬럼화 방지 - 도시환경개선과 인적활동 지원	CDBG(지역개발보조금)		○		-빈곤계층의 사회적 재생을 위한 정책 추진(영국, 미국)
			뉴딜커뮤니티	○			
조직 · 체계	도시재생파트너쉽	- 비영리의 민관 협력파트너십 - 공적인 도심재생 조직체 구성 - 재생관련 조직체의 법적인 운영	TCM(타운센터관리)	○			-도심재생파트너십을 통한 정책 운영(영국, 일본)
			EP(English Partnership)	○			
			TMO(마을관리조직)			○	
	도심재생회사	- 중심시가지 주거재생 정비 - 지방주도의 도심재생정비사업 - 도심재생 아이디어 제공, 교환	CDC(커뮤니티 개발회사)		○		-도시전체의 재생 사업을 관리 운영 하는 주체
			BURA(영국도시개발협회)	○			

2. 쇠퇴지역의 경제재생형 도시재생 추진 사례

2.1 도시의 자족성 확보를 위한 도시재생의 배경

인구고령화 및 인구유출에 의해 도시의 생산기반이 취약해진 지방 중 · 소도시 중심시가지의 공동화와 쇠퇴 현상이 심화되고 있다.

도시환경의 물리적 쇠퇴 뿐 아니라 도시의 지속 가능성을 유지하기 위해서는 단순히 물리적 쇠퇴환경의 재생만으로는 공동화 개선 및 도시기능 회복이 어렵다. 인구가 정체 내지 감소하는 지역 주변에서 신개발사업은 지자체에 재정적 부담 요인이 되고, 지방 중 · 소도시에서 중심시가지의 쇠퇴는 지방 도시의 세원 감소로 이어져 지역 경제의 위축을 초래하게 된다.

이 에따라OECD국가 등 선진국의 경우 신도시 개발보다는 중심 시가지의 재생 등 도시재생에 초점을 맞추고 있다. 도시의 자족성을 확보하기 위해 인구예측을 토대로 계층별 주택공급방안을 마련하고 있다. 아울러 일자리 창출을 계획하며, 거주자의 소비활동과 여가활동을 지원하기 위한 기반시설과 생활편의시설의 개발계획을 포함한 종합적 도시재생사업을 추진하고 있다.

2.2 지속가능 개발을 위한 영국 그리니치반도의 도시재생 사례

그리니치반도(Greenwich Peninsula)의 도시재생사례는 밀레니엄 돔(Millennium Dome. 이하 돔) 및 주변 부지 등 약 121헥타르에 이르는 대규모 사업이다.

런던의 동부에 위치한 그리니치반도는 England 동남부지역의 경제재생을 위한 주요 성장거점지역 중 하나이다. 영국의 도시재생 국가기구인 EP(English Partnership)는 지역재생을 목적으로 복합개발을 통해 도시의 자족성을 확보함으로써 지속 발전 가능한 커뮤니티를 개발하고 있다.

도시재생사업의 대상지인 밀레니엄돔 및 주변 부지는 도시재생기구인 EP가 소유하고 있다. EP는 도시재생을 목적으로 밀레니엄돔 부지를 매입한 후 그리니치반도 지역의 경제 재생을 위한 정책을 추진하고 있다.

2004년 2월 그리니치 런던자치구로부터 최종 승인을 받은 도시재생사업계획안에 의하면 그리니치반도의 지속가능 발전을 위한 용도의 복합적 개발, 고밀개발 및 친환경적 개발 원칙에 기반한 마스터 플랜으로 주요 내용은 다음 〈표 19〉와 같다.

표 19〉 그리니치반도 재개발 최종 승인계획 내용

1. 밀레니엄 돔의 이용 변화 및 유지, 보존
2. 돔 내부에 2만여석 규모의 돔경기장(Dome Arena) 건설
3. 돔 내부에 돔 워터프론트(Dome Waterfront), 스포츠, 레저, 엔터테인먼트 및 소매상점등 복합단지 건설
4. 밀레니엄 광장(Millenium Square) 건설: 돔 및 밀레니엄 광장을 지원하는 지하철 정거장 사이에 대형 플라자 건설, 대규모 일반 대중 수용 및 특별 이벤트 개최 가능한 디자인 설계 반영
5. 돔경기장 및 워터프론트 이용자를 위한 주차장
6. 10,010호의 주택개발, 학생 및 특별 수요층을 위한 주택 공급

7. 업무, 연구 및 개발 연면적 약 325,000평방미터 개발
8. 조명 산업, 비즈니스 파크 연면적 약 18,600평방미터 개발
9. 학교, 건강증진 시설 포함한 커뮤니티 이용 시설 개발
10. 공공 오픈 스페이스 48에이커(58,761평)제공
11. 신규 호텔 등(객실 630호실 규모)
12. 소매상가 공간 약 22,800평방미터, 식음료상가 약 11,000평방미터 등 개발

자료: NAO(2005), p29, 표 14 재인용

최종 승인된 사업계획에 의한 그리니치반도의 재개발 종료시 약 2만 8천여명의 거주자를 수용하고, 2만 5천명의 일자리를 창출하며, 연간 2만 6천여명의 관광객을 유치하는 등 주거 · 업무 · 소비 · 여가기능의 자족성 확보를 통해 그리니치반도와 주변지역의 재생에 커다란 파급효과가 발생할것으로 추정하였다.

2.3 쇠퇴지역의 경제재생을 위한 미국의 지원, 프로그램 사례

쇠퇴지구(brownfields)에 대한 도시재생사업은 신규개발사업에 비하여 추가적인 비용과 이해관계의 복잡성 등에 기인하여 예견치 못한 리스크가 내재되어 있기 때문에 미국의 연방정부와 지방정부는 쇠퇴지역의 도시재생을 활성화하기 위해 광범위한 지원프로그램을 운영하고 있다.
미국에서 도시재생에 대한 공적 지원체계는 금융, 세제 면에서 20여종에 이르는 등 매우 다양하다. 이중 연방정부차원의 지원체계로는 주택도시개발성(HUD)에 의한 CDBGM, BEDI, Section 108 등의 금융지원, EPA(환경보호국)의 지원 프로그램, EZs(장려지역)등의 용도지역 · 지구제를 통한 세제지원, EDA(경제개발국)에 의한 지원 프로그램이 대표적이다.
주정부나 지방정부 차원에서의 지원프로그램은 매우 다양하며, 특히 조세증가담보금융(TIF:Tax Increment Financing)기법이 여러 주에서 활성화되고 있다. 커뮤니티 재투자법(CRA: Community Reinvestment Act)에 기반한 지역차원의 활성화 프로그램도 활용되고 있다.

(1) HUD의 지원 프로그램

HUD는 쇠퇴지구의 재생사업에 대한 가장 많은 재원을 제공하고 있으며 대표적인 지원체계는 커뮤니티개발 종합보조금(CDBG: Community Development Block Grants), 대출보증기금(Loan Guarantee Fund), 쇠퇴지구 경제개발장려금(BEDI: Brownfield Economic Development Initiative) 등이다.

CDBG는 주택커뮤니티개발법(Housing and Community Development Act, 1974)에 근거한 중앙정부의 보조금 지원 제도로서, 중 · 저소득층에게 적정 수준의 주거와 쾌적한 주변 환경을 제공하고 경제적 기회를 확대함으로써 지속가능한 도시 커뮤니티를 반전시키는 것을 기본 목적으로 한다. CDBG 보조금은 기반시설의 개선, 부지정리, 중 · 저소득층을 휘한 고용기회 창출 등의 경제개발 관련 프로젝트를 수행하는 민간기업에 대한 회전대출기금(RLFs)등으로 활용되었다.

CDBG의 지원조건은 중 · 저소득자에 대한 혜택 부여, 슬럼이나 쇠퇴지역의 개선 또는 방지, 기타 커뮤니티의 긴급한 소요 중 한 가지 목적에 해당되어야 한다. 특히 주택의 복구 등 중 · 저소득자에 대한 지원은 CDBG 지출의 70% 이상으로 그 비중이 매우 크다.

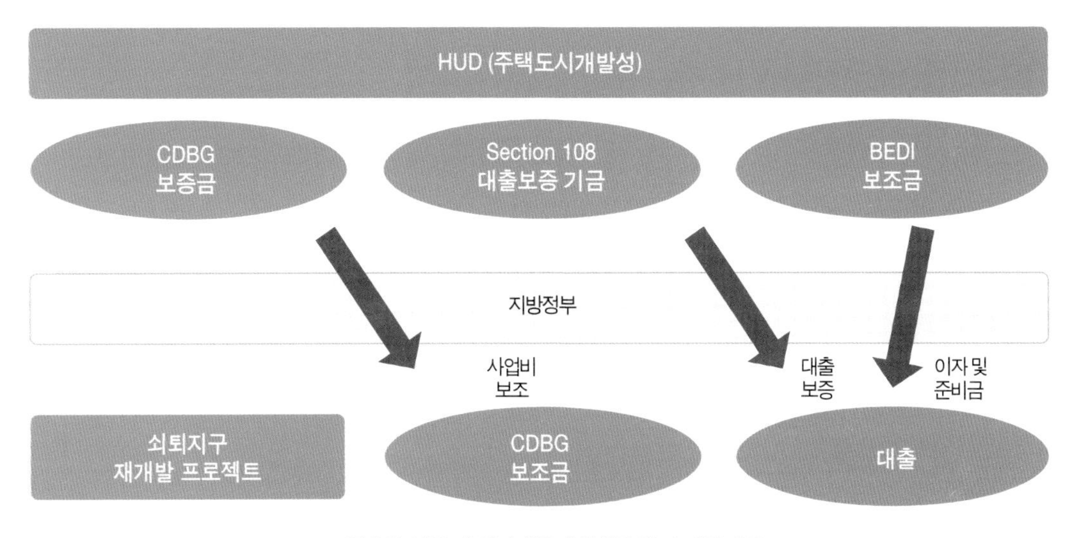

그림 36〉 HUD의 쇠퇴지구 재활성화 장려 지원 제도

중앙정부는 HUD를 통해 CDBG 프로그램에 대한 보조금 지원 및 감독업무만 수행할 뿐, 구체적인 세부계획 수립과 집행 권한은 주정부와 지방정부 등에 주어진다. 그 결과 지역의 특수한 수요를 충족시킬 수 있는 다양한 프로그램이 운영이 가능하다.

(2) 경제개발청(EDA: Economic Development Administration)의 지원 프로그램

EDA는 환경보호국(EPA: Environment Protection Agency)의 가장 중요한 정부기관간(interagency) 파트너 중의 하나이다. 전통적으로 EDA는 경제개발을 위해 폭 넓은 프로그램들을 수행해오고 있으며, 쇠퇴지구의 재생을 위해 기반시설 개발, 상업개발, 경제 부흥 등에 대한 대출을 행하고 있다.

표 20〉 EDA의 쇠퇴지구 재활성화 장려 지원제도

프로그램	주요내용
The Public Works and Economic Development Program	EDA의 주도 (Initiative)로서 쇠퇴지구 부지 정리 이후 건물의 재정비와 부지내 도로, 수도시설 및 하수시설, 항만개선, 기타 인프라시설 개선에 보조금을 지원
Economic Adjustment Program	경제침체가 장기화되는 지역 또는 자연재난이나 공장폐쇄 등으로 단기적 문제를 겪는 지역 등을 대상으로 주정부, 지방정부 등을 도와 경제기반 강화 등을 위한 재개발 전략을 계획하고 실행하는 데 보조금을 지원하거나, 지역적 차원의 융자기금(RLFs)에 사용될 수 있음
Planning Program	재생지역개발에 소요되는 총 계획비용의 50%까지 계획보조금(planning grants) 지원

EDA의 지원 프로그램을 받기 위해서는 쇠퇴지구에 대한 종합적인 경제개발전략(CEDS, Comprehensive Economic Development Strategies)을 수립해야 한다.

(3) 환경보호국(EPA: Environmental Protection Agency)의 지원 프로그램

EPA의 쇠퇴지구 지원프로그램에는 부지정비비용에 대한 보조금(Site Assessment Grants, Site Cleanup Grants) 및 융자지원(Brownfield Cleanup RLF)이 대표적이며, 쇠퇴지구 수질개선 융자지원(CWSRLFs: Clean Water State RLF), 쇠퇴지구 직업훈련 보조금(Job Training and Development Demonstration Pilots)도 있다.

표 21〉 EPA의 쇠퇴지구 재활성화 장려 지원 제도

프로그램	주요내용
Site Assessment Grants	철거 등 개발행위가 이루어지기 이전의 부지평가, 조사, 우선순위 결정, 재개발계획 · 설계 등에 사용되는 보조금으로 지구당 20만달러까지 지원 가능
Site Cleanup Grants	2003년 신설된 보조금으로 시, 개발자, 비영리그룹 등에 의해 행해지는 부지정리에 지원되며 지구당 20만 달러까지 지원 가능
Brownfield Cleanuo REF	2003년 신설된 융자기금으로 시 , 개발자, 비영리단체 등의 부지정리에 대하여 무이자 또는 저리로 융자하며, 지구당 100만달러까지 지원 가능
Clean Water State REF(CWSRLFs)	수질 개선 등을 포함하여 쇠퇴지구의 개선을 위해 20년간 장기 융자지원, 현재 뉴멕시코, 오하이오, 뉴욕 등 3개 주에서 운용 중
Job Training and Development Demonstration Pilots	쇠퇴지구 재개발과 연계하여 환경적으로 손상된 부지 근처 거주자의 직업훈련 등에 사용되는 장려금

(4) 세제지원 프로그램

HUD는 쇠퇴지역의 경제재생에 대한 세계지원제도로서 촉진지구(EZs: Empowerment Zones), 재생커뮤니티(RC: Renewal Communities), 기업커뮤니티(EC: Enterprise Communities) 등의 커뮤니티 재활성화 장려 (Community Renewal Initiative) 제도를 운영하고 있다. 2001년에 도시와 지역 중에서 40개의 RC를 선정하였고, 도시에서 8개의 신규 EZs 지역을 선정하였다. 새롭게 지정된 EZs 지역에는 약 220억달러 정도의 세금인센티브 혜택이 부여되었다.

저소득층 주택 세액공제채권(LIHTC, Low-Income Housing Tax Credits)은 지불가능주택을 포함한 재활성화 전략차원에서 쇠퇴지구 도시재생을 통해 저소득층용 주택을 공급하는 경우에 제공된다.

납세자구제법(Taxpayer Relief Act, 1997)에 근거하여 쇠퇴지구 내 오염부지의 민간 소유자에게 직접적인 세제혜택을 부여하는 제도로서 Brownfield Tax Expensing incentive가 있다. 그러나 지리적 대상선정, 목표대상 선정 등의 문제로 거의 사용되지 못하고 있다.

8장의 이야깃거리

1. 도시의 자족성을 확보한다는 의미는 무엇인지 생각해보자.

2. 우리 도시에서 도시 재정비사업과 같은 도시 재생에서 자족성이 확보될 수 있는지 고민해보자.

3. OECD 등 선진국에서는 도시재생을 통해 일자리 창출이라는 효과를 낸다고 한다. 어떻게 도시재생사업이 일자리를 창출할 수 있는지 살펴보자.

4. 영국의 도시 재생 기구인 English Partnership(EP)은 도시재생시 어떤 역할을 하는가.

5. 상업업무기능 회복을 위한 도시재생방법에 대해 논해보자.

6. 해외의 낙후지역 도시재생 제도에는 어떤 것들이 있는지 생각해보자.

7. 도심의 기능 회복을 위한 도시재생 전략을 국내와 국외의 사례를 들어 논해보자.

8. 도시재생 활성화를 위한 금융 및 재정지원 방안에는 어떤 것들이 있는지 설명해보자.

9. 미국의 조세증가담보금융(TIF : Tax Increasement Financing) 제도의 주요 전략에 대해 생각해보고 우리나라에 적용 방안에 대해 논해보자.

10. 미국의 HUD지원프로그램은 도시재생시 어떤 지원을 하고 있는가?

11. 미국의 EPA의 쇠퇴지구 재생제도의 프로그램은 어떤 것들이 있는지 논해보자.

12. 해외의 도시재생 전담 조직에는 무엇이 있는지 살펴보고, 국내 도시재생 전담 조직과의 차이점을 논해보자.

13. 도시재생의 대표적 해외사례인 영국의 그리니치 반도 도시재생사례의 주요 문제점과 잇슈에 대해 논해보자.

14. 해외의 도시재생 지원 프로그램에는 어떤 것들이 있는지 논해보자.

15. 도시재생사업 관련 법제 및 지원프로그램에 대한 시사점에 대하여 이야기 해보자.

16. 도시재생에서 관 · 민파트너쉽이 중요함을 기존 사례를 통해 배웠다. 그렇다면 우리도시의 도시재생에서는 어떤 유형의 관 · 민파트너쉽이 필요한 것일까 논해보자.

17. 우리나라 도시재생 프로젝트를 위한 금융지원 개선방향에는 어떠한 것들이 있는지 이야기해보자.

제9장
도시재생 사업 관련 PF사례

1. 해외도시재생사업 PF사례

1.1 영국의 PFI

민자유치(PFI, Private Finance Initiative)는 1990년대 초 영국에서 개념화되었으며 특히 도심재생 사업에 활발하게 적용되고 있다. PFI는 공공부문이 실시해 오던 공공서비스, 사회 자본정비 및 운영 분야에 민간부문의 자금과 경영 노하우를 도입하여, 민간주도에 의한 효율적이고 효과적인 사회자본 정비를 시행하는 사업수법을 총칭하고 있다. PFI의 유형은 다음과 같다.

(1) DBFO(Design Build Finance Operate)

전형적인 PFI 방식으로 민간 사업자에게 재개발의 계획(Design), 건설(Build), 금융(Finance), 운영(Operate) 일체를 위임하고, 완공된 공공서비스는 공공부문이 매수하는 방식이다. 사업 분야로는 지역보건센터, 학교, 병원, 도서관, 사회주택 등이 있다.

(2) 조인트벤처(JVs, Joint Ventures)

민간부문과 공공부문이 공동출자하는 방식으로 프로젝트 비용은 공적자금과 민간금융에 의하여 충당된다. 민간부문이 프로젝트를 전반적으로 주도하며, 도심재생사업수법으로 직접적으로 적용가능하다. 사업 분야는 주로 대규모 도심재생사업이다.

(3) 독립채산형(Financially Free Standing)

공공부문의 역할은 초기계획, 인허가, 수입사업의 양허, 부대사업 제공, 제도개선 등으로 국한된다. 민간사업자가 시설의 건설, 관리를 담당하고 그 사업비용은 최종수요자의 요금에 의해 회수하는 방식이다. 사업 분야는 유료도로, 관광지 방문자 센터 등이 있다.

1.2 일본의 PFI

(1) 민간도시재생사업의 금융지원

민간사업자가 행하는 건축물 등의 정비에 관한 사업 속에 해당도시가 도로, 공원, 광장, 녹지 등 공용시설(광의의 공공시설)의 정비를 수반하는 금융을 지원한다. 총 사업비의 50% 혹은 공공시설 등의 정비에 필요한 금액 중에서 소규모 금액은 무이자로 대출한다.

(2) 일본정책투자은행과 도시재생펀드

일본정책투자은행(DBJ : Development Bank of Japan)은 메자닌 펀드인 도시재생펀드를 설립하여 프로젝트에 융자를 실시한다. 도시재생펀드는 일본정책투자은행과 민간금융기관 자금을 결합하여 도시개발프로젝트에 대하여 메자닌 파이낸스를 행한다. 이로써 정부의 최우선정책과제의 하나인 도시재생의 추진과 메자닌 파이낸스 시장의 창출을 지원한다.

메자닌(mezzanine)채권은 채무변제순위가 선순위채권과 보통주의 중간에 있는 채권이다. 도시재생펀드에서 메자닌대출을 활용하면 선순위채권을 보호하는 의미가 있으므로 민간금융을 유인하는 효과가 있다.

(3) 도심재개발 PF 사례(미나미 아오야마 재개발 프로젝트)

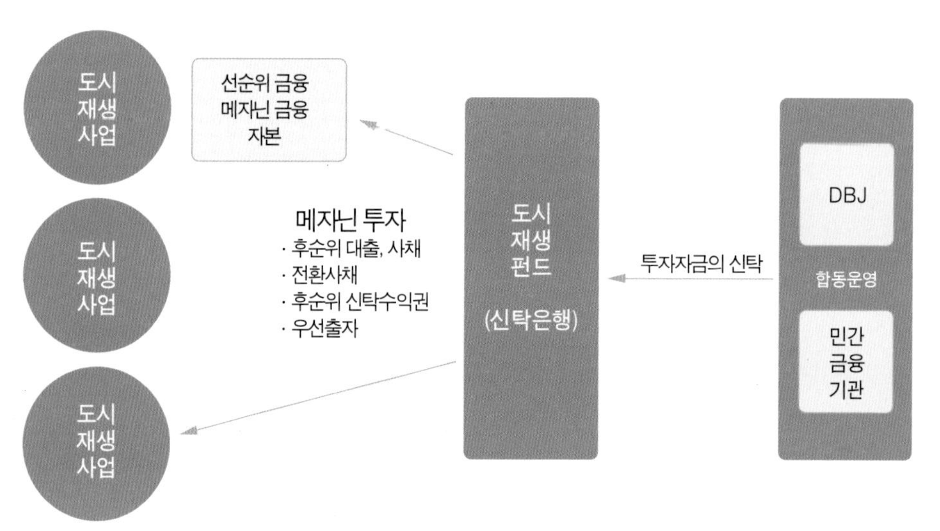

자료: 대한주택공사, 도심재개발 활성화를 위한 PF기법 도입에 관한 연구, 2004

그림 37〉 일본의 도시재생펀드 운용 사례

일본의 도심재개발 사업은 도시재생특별조치법에 의한 행 · 재정적 지원과 일본정책투자은행의 금융지원을 바탕으로 PFI법체계에 의해 수행된다. 민간을 최대한 활용하되 이를 구현하기 위한 금융 · 사업기제로서 PF기법을 사용한다.

일본의 대표적인 부동산 디벨로퍼들은 보유한 부동산 자산은 많으나 유동성이 원활하다고 보기는 힘든 상황이며, 따라서 개발사업에서 부외금융인 PF기법이나 증권화(특히 CMBS)를 선호하는 추세이다.

표 22〉 미나미 아오야마 재개발 프로젝트 개요

구 분	내 용
프로젝트	전국 최초로 민간사업자에 의한 민간시설의 일체적 재개발사례
사업자	미나미아오야마 아파트 주식회사
대상단지	일본 동경시
사업수법상의 특징	- PFI 수법을 통한 공영주택 건설 - 민간활력을 활용한 전국 최초의 사업수법: 시설의 설계 · 건설에 민간의 자금 및 기술력을 활용 - 사업 전체에서 점하는 민간사업의 비중이 높고, 민간사업자가 프로젝트 일체를 설계 · 건설 후 건물의 과반이상을 점하는 민간시설부분은 민간사업자가 운영하는 DBFO(Design - Build - Financing - Operation) 방식
임대내용	- 동경도는 부지에 정기조차권을 설정하여 민간사업자에 대부
자금조달구조	- 총사업비 200억엔 규모 - 민간도시재생사업(제1호)로서 도시재생펀드에서 착공비용에 해당하는 68억엔의 메자닌 대출 - 착공 후 공사비는 기본적으로 출자자들의 출자금으로 충당 - 준공 후에는 민간금융기관으로부터 선순위, 비소구, 장기담보금융을 제공받아 메자닌채권 및 출자금을 상환하고 SPC는 청산 - 5년 간의 운영기간 경과 후 사업 안정화가 판단될 경우 증권화(CMBS) 검토

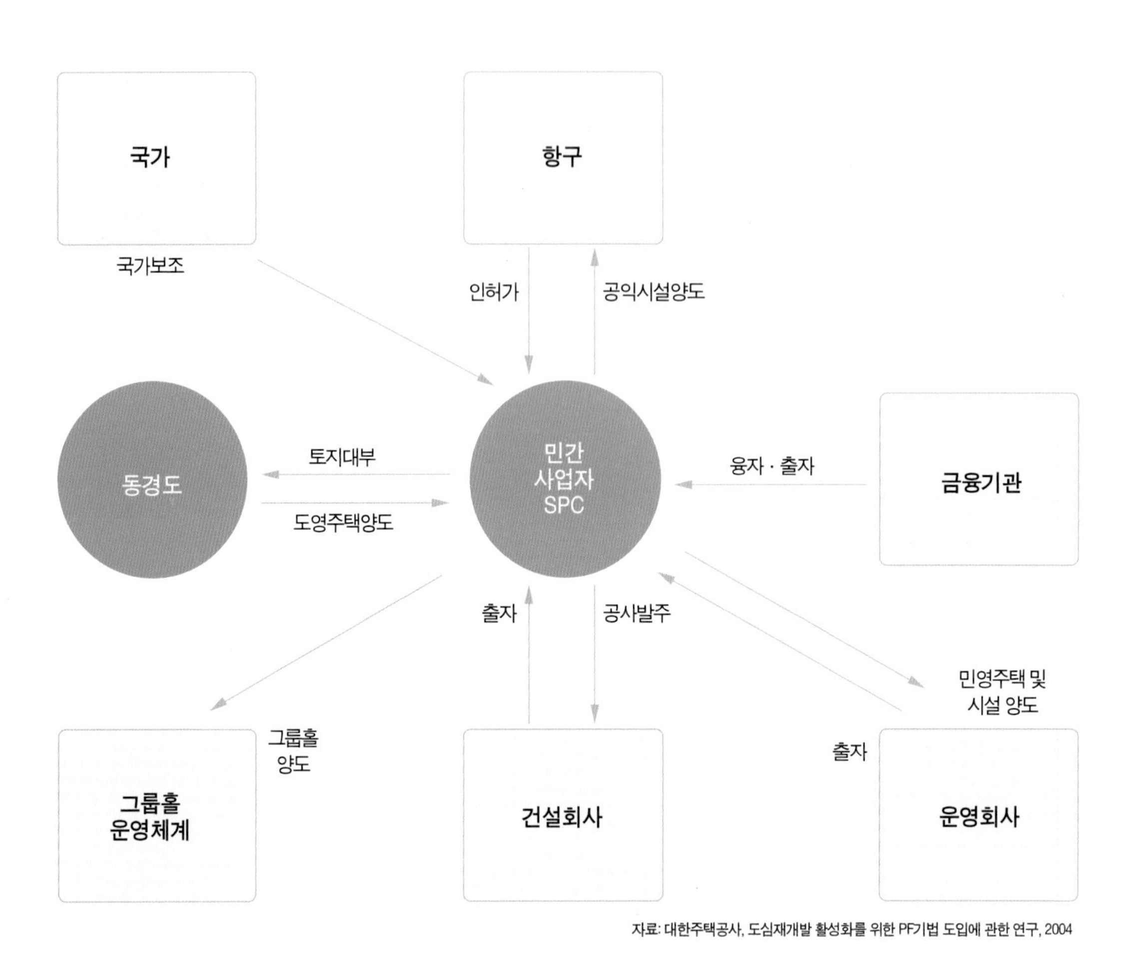

자료: 대한주택공사, 도심재개발 활성화를 위한 PF기법 도입에 관한 연구, 2004

그림 38〉 미나미 아오야마지역 재개발사업의 PF 구조

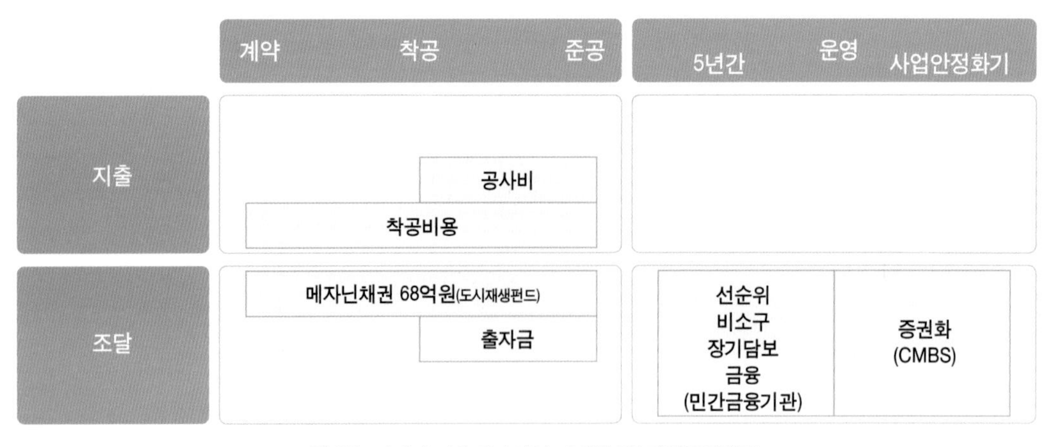

그림 39〉 미나미 아오야마지역 재개발 PF 자금조달구조

2. 우리나라 도시재생 프로젝트를 위한 금융지원 개선방향

2.1 공공자금의 선투입-후정산 필요

금융적 지원책으로서 공공자금을 선투입하여 도로 등 공공시설 용지 및 기반시설 설치비 등을 후정산하도록 하는 방식으로 공적 자금운용을 개선하는 방안의 검토가 필요하다. 금융적 지원책과 더불어 도로 등 공공시설 용지에 대해서는 해당 필지를 수용할 수 있도록 하는 제도가 뒤따라야 한다.

2.2 PF기법의 도입 및 도시환경정비사업계정의 적극적 활용

지자체가 도심재개발사업 활성화를 위한 공적 자금의 '선투입-후회수' 방식을 적용할 경우, 주요 예산은 특별예산 중 도시환경 정비사업 계정에 배당되는 예산이 될 수 있다. 지방공사 또는 민간개발자 등과 공동출자(또는 후순위대출)하여 PF기법을 적용한 도시환경정비사업을 시행하는 방안을 고려할 수 있다. 지자체가 지방공사 또는 민간개발자 등과 공동출자(또는 후순위대출)하여 PF기법을 적용한 도시환경정비사업을 시행하는 방안도 검토해 볼 수 있을 것이다.

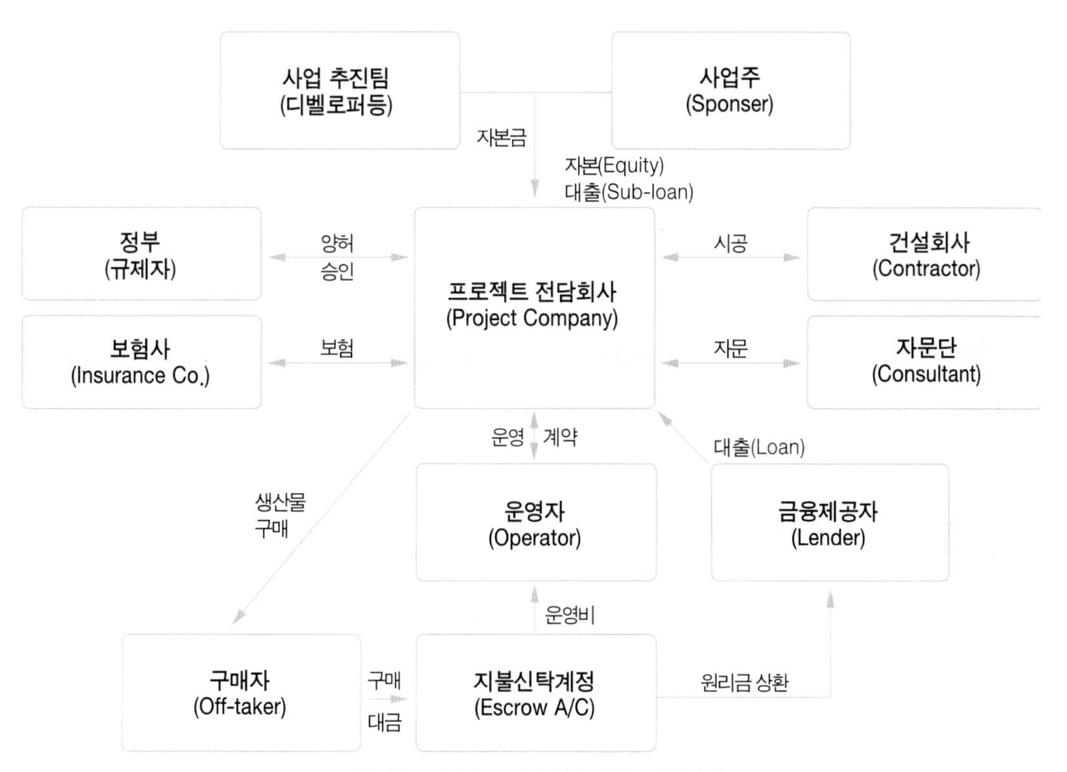

그림 40〉 프로젝트 파이낸싱의 구조와 참여자

3. 도시재생 프로젝트 PF적용 방안

PF기법상의 SPC는 프로젝트를 사업주로부터 분리시키기 위한 목적으로 활용되는 특수목적회사(Special Purpose Company)이다. 따라서 프로젝트가 종료될 때까지의 한시적인 서류상의 회사(paper company)인 경우가 대부분으로 특수목적회사에 대해서는 세제상의 면제혜택이 부여되는 것이 국내외의 일반적인 경향이다.

표 23〉 우리나라의 SPC에 대한 세제 · 금융 지원 현황

분류	세제 · 금융 지원 내용
CRV	- 이익의 90% 이상을 배당시 법인세 면제 - 설립시 등록세 중과(0.4% → 1.2%) 배제 - 자산거래에 따른 증권거래세 면제 - 개인 투자자 배당시 배당소득 분리과세 - 은행 · 보험 · 종금사의 출자제한 조항 적용 배제 - CRV를 은행의 자회사로 보지 아니함
ABS법상 SPC(유동화전문회사)	- 이익의 90% 이상을 배당시 법인세 면제 - 부동산 취득시 등록 · 취득세 면제 - 유동화 자산 양도시 국민주택채권 매입의무 면제
CR-REITs	- 이익의 90% 배당시 법인세 면제 - 등록 · 취득세 전액 감면 - 은행 · 보험 · 종금사의 출자제한 조항 적용 배제
PF기법상의 SPC (프로젝트금융투자회사)	- SOC건설 등(도로 · 교량 · 항만 등 SOC투자, 주택개발건설 등)에 투자하여 이익의 90% 이상을 배당하는 경우 지급배당에 대해 비과세 - 부동산취득시 등록 · 취득세 50% 감면 - 설립시 등록세 중과(0.4% → 1.2%) 배제 - 독점거래법상 기업집단규제, 출자총액한도, 채무보증제한 적용 배제

자료: 대한주택공사, 도심재개발 활성화를 위한 PF기법 도입에 관한 연구, 2004

9장의 이야깃거리

1. 영국의 PFI(Private Finance Intiative)의 배경과 개념에 대해 논해보자.
2. PFI의 주요 전략인 DBFO(Design Build Finance Operate), 조인트벤처, 독립채산형의 특징에 대해 논해보고, 전략의 차이점을 비교해보자.
3. 일본의 PFI(Private Finance Intiative)의 배경과 개념에 대해 논해보자.
4. 일본의 미나미 아오야마 재생 프로젝트의 펀드를 활용한 사례를 살펴보자. 또한 여기서 메자닌 투자란 무엇을 의미하는가?
5. 일본의 PFI 전략에는 어떤 것들이 있는지 논해보고, 차이점에 대해 비교해보자.
6. 우리나라 도시재생 프로젝트를 위한 금융지원의 문제점과 개선방향에 논해보자.
7. 선 순위란 무슨 의미인가?
8. 도시재생 프로젝트 계획 시 PF기법의 적용 방안에 대해 논해보자.
9. SPC의 기능과 역할에 대해 살펴보자.
10. 우리나라 SPC에 대한 세제 · 금융 지원 현황과 주요 내용에 대해 생각해보자.
11. 프로젝트 파이낸싱사업에서 비소구는 무엇을 의미하는가?
12. 프로젝트 파이낸싱 사업에서 운영자(Operator)의 역할을 무엇인가?
13. 프로젝트 파이낸싱 사업에서 금융제공자로부터 대출을 받기 위해 누구의 지급보증을 받는가?
14. CR-REITs란 무엇인지 논의해보자.
15. 메자닌채권이란 왜 필요한지 생각해보자.
16. 후순위 대출이란 무엇인가?
17. ABC(Asset-Backed Securities)의 의미와 PF사업에서의 활용방안에 대해 살펴보자.
18. SPC가 서류상의 회사(Paper Company)라는 말은 무엇을 의미하는가?
19. 우리나라 프로젝트 파이낸싱에 관련된 법은 어떤 것들이 있는지 찾아보자.
20. 우리나라의 SPC에 대해 다양한 세제 · 금융 지원책이 있는데도 불구하고 최근 PF사업이 부진한 이유를 설명해 보자.

제 2 부

도시재생 전략을 통한 도시르네상스

탈근대 도시 재생

제1장
문화를 통한 도시재생

1. 문화도시의 등장배경

국외(유럽)	18C 중반 산업혁명으로 공업화, 도시화로 인한 인구과밀 - 생활환경의 피폐화, 도시의 쇠퇴	➡ 19C 말 - 산업성장에 따른 문화유산 훼손 문화를 매개로 도심재생이 요구됨 - 문화공간의 활성화를 통한 삶의 질 향상	➡ 20C 초 - 신문화 예술운동 시작 특정계층의 편중 - 도시사회운동 반발
➡	1970년대 도심 외곽의 공장지대로 공해가 사회적인 문제로 등장 - 역사적 건축물의 영향 심각	➡ 1980년 유럽연합에서 유럽인들의 통합을 근거로 문화도시 최초 제기	➡ 1990년 이후 - 유럽을 하나의 공동체로 인식 - 문화도시의 등장 - 문화유산보존전략 - 생태 · 문화도시정책 - 문화를 경제적 요인으로 인식
국내	1980년대 이전 - 경제개발 가속화 - 공업화로인한 삶의 질 저하	➡ 1980년대 중반 ~ 2000년 이전 - 물리적 국토 · 도시개발에 치중 - 주택공급 위주의 정책 실현 - 도시경관 · 환경악화 - 교통 · 환경문제 등으로 삶의 질 악화 - 일상생활에서 부족한 문화공간	➡ 1980년대 - 문화유산의 보존과 문화적 통합 - 소득수준 향상과 함께 삶의 질 향상의 니즈(Needs) 가속화
			➡ 2000년대 이후 - 예술 · 문화 활동공간의 창출 - 문화도시형성 여건조성

그림 41〉 문화도시의 등장배경

· 문화도시는 침체기를 맞은 도시들이 현대인의 새로운 생활패턴과 욕구에 부응하는 문화적 요소를 발굴하여 도시문화형성 및 도시발전의 계기를 마련하면서 출현하였다.

· 문화를 활용한 도시개발 리모델링을 통해 도시경쟁력을 강화 시키기 위해 등장 했다.

· 도시경관 및 문화적 환경개선을 통해 삶의 질을 향상한다.

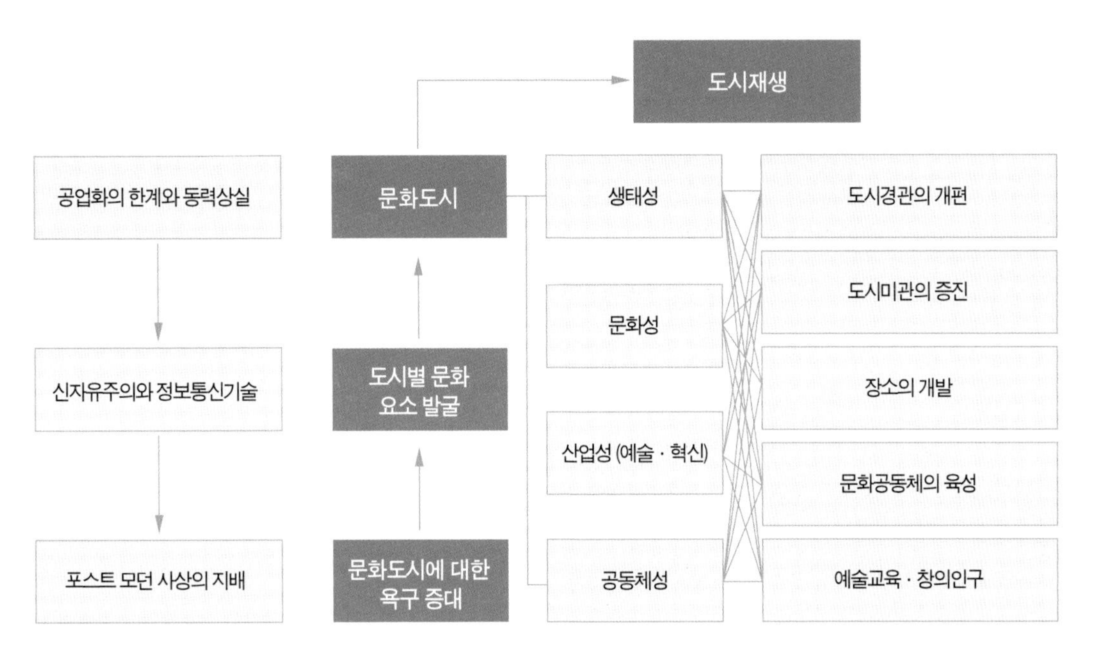

그림 42〉 문화도시의 상호성

2. 문화도시란?

· 문화도시는 도시민들이 요구하는 삶의 조건을 향상시켜나갈 수 있는 중요한 사회적 자본(Social Capital)이며, 도시사회, 경제, 환경을 이끌어 나갈 수 있는 요소이다.

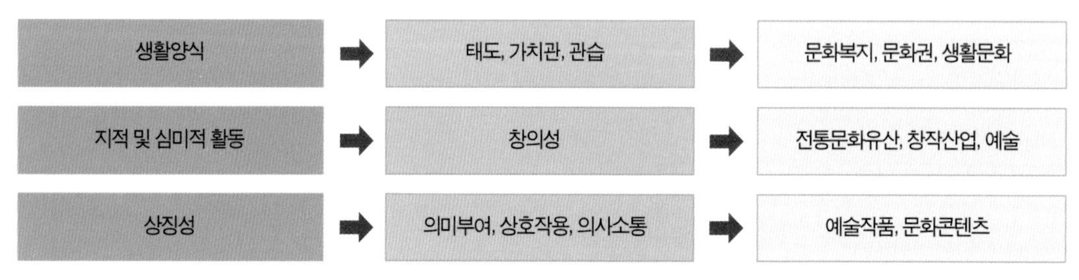

그림 43〉 문화도시의 개념

1.1 문화도시의 의미

· 문화도시는 도시의 총체적 자원이 자연스럽게 문화자원화 되는 도시이다.

· 문화도시는 인간 욕구의 최종단계인 문화실현 욕구(정체성, 즐거움, 심미성)를 충족시켜 주는 도시이다.

1.2 문화가 살아있는 도시

· 시민들이 일상적으로 문화생활을 즐길 수 있는 기본이 바로 선 도시이다.

· 인간이 중심이 되는 가치를 지니며 문화적으로 원활하게 움직이는 도시이다.

3. 도시재생과 문화적측면

- 공간: 닫혀있던 공간에서 열린공간
- 랜드마크: 문화적 정체성을 가진 상징물 구축
- 네트워크: 문화벨트 만들기
- 핵: 다른 핵과 연계발전
- 지구: 다양한 문화활동을 담을 수 있는 지구
- 거리: 거리의 삶의 모습이 거리문화가 되는 거리 만들기

도시재생에서 고려해야 할 문화적 측면과 목표 →

측면	목표
도시 이미지	도시를 특징하는 문화키워드 만들기
도시 경관	역사문화 도시로서의 경관관리로
도시기능	국제업무 지원기능, 복합화, 퓨전화
도시시설	도시문화시설에 접근하기 쉽고 편리하게
도시 공간	다핵의 편의성 중심의 복합문화공간으로
도시 서비스	누구나 도시문화서비스를 즐기게
도시환경	생태문화도시로
도시교통	인간중심의 교통체계로
도시예술	예술문화가 살아 숨쉬게
도시활동	활력과 끼가 흐르는 문화거리로
도시생활	생활문화에 항시 접목되도록
도시이벤트	언제 어디서나 문화이벤트가 일어나도록

그림 44〉 도시재생에서 고려해야 할 문화적 측면과 목표

그림 45〉 문화도시계획의 물리적 인프라

- 도로: 자동차 중심에서 대중교통과 보행자 중심
- 동네: 친근감과 동질성을 느끼는 동네 만들기
- 시설: 시민들이 도시 시설의 생산과정에 참여하는 주체

4. 도시재생에 의한 세계문화 중심도시로 도약하기 위한 전략

4.1 국내 · 외 상호교류 네트워크 구축

· 최근 문화도시들을 중심으로 글로벌 문화질서 주도권을 장악하기 위해 경쟁하고 있다. 매력적인 도시로서의 컨텐츠를 마련하고, 문화의 거점을 중심으로 하는 네트워크를 구축해야 한다.

· 상호적인 문화네트워크를 구축하기 위해 각국, 국제기구, 문화도시들간의 창의적인 파트너쉽을 기반으로 하는 거버넌스 체계를 구축해야 한다.

4.2 세계도시 문화네트워킹 사업의 추진

· 세계시장을 지향하는 글로벌 비즈니스로 문화의 세계화 트랜드가 심화함에 따라 도시문화컨텐츠의 창작과정에는 세계 우수인력과 자본, 기술을 연계하여 창작활동이 일어날 수 있는 여건을 조성해야 한다. 그리고 언제, 어디서든 문화예술인의 교류가 활성화 될 수 있도록 해야 한다.

4.3 문화자원의 개발 · 연구 · 보존

· 다른 도시의 문화와 조화를 이루는 문화컨텐츠의 확보 및 환경조성으로 모든 도시문화자원이 세계로 확산될 수 있도록 문화컨텐츠의 제작 · 개발 및 마케팅이 필요하며, 세계도시의 문화기관들과 문화자원 공유시스템을 구축해야 한다.

4.4 도시 브랜드 제고 및 문화적 역량 강화

· 경관보존 및 문화를 매개로 도심지 리모델링, 문화시설 건립과 같은 물리적인 환경을 조성해야 한다. 문화예술에 대한 효율적인 정책지원과 문화산업육성을 통한 문화도시를 조성한다.

· 문화예술을 통해 도시를 재생시키고 문화적인 경쟁력을 확보해야 한다.

4.5 친환경에 기반한 문화관광

· 도시의 환경을 중시하고, 자연과 조화를 이루는 건축으로 생태적으로 건강한 도시환경을 유지한다.

· 도시정체성과 장소성을 기반으로 지속가능한 삶을 추구하는 공간으로 조성해야 한다.

· 생태를 테마로 한 생태문화적 리모델링을 통해 글로벌 교육의 장으로 활용해야 한다.

1장의 이야깃거리

1. 국외도시에서 문화도시가 형성된 배경에 대해 논해보자.
2. 유럽연합 등 유럽에서 1980년대부터 일어난 도시문화와 관련된 운동이나 전략을 논해보자.
3. 한국도시에서는 문화유산의 보존과 문화에 대한 니즈(Needs)가 언제부터 일어났는가?
4. 2000년 이후의 도시문화 분야에는 어떤 일들이 일어나고 있는지 살펴보자.
5. 도시개발에 문화를 접목시킨다면 어떤 문화적 요소들에게 초점을 맞추어야 할까?
6. 문화적 환경개선을 하려면 어떻게 해야할까?
7. 도시에서 예술문화활동 공간을 어떤 유형이 있는지 토론해보자.
8. 커뮤니티가 예술문화적으로 삭막하다고 한다. 커뮤니티 단위에서 예술문화환경을 개선시킬 수 있는 방법에 대해 생각해보자.
9. 문화의 어떤 요소들이 도시재생에 영향을 미치는지 고민해보자.
10. 문화성과 생태성이 공존할 수 있는 방안은 무엇일까?
11. 장소성 발굴을 통해 문화도시로 나갈 수 있는 방안을 생각해보자.
12. 도시에서 문화공동체가 어떻게 육성될 수 있을지 토론해보자.
13. 생활양식이 문화도시요소에 미치는 여향은 무엇인가?
14. 지적 및 심미적 활동이 어떻게 창작과 예술에 영향을 미치고 있는지 생각해보자.
15. 어떤 유형의 예술 문화작품이나 콘텐츠가 도시의 상징성에 기여하는지 살펴보자.
16. 문화도시로 가기 위해선 도시의 다양한 요소(속성)들을 어떻게 변환시켜나가야 하나?
17. 문화도시에서 고려해야할 물리적 인프라시설에는 어떤 것들이 있는지 생각해보자.
18. 우리나라 도시들이 문화중심도시로 도약하기 위한 전략들은 어떤 것이 있는지 생각해보자.

제2장
도시마케팅을 통한 도시재생

1. 장소성 및 장소자산

1.1 장소성

· 장소는 이제 경쟁력의 다른 말이 되었다. 장소에 대한 중요성이 부각되면서 경쟁력 있는 장소에 대한 관심이 높아지고 있다. 장소만이 지니는 고유한 특성, 즉 장소성이 장소의 경쟁력이 되고 있다.

· Kotler et al.(1993)는 모든 장소나 지역을 고려한 제품과 서비스는 판매해야 하고, 장소의 생산품과 가치를 마케팅해야 한다면서 장소마케팅의 필요성을 논했다. 그리고, 장소는 부가가치를 창출하며, 디자인하고 판매해야하는 상품으로 볼 것을 주문하고, 또한 장소를 성공적으로 팔지 못하는 장소는 쇠퇴할 수밖에 없다고 하였다.

1.2 장소자산

· 장소자산(Place Assets)은 장소가 장소마케팅을 통해 성공할 수 있는지의 여부를 판단하는 핵심적 요소가 된다. 장소자산을 이해하기 위해서는 장소의 역사, 전통, 문화, 이미지 등에 대한 조사와 연구가 따라야 한다.

· 장소자산에 대한 심도있는 연구 없이 장소마케팅으로 나아가게 되면 장소의 본질, 즉 상품을 모르면서 판매하겠다는 것으로 마케팅에 따른 위험(Risk)이 뒤따르게 된다.

· 장소자산에는 장소와 관련된 모든 요소가 포함될 수 있다. Kotler은 장소자산을 도시의 물리적 구조, 사회간접자본, 도시공공서비스, 매력성으로 분류하고 있다.

· Brenner(1997)은 장소는 장소자산을 찾아내어 장소경쟁을 벌이게 되는데 이 같은 장소자산 형성

을 장소만들기(Place Making)과정이라고 한다.

· 이무용(2003)은 장소를 구성하는 모든 요소들(예를 들어 자연적 요소, 인적요소, 삶의 질 요소, 경영 환경 요소, 환경 요소, 문화적 요소 등)이 상품의 잠재력을 지니고 있어 일반 상품과는 달리 매우 포괄적이고 다양한 상품유형을 지니게 된다고 하였다.

· 백선혜(2005)는 장소자산을 아래 〈표23〉과 같이 크게 물리적 · 환경적 요소, 인적 · 문화적 요소, 정성적 · 상징적 요소, 상대적 요소로 분류하여 구체적인 예를 제시하고 있다.

표 24〉 장소의 요소에 따른 장소자산의 분류

장소의 요소	장소 자산 분류	구체적 예
물리적 · 환경적 요소	물리적 자산	도로망, 항구, 건물, 인프라
	환경적 자산	지형, 기후, 청정 환경
인적 · 문화적 요소	사회 · 문화적 자산	문화, 레크레이션, 역사, 이벤트, 축제, 예술작품
	정치 · 제도적 자산	기업에 대한 인센티브, 주민의 협조적 분위기, 도시공공서비스
정서적 · 상징적 요소	상징적 자산	주민의 지역에 대한 애정, 정체성
상대적 요소	위치적 자산	시장, 상권, 결절지
	잠재적 자산	자산으로 인식이 되고 있지 않거나 심지어 부정적 요소로 인식이 되고 있는 장소 요소 가운데 시대 변화에 따라 긍정적 자원으로 변화될 수 있는 자산
	상대적 가능성 자산	장소자산으로 존재하지 않지만 경쟁장소에 재하지 않거나 약하여, 해당 장소에 도입하면 상대적으로 선발이익이나 비교우위를 누릴 수 있는 모든 장소자산

자료 : 백선혜(2005), 장소성과 장소마케팅, 한국학술정보

2. 장소마케팅

· 장소마케팅은 장소의 장소성을 기반으로 상품을 만들어 장소의 경쟁력을 높이는 전략이다. 장소를 팔기 위해서는 장소의 가치와 이미지를 발굴해야 한다. 장소의 가치와 이미지가 찾아지면 장소의 주체(주민, 기업, 시민단체)들이 나서서 다양한 방법을 찾아 장소마케팅을 하게 된다,

· 장소마케팅의 목표는 장소의 가치와 이미지를 토대로 한편으로는 자본투자를 유도하여, 지역의 경제를 살찌우고, 또 한편으로는 주민의식을 제고시켜 지역공동체라는 사회자본을 형성하게 된다.

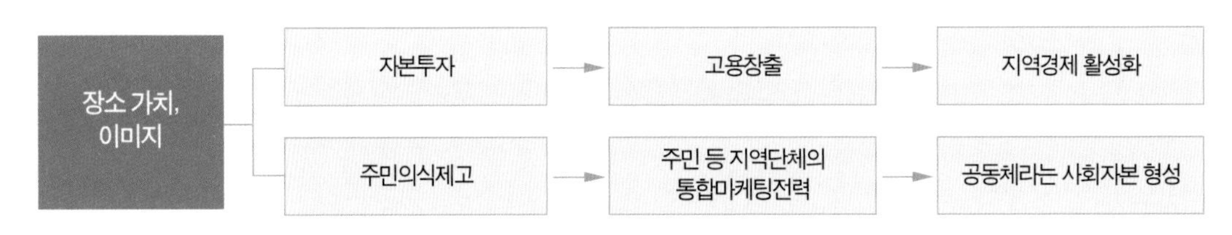

그림 46〉 장소가치 · 이미지가 장소마케팅 목표를 실현하는 과정

· 장소는 다양한 속성을 가진다. 장소는 문화 · 사회 · 경제적 속성을 지니고 있어서 장소는 다양한 속성을 지닌 복합체라고 할 수 있다.

· Kotler et al(1993)은 전략적 장소마케팅 계획이 "장소평가(Place audit) → 비전과 목표 정립(Vision and goals) → 전략수립(Strategy formulation) → 행동계획(Action Plan) → 실행과 통제(Implementation and Control)" 등의 다섯 단계로 이뤄진다고 한다.

· 장소마케팅은 장소정체성 인식부터 자산의 평가, 선정을 거쳐 변화된 장소성을 효과분석까지 일련의 과정을 거치게 된다.

3. 도시마케팅이란 무엇인가?

3.1 도시마케팅의 개념

· '도시마케팅은 도시경영의 수단적 의미를 지닌다.' (Berg and Brawn, 1999).

· '도시마케팅을 도시정부가 주체가 되어 자본, 방문객, 이주민 유치를 위해 도시공간을 판매하고 교환하는 마케팅 활동이다.' 라고 하기도 한다(Martin, 1996).

그림 47〉 장소마케팅 계획과정

· 도시마케팅은 도시라는 장소의 환경적, 디자인적, 문화적 가치 등을 새롭게 구성하고 창출하며 도시를 찾고 고객의 소비를 유도함으로써 도시의 발전을 추구하는 전략이라고 할 수 있다.

표 25〉 상품마케팅과 도시마케팅의 비교

구분	상품마케팅	도시마케팅
판 촉	단순한 상품판매	도시철학과 이념을 판촉
초 점	소비자가 원하는 상품요소에 초점	소비자가 도시에 원하는 도시요소(문화, 이미지, 관공, 공공서비스)에 초점

3.2 도시마케팅의 내용

(1) 마케팅의 가치적 · 판매적 측면

· 가치적 측면에서 볼 때 도시마케팅은 고객지향적 가치를 지향한다. 도시마케팅은 도시가 지니고 있는 철학과 이념 등의 가치를 발굴하고 개발하여 고객에게 공급해주는 일이다.

· 도시마케팅은 잠재적 관광객과 투자자들에게 장소와 위치에 대한 가치를 알리는 일이다. 따라서 도시마케팅은 도시의 다양한 가치를 고객에게 제공함으로서 도시발전에 기여하게 된다.

· 판매적 측면에서 볼 때 도시마케팅은 고객에게 도시의 공간과 장소를 이용해달라는 촉진행위로 볼 수 있다. 도시마케팅의 구성요소는 장소, 이미지, 문화 등 다양하다.

표 26〉 도시마케팅의 유형

장소마케팅	공간마케팅	지역마케팅
농촌마케팅	문화마케팅	관광마케팅
이미지마케팅	그린마케팅	

(2) 도시마케팅의 주체 및 내용

표 27〉 도시마케팅의 주체와 내용

주 체	내 용
국 가	중앙정부(국가브랜드 등)
도 시	도시정부, 시의회, 시정부의 공공기관, 구청
민간기업	도시 내 기업?금융사(대기업, 중소기업, 금융, 외국기업 등)
주 민	주민, 커뮤니티
NGO등	NPO, NGO 등 시민단체

(3) 도시마케팅에 관련된 대상, 고객, 상품

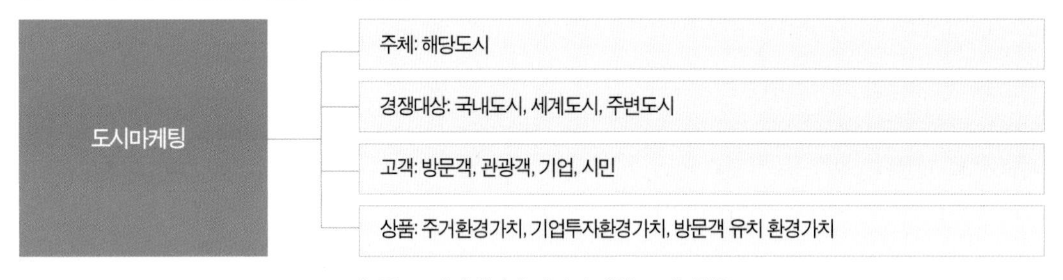

그림 48〉 도시마케팅에 관련된 대상, 고객, 상품

· 가치의 내용

- 주거환경가치: 주택가격, 교육, 치안, 일자리, 문화시설, 교통
- 기업투자환경과 가치: 공장부지가격, 행정서비스, 인프라
- 방문객 유치환경과 가치: 문화, 교육, 즐거움, 여가

3.3 도시마케팅 전략은 어떤 프로세스를 거치나?

· 마케팅 전략은 궁극적으로 도시방문자 증가, 도시브랜드 이미지 제고, 도시재원(관광수입 등)의 확충 등을 목표로 한다.

· 이를 위해 도시마케팅 프로세스는 도시마케팅의 목표를 수립하고 시장 세분화를 통해 표적시장을 산정한다. 표적시장이 산정되면 도시상품의 포지셔닝을 하고, 마케팅 믹스를 통해 고객에게 상품을 제공하게 된다.

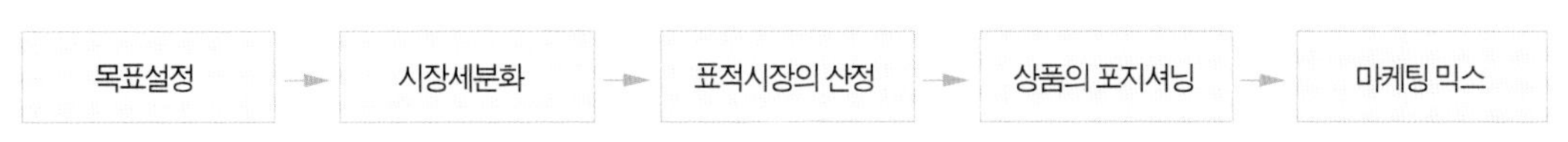

그림 49〉 마케팅 전략의 프로세스

3.4 시장세분화(Segmentation)란 무엇인가?

· 세그먼트(Segment)는 비슷한 특징을 공유하고 있는 고객그룹을 일컫는 말이다. 시장에서 세그먼트 별로 느끼는 감각이나 욕구가 다르다. 같은 도시의 상품이라도 상품을 해석하는 방식이 다르고 방문하는 장소도 다를 뿐 아니라 이미지를 느끼는 정도도 다르다.

· 세그먼트별로 분류화, 그룹화하는 것을 시장세분화(Segmentation)이라고 한다. 시장세분화를 하는 이유는 마케팅에 가용할 만한 자원이 한정되어 있으므로 반응도가 가장 높을 것으로 예상되는 세그먼트에 집중적으로 마케팅을 하여 효과를 높이기 위함이다. 시장세분화는 나이, 성별, 생활방식, 소득 등으로 구분할 수 있다.

표 28〉 시장세분화의 기준과 내용

지리적 기준	인구 통계적 기준	방문목적 기준	경제적 기준	가치 기준
인구분포	성별	관광	개인소득	방문객의 욕구
거주지역	연령	친지	가계소득	방문빈도 및 방문경험의 유무

지리적 기준	인구 통계적 기준	방문목적 기준	경제적 기준	가치 기준
교통수단	인종	비지니스	직업	도시관광 방식
기후	직업	기업투자	수입원	도시미학 또는 경관에 대한 관심
	종교	여가활용		방문동기
	국적과 모국어			여가활용방식
	교육수준과 가독력			생활방식
	결혼여부			개성
	가족구성원			영향집단
	사회계층			소비형태
				도시에 대한 인식

3.5 표적시장(Target Marketing)의 설정이란?

(1) 표적시장 설정시 고려사항

· 최고의 세그먼트를 선택하는 것을 표적시장의 설정이라고 한다. 정확한 표적시장 설정은 최고의 고객을 찾아내어, 도시의 상품을 즐기도록 하면서 만족을 유도해 내는데 필요한 과정이다.

· 시장을 몇 개의 세그먼트로 나누고 나면 이제는 이런 질문이 떠오를 것이다. '어느 표적시장이 가장 매력적인가?' 표적시장이 규모, 수익성, 성장성, 경쟁상황 등으로 볼 때 과연 매력있는 시장인지 분석해 보아야 한다.

3.6 포지셔닝이란 무엇인가?

(1) 포지셔닝의 개요

· 포지셔닝이란 해당 도시가 고객(방문객 등)의 마음속에 어떻게 자리 잡았는가, 혹은 어떻게 인식되고 있는가를 나타내는 의미로 사용된다. 포지셔닝법(또는 인지도 : perceptual map)은 포지셔닝 혹은 재포지셔닝을 위해 필요하다.

· 포지셔닝은 도시의 이미지, 가치, 상징을 꾸미는 단계로서 고객에게 경쟁도시와의 차별성을 인식시키는 과정이다.

· 도시가 포지셔닝을 결정 할 때에는 우선 고객이 해당도시에 원하고 기대하는 도시요소가 무엇인지 이해해야 한다. 이를 위해 현재 제공하고 있는 도시상품과 도시가 주는 혜택(편익)이 무엇인지 이해해야 한다. 이미지라는 것은 고객이 도시의 특정 공간이나 시설, 그리고 사람에 대해 인식하

그림 50〉 표적시장 설정시 고려해야 할 사항

는 가치, 사상, 느낌의 집합체이다.

(2) 포지셔닝 도출과정 방식의 사례

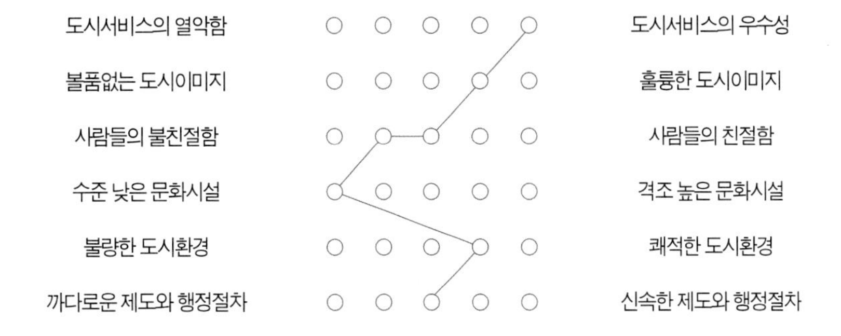

그림 51〉 의미차이법에 의한 포지셔닝 도출과정

3.7 마케팅 믹스란 무엇인가?

(1) 마케팅 믹스

· 마케팅 믹스는 고객에게 제공되는 상품 요소를 한데 모아 놓은 것이다. 이런 요소들 중에는 도시서비스, 장소, 가격(요금), 프로모션방식, 도시이미지 등이 포함된다.

· 메카시(McCarthy, 1960)는 마케팅 믹스재료(4P)개념을 세상에 내놓았다. 4P란 상품(Product), 가격(Price), 장소(Place), 촉진(Promotion)을 의미한다. 이를 도시맥락에 적용해 보기로 한다.

- 상품: 도시의 전통, 명성, 기능, 특징, 디자인 등이 주는 도시에 대한 전체적인 이미지를 의미한다. 고객들은 이런 요소를 바탕으로 도시를 선택한다.
- 가격: 가격에는 해당도시방문에 소요되는 비용, 도시의 물가, 음식료, 교통비, 숙박비등을 의미한다.
- 장소: 도시내의 공간, 장소, 커뮤니티, 지역, 시설, 거리등을 말한다.
- 촉진: 도시의 광고, 홍보, 촉진행위를 말하며 이벤트, 축제, 공연 등을 통한 도시마케팅까지 의미한다.

(2) 도시마케팅에서 4P와 7P

· 마케팅에서 위의 4P는 고객지향적인 관점에서 아래와 같이 해석할 수 있다.

- 상품: 고객의 편익
- 가격: 고객(방문자)의 부담비용
- 장소: 도시의 장소성, 정체
- 촉진: 도시마케팅을 위한 정책 등

· 붐스와 비트너(Booms & Bitner)는 4P에 덧붙여 7P라는 개념을 소개한다. 7P중 4P는 코틀러가 제사한 바와 같다. 나머지 3가지는 사람(People), 프로세스(Process), 물리적 징표(Physical evidence)를 말한다.

- 사람 (People): 도시민, 서비스업종사자, 공무원, 기업인, 시민단체 등
- 프로세스(Process): 각 종 도시서비스의 창출에서부터 고객에게 전달되는 과정
- 물리적 징표(Physical evidence): 도시의 시설, 도시인프라, 도시경관, 도시이미지 등

3.8 도시브랜드 자산에 따른 도시마케팅 전략은?

(1) 도시브랜드 자산별 마케팅 전략

· 도시브랜드 자산에 따라 도시마케팅 전략이 달라져야 한다. 긍정적 브랜드 자산을 보유하고 있는 도시는 이미지 강화전략으로 나가야 하고, 부정적 브랜드 자산을 갖고 있거나 브랜드 자산이 없는 경우는 도시이미지를 새롭게 창출하는 전략을 써야한다.

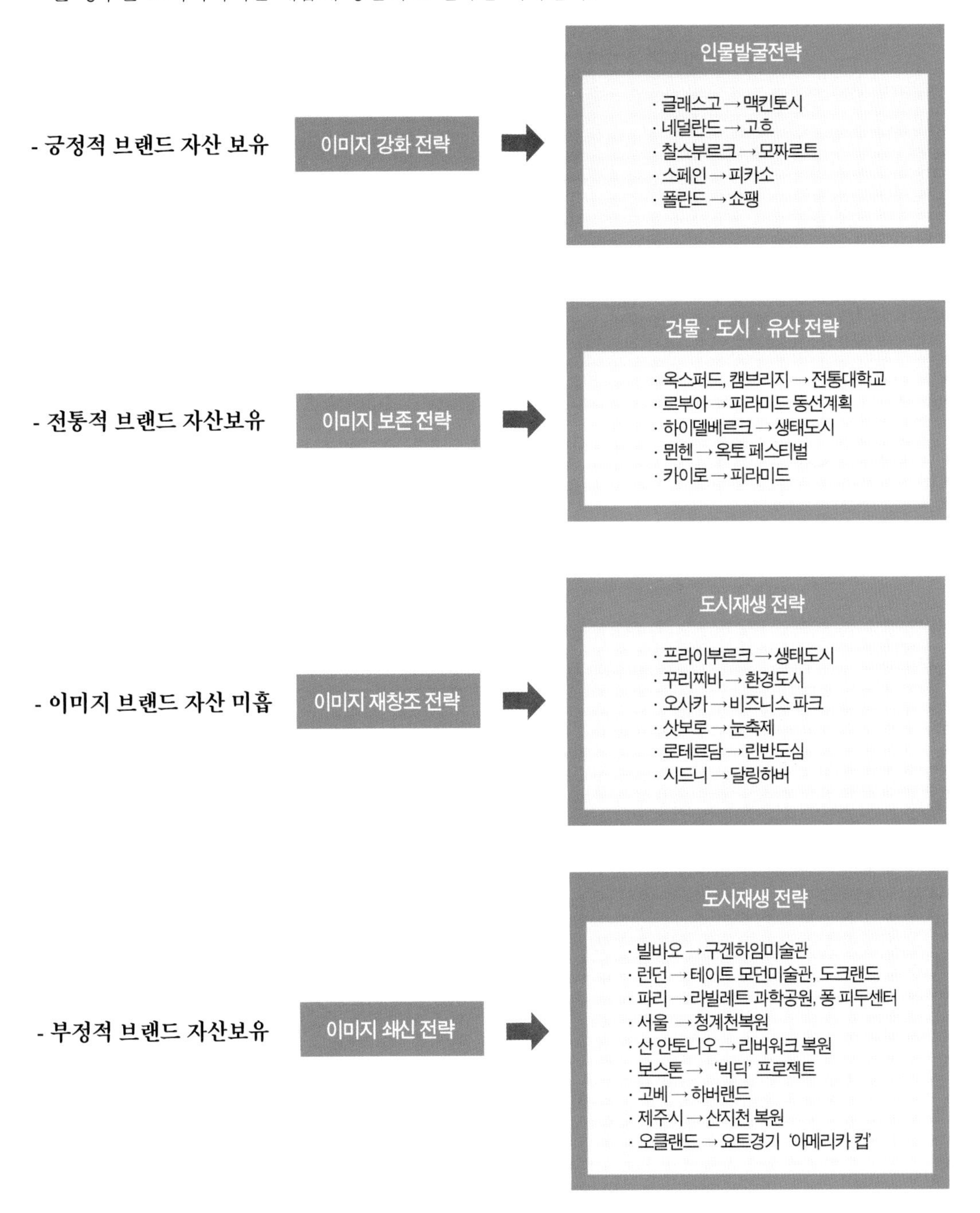

- **브랜드 자산부재**

이미지 창출 전략 →

랜드마크 전략

· 두바이 → 버즈알아랍
· 시드니 → 오페라하우스
· 오사카 → 유니버셜스튜디오
· 파주 → 헤이리 문화예술마을
· 베를린 → 소니센터
· 바르셀로나 → 가우디의 가족성당 등
· 시카고 → 시어스 타워
· 통영 → 국제음악제
· 싱가포르 → 레플즈센터

(2) 도시브랜드의 향상과 관리를 위한 도시마케팅 전략

· 장기적인 지역의 비전을 수입하라.
· 지역이 처한 상황을 정확하게 인식하라.
· 고객이 누구인지 분명히 설정하라.
· 고객의 요구에 맞추어 상품을 정비하라.
· 경쟁가자 누구인지 정확하게 파악하라.
· 차별적인 독특한 상품을 개발하라.
· 하나의 목소리를 내어라.

2장의 이야깃거리

1. 장소의 자산은 장소마케팅에 어떤 역할을 하며, 자산을 위해 어떤 내용을 분석해야 하나?
2. 장소 자산형성을 장소만들기(Place Making)과정으로 보는데 왜 그럴까?
3. 포스트 모더니즘 이후 장소만들기가 도시에서 중요한 정책목표 또는 계획철학이 되고 있다. 왜 그럴까?
4. Kotler의 장소자산 요소가 장소성과 어떤 연관을 지어 설명할 수 있는지 논해보자.
5. 장소성이란 무엇이며, 장소요소에 따른 장소자산을 분류해보자.
6. 장소가치 · 이미지가 장소마케팅 목표를 실현하는 과정을 차례로 이야기 해보자.
7. 우리나라 도시들을 대상으로 장소마케팅을 적용한다면, 어떤 계획과정을 거치는지 설명해보자.
8. 장소마케팅 프로세스에서 변화된 장소성 효과분석을 어떻게 하는지 고민해 보자.
9. 상품마케팅과 도시마케팅의 비교하여 설명하여보자.
10. 도시마케팅에서 시장세분화(Segments)의 기준과 내용에 대해 살펴보자.
11. 장소마케팅과 도시마케팅은 어떻게 다른지 이야기해보자.
12. 도시마케팅 전략은 어떤 프로세스를 거치는지에 대하여 이야기 해보자.
13. 도시 브랜드 자산에 따른 도시마케팅 전략은 어떻게 세워야 하는지 자산별로 논해보자.
14. 도시마케팅이 도시의 장소성에 미칠 영향력에 대하여 논해보자.
15. 도시재생에서 장소성을 찾기 위한 전략은?
16. 도시마케팅에서 마케팅믹스 전략에는 어떤 것이 있는지 살펴보자.
17. 표적시장(Target Marketing)의 설정이 무엇인지 이야기 하고 표적시장 설정시 고려사항에 대해 이야기 해보자.
18. 도시브랜드 자산에 따른 도시마케팅 전략은 무엇인지 이야기해보자.
17. 도시브랜드의 향상과 관리를 위한 도시마케팅 전략은 무엇인지 이야기해보자.
18. 서울의 도시마케팅 요소는 어떤 것들이 있는지 살펴보자,.
19. 포지셔닝이란 해당 도시가 방문객의 마음속에 어떻게 자리잡았는가를 나타내는 의미로 사용된다. 그렇다면 도시마케팅에서 포지셔닝이란 무엇을 고객에게 인식시키는 과정인가?
20. 도시재생전략으로서 이미지 쇄신마케팅을 한 도시를 열거해 보고, 어떻게 이미지를 쇄신했는지 이유를 생각해보자.

제3장
공공디자인을 통한 도시재생

1. 공공디자인이란?

1.1 공공디자인의 개요

· 최근 공공디자인은 도시의 얼굴을 바꾸는 수단으로서 도시공간을 아름답고 쾌적하게 만들어 인간중심의 도시로 변모시키는데 기여하고 있다. 공공디자인은 도시재생프로젝트에서 필수적으로 포함시켜 공적영역의 디자인을 수행하는 도구로서 역할을 하고 있다. 따라서 공공디자인은 공간을 주위환경과 다양한 활동(activity)에 맞게 연출하여 새로운 공간을 창출해내는 토양이 되고 있다. 이 같은 관점에서 공공디자인은 도시재생의 중요한 요소로 등장하고 있다.

1.2 공공디자인의 개념

· 공공예술은 'Public Art' 로서 대중을 위한 예술행위 일체를 지칭하는 언어이다. 공공미술은 공간디자인으로 해석하여 도시적 맥락에서 풀어 본 다면 다음과 같은 정의가 가능 할 것이다.

· 공공디자인이란 가로, 광장, 공원, 가로시설(street furniture), 오픈스페이스 등의 사람이 만든 환경과 하천, 호수, 산림 등 자연환경에 대한 계획과 행위를 의미한다. 공공디자인을 통해 도시민들의 정신이 고양되고 문화세계를 탐구하고 즐길 수 있도록 해야 하는 것이다.

· 공공디자인을 통해 도시의 얼굴이 은밀하게 드러나도록 해야한다. 도시는 공공이 즐기고 쉬는 공간이 있어야 사람을 위한 도시이고, 공공공간에 대한 디자인이 좋아야 좋은 도시라는 평판을 받게 되는 것이다.

2. 공공공간과 공공디자인

2.1 공공공간과 공공디자인의 개념

· 공공공간은 누구나 이용할 수 있는 공간이다. 시민들은 쾌적하고 아름다운 공공공간에서 보다 큰 즐거움과 편안함을 느낀다.

· 공공디자인은 공공미술이나 디자인을 공공공간에 입히거나 설치한 행위를 말한다. 가로의 공공시설물, 조형물, 벽화 등은 공공디자인의 구체적 표현물이다.

· 미술과 디자인이 공공영역과 접목되는 과정에는 크게 세단계를 거쳐서 흘러왔다. 건축속의 디자인 → 공공장소속의 디자인 → 도시계획속의 디자인로서 공공공간에 전파되었다.

그림 52〉 디자인이 건축, 공공장소, 도시에 접목되어 온 흐름

2.2 공적디자인(Public Design)과 사적디자인(Private Design)영역

· 공적디자인은 공공공간, 즉 광장, 공원, 도로, 공공시설물을 대상으로 하여 디자인 하게 된다. 따라서 사적공간의 주인 또는 소유주등의 개인을 상대로 하지 않고 여러 사람, 즉 불특정 다수를 위한 디자인 행위를 의미한다.

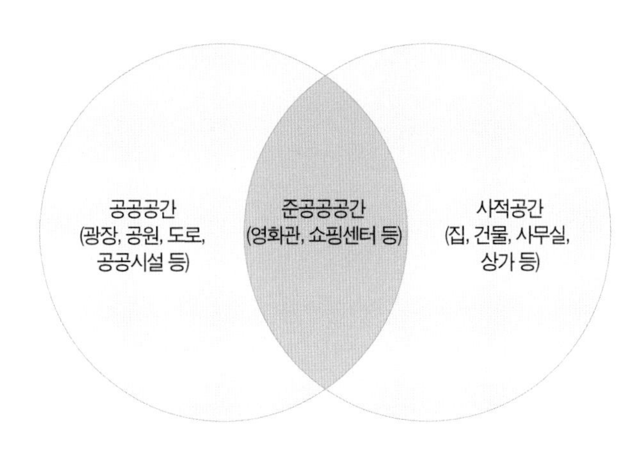

그림 53〉 공공공간, 준공공공간, 사적공간

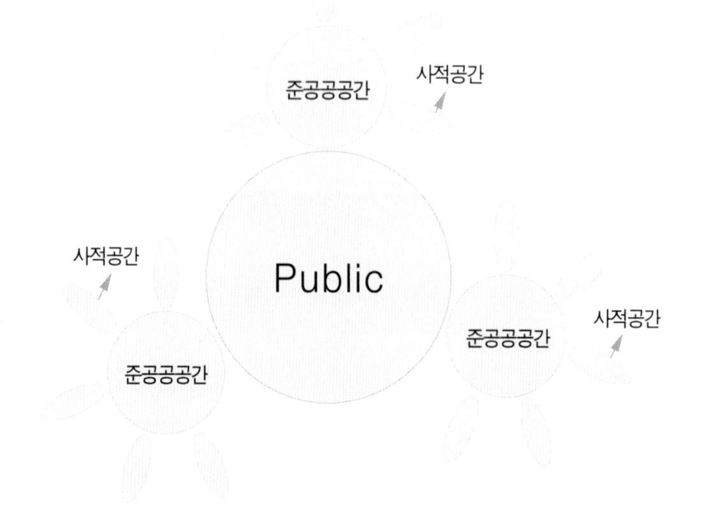

그림 54〉 주거단지에서 공적, 준공적, 사적공간

· 공적디자인의 대상은 공공시설물, 공공건축물, 공공공간, 공공시각매체가 된다.

그림 55〉 공공디자인의 대상

3. 공공성과 공공디자인

· 공공성은 주로 공공적 가치나 공공적 특성을 통해 그것이 지시하거나 공유하는 특정한 가치와 연관된다. 공공디자인은 공공적가치를 지향하며 추진하는 디자인을 의미한다. 공공디자인은 개인보다 공동체, 주관성보다 객관성, 사적인 것 보다 공공인것에 보다 주안점을 두고 이러한 가치를 추구해 나가는 디자인 활동으로 볼 수 있다.

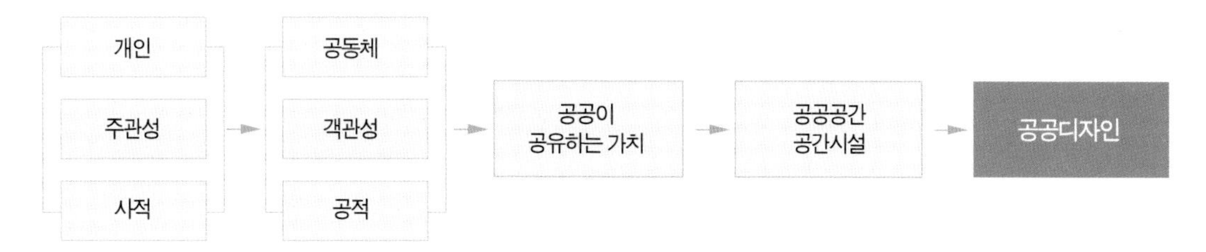

그림 56〉 공공디자인에 영향을 주는 가치

4. 현대미술과 디자인 패러다임의 변천

· 1900년대 초반부터 현대 미술사조와 디자인 사조의 흐름을 비교하면 미술사조 변천에 따라 디자인 사조도 변해왔음을 알 수 있다. 미술이나 디자인 모드 근래에 들어서면서 다양성, 사회성, 공공성의 가치를 반영하는 스타일로 변모되고 있다.

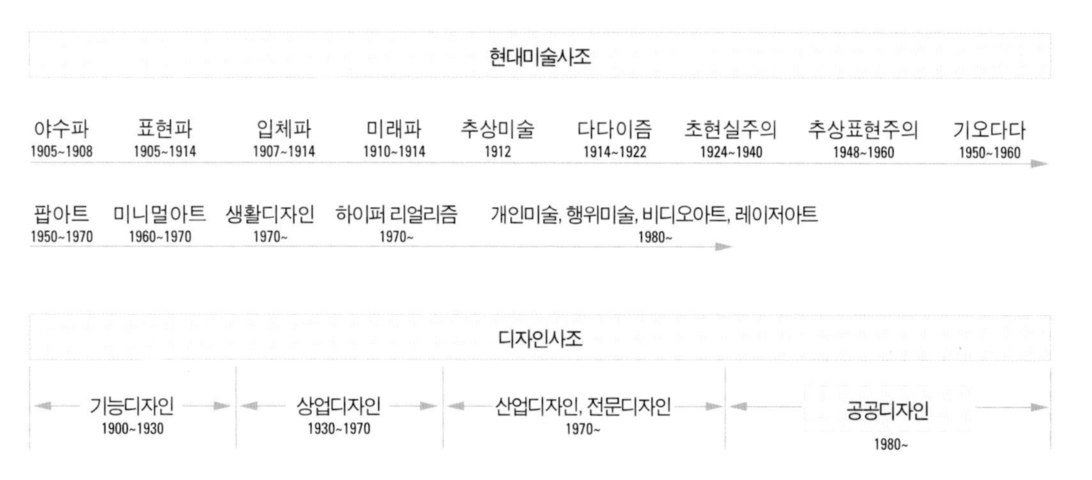

5. 예술사조와 도시건축 · 공공디자인

5.1 모더니즘 예술, 도시건축

· 오늘날 공공디자인은 여러 사조들이 융합되어 만들어낸 디자인 형태로 볼 수 있다. 이전 공공디자인의 저변에는 아방가르드 모더니즘, 포스트 모더니즘을 비롯한 뉴어바니즘 등의 사조가 깔려있다.

· 모더니즘은 19세기 말엽에 생겨난 인간과 인간의 삶에 대한 새로운 견해나 이론을 심미적으로 표현하려는 시도라고 볼 수 있다. 모더니즘 예술의 출현은 사실주의, 인상주의, 입체주의라는 예술적 장르를 내장하고서 예술 역사의 새로운 시대를 열었다. 그 후 모더니즘 예술은 표현주의, 다다이즘, 초현실주의를 포괄하면서 한 단계 더 나아가게 된다.

· 모더니즘 건축은 다양한 건축양식, 디자인 스타일을 포함한다. 모더니즘 건축은 오늘의 혼돈된 건축과 도시가 되기까지의 과정을 담고 있는 일종의 백화점과 같은 건축사조이다.

그림 57〉 모더니즘 예술사조와 모더니즘 도시건축

5.2 포스트모더니즘과 공공디자인

· 포스트모더니즘에 들어와(1980년 이후 시기) 공공디자인이 설 땅을 차지하게 된다. 1980년대 이후 이루어진 공공디자인은 대부분 포스트모더니즘 풍의 디자인 기법을 사용하였다. 공공디자인은 포스트모더니즘을 그 기본정신으로 하여 도시를 개성화, 특성화, 정체성화 시키려는 움직임에서 재조명 받고 일어난 시대적 흐름이다. 도시마다 역사와 전통을 토대로 하여 그 도시에 고유한 공공디자인을 만들어 내고자 한 것이다. 이 같은 움직임에 의해 가장 먼저 장식적 디자인이 다시

일어나기 시작했다.

· 이 같은 맥락에서 행위, 참여, 복고, 절충, 관념, 감각, 차용, 다양, 과정 등 포스트모더니즘 예술의 근간들이 오늘의 공공디자인 요소(속성)인 환경, 이벤트, 복합, 커뮤니티, 역사, 장소, 맥락, 복고, 절충 등에 깊은 영향을 미치고 있다고 하겠다.

그림 58〉 포스트모더니즘 예술사조와 포스트모더니즘 공공디자인

5.3 공공디자인을 통한 도시재생과정

· 공공디자인이 도시재생과 연결 고리를 갖는 방법은 크게 장소성과 정체성 연출을 통해 이루어진다. 장소성 연출을 통한 도시재생과정을 살펴보면 우선 장소나 지역의 공간역사, 사건 기억을 재현하거나 공간의 문화유산 등에 스토리텔링을 접목시켜 장소성을 발굴한 다음 공공디자인을 통해 공간을 재생한다. 공간재생은 주변 도시환경의 질을 전반적으로 향상 시켜 도시재생을 실현하게 된다. 도시재생이 성공적으로 이루어지면 삶의 질이 향상되어 도시경쟁력이 강화되게 된다.

6. 공공디자인을 통한 도시재생사례

6.1 요코하마의 공공디자인 정책

(1) 도시디자인 사업

· 1960년대 말부터 종합적인 도시만들기를 시작하였으며, 요코하마시가 도쿄의 베드타운으로 전락할 것이라는 위기감에서 도시디자인 정비를 시작하였다. 지난 40년간 도시디자인과 관련된 1000여개의 프로젝트가 일관된 정책기조로 진행되었다.

· 공적사업의 프로듀스로 국가, 공단, 시 등 다양한 공적단체에 의한 기반시설 정비하였다.(도심부 재정비, 가나자와 근처 매립정비사업, 베이 브릿지 건설사업, 코호쿠 뉴타운 건설사업 등)

· 민간사업을 규제와 동시에 장려하였다. 이는 주택지 개발 시 도로, 공원, 학교용지 등의 제공을 의무화하여 양질의 개발을 도모할 수 있는 다양한 규제유도 시스템이 있다.

· 요코하마만의 특징이 있는 도시공간을 조성하기 위해, 다양한 공적, 민간사업을 지구마다의 디자인 이념에 따라 종합적으로 추진하였다. 1971년 일본 최초로 도시디자인 전문팀을 설치하여 활동하기 시작하였다.

(2) 도시디자인의 활동 목표

· 요코하마의 개성 있는 도시공간의 형성을 목표로 두어 7가지 가이드라인을 제시하였다.

- 안전하고 쾌적한 보행공간의 확보함
- 지역의 역사적, 문화적 자산을 중요시함
- 바다, 강 등의 수변공간을 중요시 함
- 형태적, 시각적 아름다움을 추구함

- 지역의 지형과 식생 등 자연적 특성을 중시함
- 오픈 스페이스와 녹색을 풍부하게 함
- 사람들이 소통할 수 있는 커뮤니케이션의 장을 늘림

· 인간적 도시, 과거와 미래가 공존하는 도시공간의 창조를 목표로 설정하였고, 이에 색채 선호도 조사, 경관의식 조사, 공청회, 시민협의 등을 통해 시민의 이해와 참여를 유도하였다. 바샤미치 지역의 재정비에서는 디자인 전문가, 상점주인, 도시디자인팀이 3자 협의체를 구성하였다.

· 경관을 해치는 건축물에 대해서는 주민이 자발적으로 제재하여 각 지역별로 시민과 협동으로 경관협정을 수립하였다.

(3) 도시디자인을 통한 도시재생 사업의 사례

① 도시디자인 활동의 최초 사례: 간나이 지구

· 2차 세계대전의 대공습에 의해 파괴되고, 10년 이상 미군의 주둔으로 과거의 매력과 활력을 잃어버린 지역이었다. 이 지구의 재구축에 도시디자인적 수법을 집중적으로 실시하였다.

· 처음에는 산책로 정비와 광장정비, 이러한 산책로와 광장에 면한 지구의 건축군의 경관 유도를 시도하였다.

· 쿠스노키 광장 정비
- 시청사 옆 도로를 심볼릭한 보행전용도로로 개조함
- 20여년 동안 주변 건축물군의 경관유도(색채 등)를 실시함

· 도심산책로
- 3개의 철도역에서 요코하마항에 면한 야마시타 공원으로의 보행자루트를 설치함

· 오도오리 공원정비
- 고속도로 건설예정지였던 것을 다른 위치로 변경하고 새로운 보행자축으로서 공원을 정비함
- 유명한 디자이너 등에 의해 구성된 설계위원회에 의해 새로운 디자인을 도입함

· 야마시타 공원 전면지구 경관유도
- 건축부지 중에서 풍부한 보행자공간과 광장공간을 제공하도록 하는 가이드라인에 따라 경관을 유도함
- 건축물의 벽면색채의 유도와 옥외광고물의 규제 등을 실시함
- 경관을 성공적으로 유도할 수 있었던 것은 요코하마시의 도로부서, 가로수정비 부서와 건축허가 부서 등이 연대하여 사업을 추진하였기 때문임

그림 59〉 요코하마 야마시타 공원

② 기타사례

· 모토마찌 상점가

- 모토마치는 30년의 기간에 걸쳐 적정한 도로 공간의 확보와 쾌적한 보행공간을 마련하기 위하여 도시가꾸기 협정 추진 사업과 도로공간 정비사업 등의 종합적인 관점에서 계획됨

· 오산바시 국제여객선 터미널

- 요코하마항의 대표적인 부두로서 21세기 국제여객수요에 대응하고, 많은 시민들에게 항구와의 친근감을 주기 위해 상징적인 디자인과 함께 새롭게 정비되었음

(4) 문화예술 · 관광진흥에 의한 도심부 활성화

· 문화예술 · 관광진흥에 의한 도심부 활성화를 목적으로 2003년 전문가로 구성된 '문화예술 · 관광진흥에 의한 도심부 활성화 검토위원회' 를 구성하였다. 문화예술 · 관광을 키워드로 한 요코하마다운 도심비젼을 새로이 구축하고 도심부의 활성화를 도모하였다.

· 도심부 활성화를 위해 '문화예술' 을 택한 이유는 다음과 같다.

그림 60〉 오산바시 국제여객선 터미널 옥상정원

그림 61〉 요코하마 도심 비전

- 문화예술을 통해 요코하마 도심의 독자적 질을 높이는 것이 가능함
- 시민과 기업이 도시의 문화예술을 지원하므로 도시활동이 활성화 될수 있음
- 요코하마 도심부의 역사적, 문화적 토양을 살리는 것이 가능함

① 문화예술창조도시- Creative City YOKOHAMA

· 사람의 창조성을 활용한 마찌츠쿠리로써 시민생활의 질을 높이는 것을 목표로 하는 새로운 도시 만들기이다.

· 창조성이 넘치는 감동을 낳는 도시조성을 위한 방침은 다음과 같다.
- 요코하마시가 가지고 있는 힘을 활용함
- 질 높은 매력적인 공간을 갖춤
- 예술 및 창조적인 활동을 만들어 냄
- 시민 및 산업의 새로운 활동을 일으킴

그림 62〉 창조성에 의한 도시재생 비전

② 문화예술에 의한 활성화 효과

· 문화예술에 가까워지는 환경이 형성됨과 동시에 활동하는 사람들의 가치 실현에 연계되어 방문객이 증가하고 교류가 일어나 도시활동이 활발하게 된다. 또한 관련 산업의 집적 등 새로운 전개를 연쇄적으로 만들어내는 것이 가능하게 된다.

예술가의 활동공간 확대	· 연습공간, 교류공간을 증대시킴 · 역사적 건조물 등을 활용한 예술가의 활동공간 만들기
엔터테인먼트 시설 및 관련산업 유치	· 미나토미라이 21지구 King축 주변에 시설 유치 추진 · 임대스튜디오 및 연습장, 발표공간 등을 갖는 시설(시민예술촌) 유치 진행
기존 문화예술자원 활용	· 미술관, 화랑 등 기존시설의 네트워크화 도모 · 트리엔날레, 영화제 등 문화적 이벤트를 도심부 전체에서 전개

그림 63〉 요코하마 도심부 활성화 전략 방침

③ 활성화 지원 방책

· 시민 및 민간단체와의 연계를 중심으로 행정적 지원을 하며, 문화예술 · 관광진흥을 중점적으로 전개하는 지구에서 규제완화 및 기타지원 조치를 행하는 요코하마형 특구를 활용한다.

City Promotion	· 시민과의 합동에 의해 요코하마 관광 프로모션포럼(가칭), 정보발신거점의 설치 및 운영
엔터테인먼트 시설 및 관련산업 유치	· 전략 Zone의 설정, 중정지구에서 조기 사업 전개, 도심부에서 양호한 경관유도
기존 문화예술자원 활용	· NPO 등에 의한 운영 및 사업실시 추진, 토지활용촉진 아이디어 모집

그림 64〉 요코하마 도심부 활성화 지원 방책

6.2 로테르담 공공디자인 정책

(1) 로테르담의 개요

① 지정학적 위치

· 네덜란드는 북해에 면한 유럽 북서부에 위치하고 있으며, 로테르담은 조이트 홀란트 주 라인강 마스강 양 하구에 위치, 네덜란드 제2의 도시로 유럽최대의 무역항이다.

② 도시활성화 관점

· 2차 세계 대전 시 도시 전체가 독일의 폭격을 받아 건물과 항구가 황폐화되어, 전쟁 후 항구의 재

생과 확장이 우선시되어 행해졌으며, '도시기본계획' 이 도시재생의 틀 역할을 하고 있다.

· 1970년대 들어서도 도시활성화 정책으로 도시의 오랜 지구에서 대규모 도심재개발 사업이 이루어지기 시작했다.

(2) 로테르담의 문화도시 정책

① 문화복지적 관점

· 공공재로서의 문화복지 서비스를 제공하여 지역주민들의 문화권리(Cultural Right)를 실현하고자 하며, 문화복지서비스는 지역이나 계층에 구애받지 않고 누구나 동등하게 누릴 수 있도록 문화적 형평성을 추구한다.

② 도시활성화 관점

· 문화친화적 도시건설로 '지속 가능한 도시발전' 을 추구하고, 장기적으로 창조성을 높여 도시생산성 증대를 꾀하며, 지역 내로의 투자유도, 고용 및 직업창출, 소득 효과, 관광자원 효과 등으로 인해 지역경제 발전을 목표로 한다.

(3) 특정적인 문화도시 추진전략

① 문화시설을 포함한 복합개발 전략(the mixed-use development)

· 상업시설이나 주거시설 외에도 문화시설에 관한 계획을 포함하는 접근적 전략으로 문화시설은 지역주민의 문화생활 공간으로 활용될 뿐 아니라 개발지역의 상업시설과 연계되어 지역경제를 활성화하는 기능도 수행하게 된다.

② 도시문화전략으로서 '장소마케팅'

· '물의 도시(Water City)' 라는 주제로 광범위한 도심재활성화 계획을 추진하였고, 텅빈 해안지역을 문화적, 오락적인 어메니티를 지니는 장소로 재이용하며, 공업도시 이미지를 개선하고자 한다.

③ 고층 건물 정책 (2000-2010)

· 마스강을 기점으로 구시가지에 새로운 컨셉의 조화로운 고층건축물들을 유치하여 국제적 상업 및 건축문화도시로 발전시켜나간다.

④ 문화트라이앵글 사업(Museumpark Rotterdam)

· 현대예술박물관, 새로운 국립건축원, 새로운 예술전시관 등 주변지역의 '문화의 트라이앵글' 사업을 추진하였다. 도시개발계획의 일환으로 외국의 건축가 및 네덜란드의 신예건축가를 기용한 문화프로젝트의 성격이 강하였다.

(4) 문화도시 추진과정에서의 주체별 역할

① 공공의 역할

· 공공디자인 정책

- 문화육성 정책에 많은 투자를 하고 있으며, 특히 외국 이주민들의 고유 전통과 문화를 계승 · 발전에 정책적 지원을 함
- 분명한 예술적 비전을 가진 문화적 프로그램을 개발하고자 전문적이고 창조적인 팀을 찾아서 지원함

· 관광 및 마케팅 정책

- 87년 'Revitalizing Rotterdam' 을 선언하며 문화와 관광, 레저 요소를 도시의 건설을 시작함
- 91년 'Rotterdam City Development Corporation을 설립하여 관광 관련상품개발, 이벤트, 마케팅에 관한 업무를 담당함

② 민간의 역할

· 공공의 적극적 투자를 바탕으로 예술적 자율성과 미적 완전성, 새로운 정체성의 구축을 추구하였다.

③ 전문가의 역할

· 도시 디자인적 요소의 강조, 전통과 현대의 조화, 친환경적인 공간 배치를 통해 문화도시를 실현하고자 하였다.

(5) 문화도시 로테르담의 도시디자인 사례

① 큐브하우스(Poalwoningen)

그림 65〉 큐브하우스

· 1984년에 지어진 피엣 블롬이라는 건축가가 오랫동안 생각해온 꿈을 실현한 집합주택단지이다. 균일한 입방체로 이루어진 독특하고 조형적인 형태로 한 입방체가 한 가구를 이루고 있다.

그림 66〉 라인반 길

· 연필로 표현된 높은 타워빌딩과 나무라고 불리는 아파트 주거동의 어울림은 특수한 연극의 무대와 같은 풍경을 제공하며, 화려하고 밝은 단색 처리를 통해 현대적인 디자인 감각이 돋보인다.

· 풍부한 드라마를 연출하는 것 같은 분위기를 주며 신선한 하나의 건축적 실험으로 의의가 크다.

② 라인반 길(Lijnbaan)

· 1954년에 계획된 라인반 길은 유럽 최초의 차량통행이 전면 금지된 보행자용 도로로 조성된 길로 2차 세계 대전 후, 시내 중심부에 차량의 통행을 막고 시민을 위한 휴식공간을 배려한다는 발상은 매우 획기적인 것이었다.

· 넓은 규모의 쇼핑과 휴식공간을 형성하여 공간을 창조함으로써 종합적 환경디자인 계획을 완성하였다. 길 주변의 상점들과 화단, 환경구조물 등의 조화가 매우 아름다워 세계대전 이후 네덜란드에 세워진 가장 유명한 작품으로 평가 받고 있다.

③ 카페 드 윈네(Cafe De Unie)

· 드 스틸은 모드리안의 회화 작품으로, 1917년~1931년까지 네덜란드를 중심으로 전개된 디자인 운동이다. 예술가들은 흑과 백, 사각형과 직선, 그리고 삼원색으로 세상의 모든 원리를 표현하고자 하였다.

· 까페 드 윈네는 드 스틸 운동을 대표하는 카페로 1925년 완공 이후 1940년 철거되었다가, 1986년

예술 후원회의 도움으로 복원되었다. 기하학적 면구성과 3원색의 조화가 평면으로 이루어져 건물 정면에 도입됨으로써 각 색채의 비율과 불규칙한 구성이 변화와 동시에 짜여진 질서를 표현하였다.

· 외관의 볼륨보다는 문자의 그래픽과 색채 등 시각적인 표현요소가 더욱 부각되었으며, 고전적인 빌딩 사이로 밀어 넣은 원색의 현대적인 건물 외관이 하나의 신선한 자극으로 평가되어 화제가 되었다.

6.3 뉴욕의 공공디자인을 통한 도시재생 사례

(1) 민간이 주도하는 도시디자인

· 순수 민간 디자인단체가 자율적으로 도시디자인을 주도하고 정부가 지원하는 형식이다.

· Design Trust for Public Space

- 1995년 설립된 뉴욕의 비영리기구로 시민에게서 디자인 개선방안에 대한 제안을 공모하고 공공기관, 전문가들과 협력 체계를 구축한다.

그림 67〉 Time Square

그림 68〉 High Line

- 2005년 지속가능한 뉴욕시 프로젝트를 실시하였다.
- 2006년 뉴욕시 택시디자인 등을 진행시켰다.

· 하이라인 친구들 "Friends of the High Line"

- 맨해튼 미드타운 지역의 폐선된 고가철도 하이라인을 생태공원화 하기 위해 1999년 결성된 시민조직이다.
- 뉴욕시와 협력하여 디자인 계획수립과 기금마련 운동을 전개, 2006년 4월 생태공원화 공사가 시작되어 2008년 완공되었다. 미드타운 인근의 유일한 오픈스페이스로 역할하고 있다.

· 미트 패킹 지역 살리기 모임 "Meatpacking District Initiative"

- 대형 육가공업체와 정육점들이 모여 있는 미트패킹 지역만의 분위기를 유지하기위해 2003년 지역상인들이 결성하였다.

그림 69〉 Meatpacking district

- 정육점, 명품샵, 갤러리, 고급레스토랑 등이 공존하는 특이한 경관과 분위기로 과거의 빈민가가 맨해튼에서 가장 매력적이고 트렌디한 거리로 부상하였다.

(2) 하이터치 로테크의 디자인

· 기술보다는 감성적 접근을 통해 문화를 심어가는 '하이터치 로테그(high Touch-Low Tech)' 의 도시디자인을 지향하였다. 부수고 새로 짓는 도시디자인은 거부하고 오래된 시설과 장소의 역사성을 보존하면서 내부는 새로운 기능의 공간으로 변화를 도모하였다. 겉으로는 화려해 보이지 않으나 깊은 내용을 갖춘 성숙한 개념의 디자인을 추구하였다.

· 첼시 마켓(Chelsea Market: 1890년대의 과자공장이 새로운 문화공간으로 재탄생)

· 건물의 외관은 그대로 둔 채 28개의 공장벽을 허물어 하나의 공간으로 잇고, 곳곳에 과거 산업시

그림 70〉 Chelsea Market

대의 흔적을 남겼다. 최상급 식재료상과 레스토랑, 푸드 네트워크, 메이저리그 본사, 마이클잭슨 전용스튜디오 등이 함께 입점하고 있다.

6.4 서울시 공공디자인 정책

(1) 디자인 서울의 기본 전략

· 디자인 서울의 4대 기본전략은 '비우는 디자인 서울', '통합 디자인 서울', '더불어 디자인하는 서울', '지속가능한 디자인 서울'을 지향 · 실천한다.

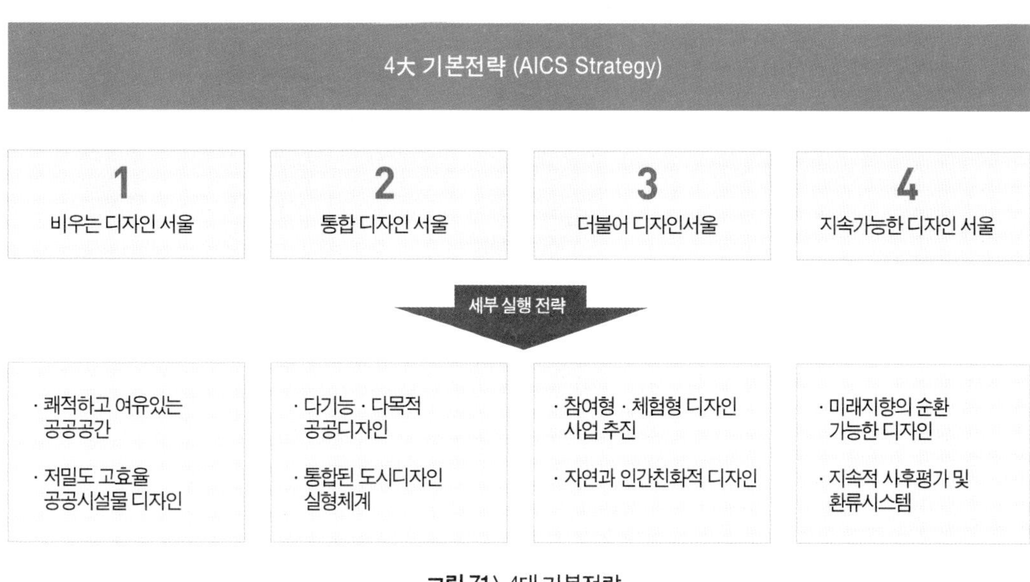

그림 71〉 4대 기본전략

(2) 서울시 공공디자인 가이드라인의 원칙

① 서울시 공공공간 가이드라인 10원칙

공공공간 가이드라인 10원칙
1. 좁은 보도에는 시설물 최소화
2. 턱이나 돌출 시설물은 제한
3. 육교 · 지하도를 횡단보도 위주로 개선
4. 버스정류장 내 시설물 설치 제한
5. 자전거도로는 연속적으로 설치
6. 현란하고 과도한 디자인은 배제
7. 일률적인 가로수 심기는 개선
8. 도시내 녹지면적 확보
9. 무분별한 시설 · 조형물 제한
10. 방음벽 · 옹벽 · 캐노피[덮개]제한

② 서울시 공공시설물 가이드라인 10원칙

공공시설물 가이드라인 10원칙
1. 기능을 우선시 하는 디자인
2. 크기와 형태의 최적화, 시설물 통합
3. 시각적, 심리적 개방감 확보
4. 도로 점유면적 최소화로 보행공간 확보
5. 재료 자체의 색 활용
6. 친환경, 내구성의 지속가능한 디자인
7. 안전성과 인체공학을 고려한 디자인
8. 교통약자를 배려한 디자인
9. 단순성과 결합성을 바탕으로 표준화
10. 마감부위 미려하게 설치

③ 서울시 공공시각매체 가이드라인 10원칙

공공시각매체 가이드라인 10원칙
1. 정보의 우선순위 고려 통합설치
2. 시인성과 가독성 확보
3. 교통약자, 노약자를 배려한 디자인
4. 강렬한 색채로 시각적 혼란 제한
5. 시야를 방해하지 않도록 설치
6. 새 주소체계 적용
7. 국제표준 픽토그램과 다국어표기 체계정립
8. 서울서체, 서울색 적용
9. 표지판 등의 지주 지상노출 제한
10. 표지판 후면 마감부위 미려하게 설치

④ 서울시 옥외광고물 가이드라인 10원칙

옥외광고물 가이드라인 10원칙
1. 업소당 간판 총수량 최소화 (1업소 1간판 원칙)
2. 권역별 특성을 고려하여 적용
3. 건물을 점유하는 면적 제한
4. 핵심적인 내용을 간략하게 표기
5. 주변환경과 조화
6. 시인성, 가독성을 위한 여백 확보
7. 입체문자형 간판 권장
8. 개성적, 서체사용 권장
9. 색채 절제 및 서울색 활용
10. 아름다운 조명 연출

3장의 이야깃거리

1. 공공예술(Public art)과 공공디자인(Public design)은 무엇이 다른가?
2. 왜 우리나라 도시에서는 공공예술을 공공디자인이라고 부르는지 그 어원을 살펴보자.
3. 공공디자인의 대상에는 어떤 것들이 있는지 살펴보자.
4. 공공디자인에 영향을 주는 가치에 대해 고민해 보자.
5. 현대미술사조를 음미하면서 공공예술에 미친 영향이 있는지를 살펴보자.
6. 도시를 리모델링할 때 공공디자인의 계획요소는 왜 중요한지 논해보자.
7. 도시이미지 향상에 있어서 공공디자인은 어떠한 의미를 가지는가?
8. 디자인 사조를 보면서 언제부터 공공디자인에 관심을 가지고 부각되었는지 고민해보자.
9. 친환경도시, 생태도시, 녹색도시의 공공디자인의 적절한 유형에 대하여 이야기해보자.
10. 기존의 도시들이 공공디자인에 의한 도시재생을 할 때 어떤 계획요소, 정책, 전략이 우선적으로 고려되었는지 이야기해보자.
11. 포스트모더니즘 속의 공공디자인에는 어떤 속성(또는 유형)들이 있을까?
12. 포스트모더니즘 공공디자인 속에서 맥락성, 복고성, 전통성, 절충형 디자인의 의미와 차이점은 무엇인가?
13. 모더니즘 예술사조와 모더니즘 도시건축에 관계를 이야기해보자.
14. 공공디자인의 어떤 요소를 통해 도시재생을 하는지 설명하여 보자.
15. 문화 · 예술 프로젝트에 의한 도시재생 사례를 통해 우리나라에 도입시 반영할 수 있는 시사점에 대해 이야기해보자.
16. 도시 재생시 문화, 예술프로젝트가 왜 중요한지 논해보자.
17. 요코하마 도시디자인의 정책목표는 무엇인지 살펴보자.
18. 문화예술 · 관광진흥에 의한 도심부 활성화를 위해 필요한 것은 무엇인지 이야기해보자.
19. 요코하마의 'Greative City YOKOHAMA(문화예술창조도시)' 가 어떻게 도시재생에 기여했는지 살펴보자.
20. 재개발 단지를 생태적요소를 고려하여 계획한다면 어떤 요소들이 계획 및 설계단계에서 포함되어야 할까?
21. 요코하마 도심부 활성화 지원 방책에 대해 이야기 해보고 우리가 배워야할 시사점은 무엇이 있는지 생각해보자.
22. 로테르담의 도시디자인 사례에서 공공디자인 요소는 어떤 것인지 살펴보자.
23. 문화도시 추진과정에서의 주체별 역할에 대하여 이야기 해보자.
24. 뉴욕의 공공디자인 사례를 열거하고, 뉴욕의 도시재생사업 중 어떤 공공디자인 요소가 접목되었는지 살펴보자.
25. 뉴욕의 도시디자인 전략에서 '하이더치 로테크(High Touch-LowTech)' 접근방식이란 무엇인지 설명해보자.

제4장
복합용도개발을 통한 도시재생

1. 복합용도개발(Mixed Use Development) 도시

1.1 복합용도개발로의 전환

· 우리가 살고 있는 도시는 포스트모던속의 복합화 · 융합화된 도시이다.

· 포스트모던도시는 다결절 구조, 융합, 관민 파트너쉽, 다양한 도시 활동 등으로 특징 지을 수 있고, 가장 큰 특징은 도시의 토지이용 용도간의 복합화이다.

· 종전의 단일품종의 대량생산체계가 다품종 소량생산체계로 바뀜에 따라 도시 내 산업시설이 환경친화적으로 변하여 산업, 서비스, 주거 기능이 도시 내에서 공존이 가능하게 된 것이다.

표 29〉 모던도시와 포스트모던도시의 특징

모던도시	포스트모던도시
· 소수의 결절점 · 단일용도 · 관주도 · 동질적인 도시 활동 · 단일 품종 대량생산 체계	· 다극화된 여러 개의 결절점 · 융합 및 복합용도 · 관민 파트너쉽 · 다양성 있는 도시 활동 · 다품종 소량생산 · 다양한 사회계층혼합(Social Mix)

· 포스트모던도시의 과제는 용도와 용도, 기능과 기능, 주체와 주체, 건축과 도시, 공공과 민간간의 복합화를 어떻게 이루어나가느냐 하는 문제에 대해서 구체적인 방법론을 제시해야 한다.

· 복합용도개발은 주거, 상업, 업무 등 다양한 기능요소들이 서로 연계되어 복합적 활동이 일어나도록 구성하는 복합건축물, 또는 건축물군이라 할 수 있다.

· 제이콥스(Jacobs, 1969)는 가로활성화를 위해 상업기능이 집중되어야 하고, 다양한 건물 군이 배

표 30〉 무엇이 복합개발을 부추기나?

도시의 주요거점	· 도시의 균형촉진 등으로 주요거점 개발의 필요성 대두 · 주요역세권의 도시거점으로 부상 · 주요거점의 복합적 토지이용으로 효율성 증대 · 역사 · 문화 및 정보의 교류 거점화 · 상업 · 문화 · 교류 등의 여러 기능을 도입하여 활기 있는 도시 공간 형성
지방정부	· 압축도시 등 토지이용의 고도화에 대한 시민적 요구에 대응 · 광역인프라 구축의 기회로 활용 · 문화시설확충의 계기 마련 · 랜드마크 건물 등을 구축하여 도시이미지 제고 기회 · 다양한 계층과 조직이 참여하여 협력체계를 구축하는 개방형 도시정비계기를 마련
기업	· 개발비용 및 운영비 절감 · 대규모 복합공간이 구축됨으로써 집객효과 · 안정적 수익창출 · 공간의 효율적 이용 · 이동거리가 짧아 수송 및 물류비용 절감

치되어야함을 역설하였으며, 그는 도심이 매력을 지니려면 용도가 복합화 되어 있는 장소로 조성되어야 한다고 주장하였다.

1.2 복합개발의 입지별 개발접근 방법

· 제대로 활용되지 않는 공간을 고밀 개발하여 토지이용의 효율성을 높인다.

· 다양한 계층의 사람들과 조직이 협력체계를 구축하여 합의를 이루어내는 개발방식으로 가야 한다.

· 도시의 맥락과 조직과 조화롭게 개발되면서 도시환경의 질을 높일 수 있도록 해야 한다.

· 역사 · 문화가 숨 쉬면서 장소의 정체성을 만들어 내는 복합개발이 되어야 한다.

· 도시민들의 다양한 욕구와 시대정신(포스트모더니즘 등)을 담아내는 도시의 거점으로 만들어야 한다.

1.3 복합용도개발의 의미

(1) 복합화의 의미

- 연관성 있는 인프라 · 시설 · 기능 · 기술 · 소프트를 결합 상승효과를 통한 효율을 극대화
- 도시적 의미: 주변을 포함한 여러 도시기능과의 연관성을 가지는 것을 파악

(2) 도시에서의 복합

- 건축적 측면에서의 복합: 수용된 개별 기능이 결합된 형태
- 도시적 측면에서의 복합: 주변을 포함한 여러 도시기능과의 연관성을 가지는 것을 파악

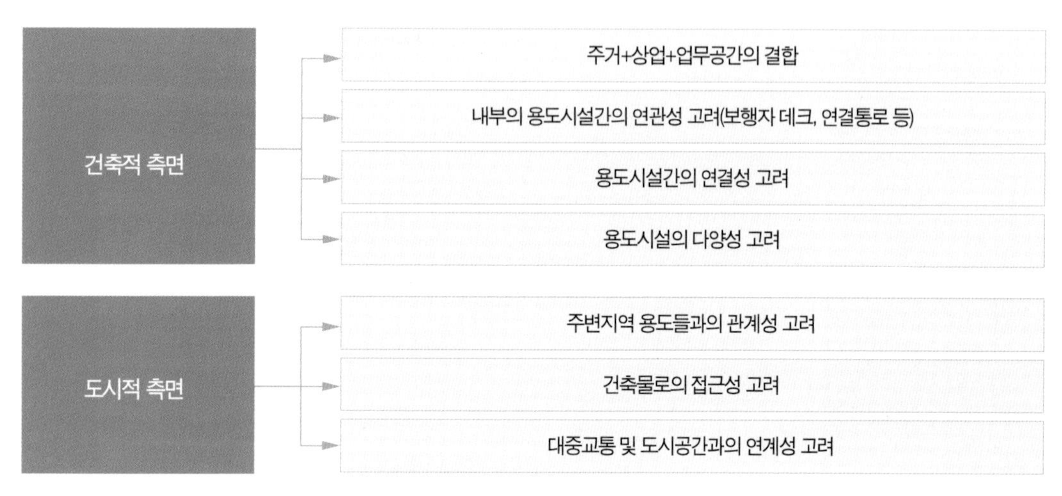

그림 72〉 도시환경에서의 복합용도개발

1.4 복합용도개발의 개념변화

· 기존에서는 단일용도, 소수의 주체를 위한 개념이였다면 현재는 다수의 용도, 다수의 주체를 위한 개념으로 변화하고 있다.

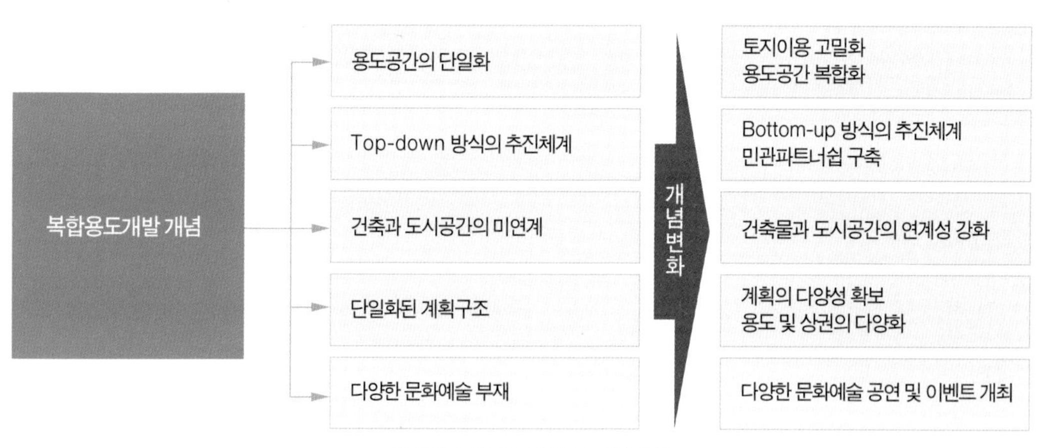

그림 73〉 복합용도개발의 개념변화

1.5 복합용도개발의 요인

그림 74〉 복합용도개발의 요인

2. 복합용도개발의 효과

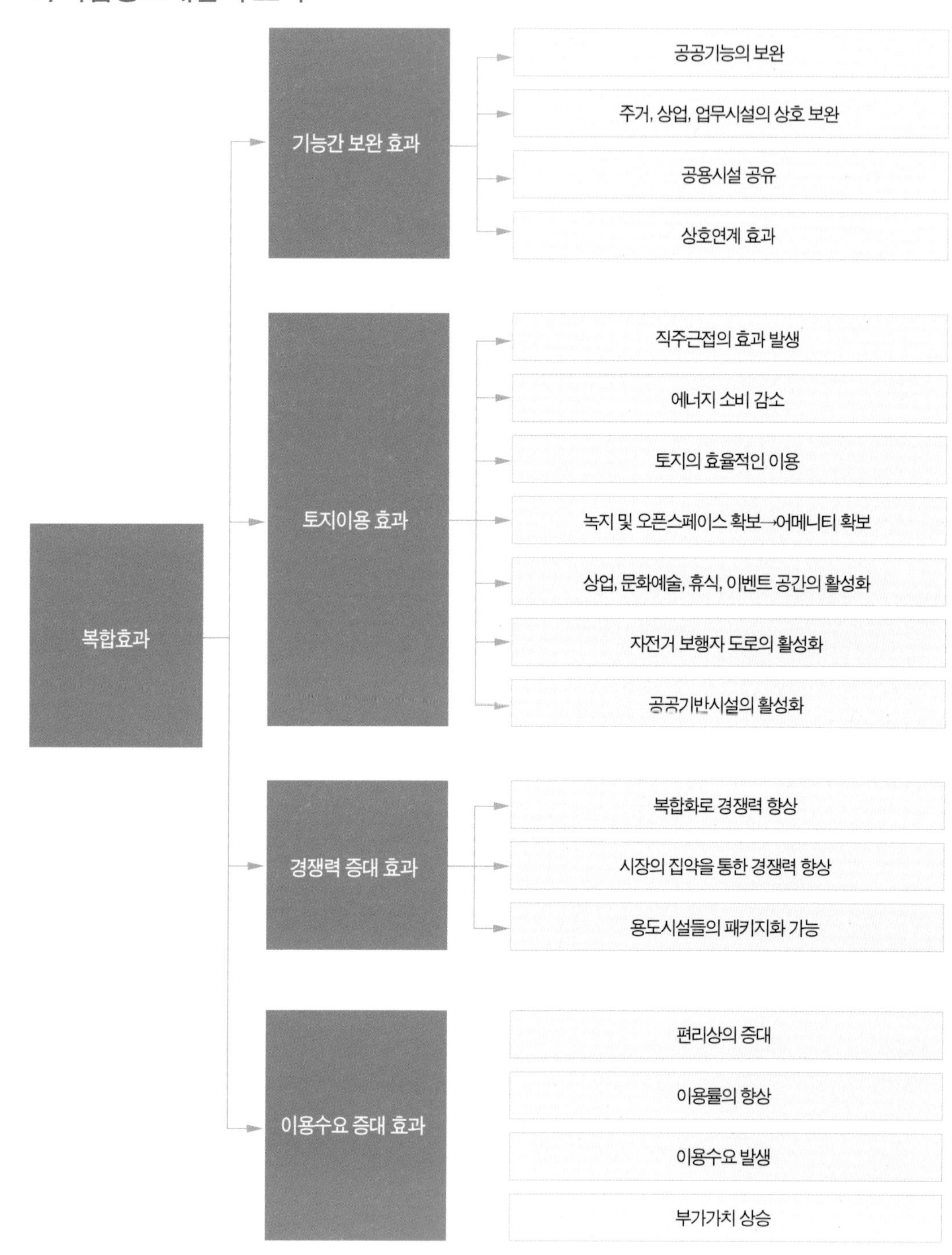

그림 75〉 복합용도개발의 효과

3. 복합 도시개발 사례

3.1 마루노우치

(1) 개요

- 위치: 도쿄 치요다구의 동경역과 황궁사이에 위치
- 버블경제의 시작과 업무시설의 수요에 따른 사전계획 검토
- 마루노우치 재개발 발상 계획(지권자 중심의 마치즈쿠리 설립)
- 가이드라인 발표: 마치즈쿠리 협의회
- 용적률 할증, 용적률 이전 제도 마련

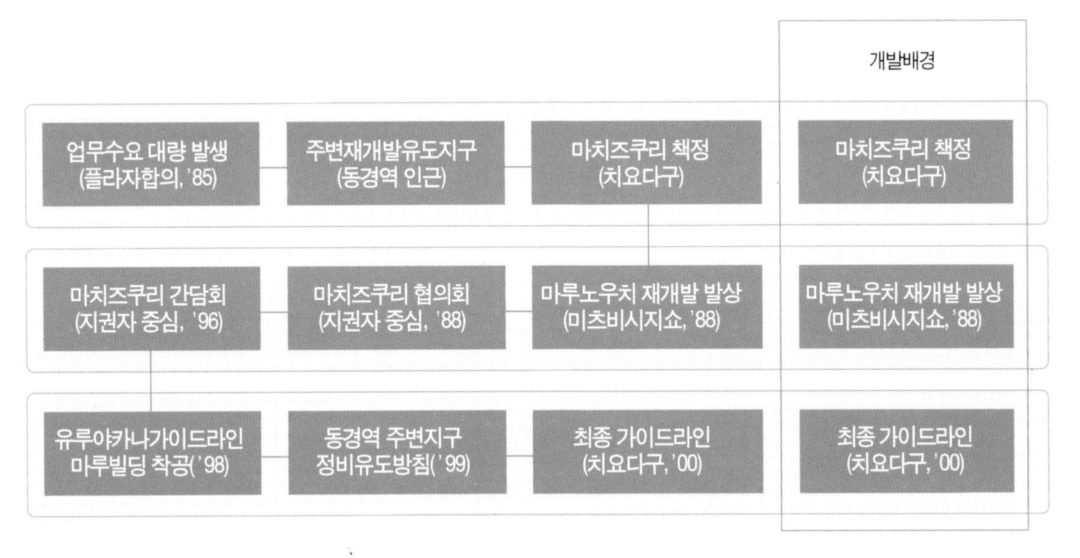

그림 76〉 마루노우치 개발 배경

(2) 마루노우치 마치즈쿠리(마을만들기) 구성

① 공공기관

- 치요다구: 동경도 및 협의회의 기본방침과의 정합성 확보의 필요성 인식
- 동경도: 동경역 주변지역 정비방안 제시, 민간개발의 원활한 추진을 위한 제도의 개선 및 수속의 간소화

② 간담회

- 동경도가 제시한 행정과 민간기업이 한자리에 모여 의견을 절충하기 위한 협의

③ 지권자

- 협의회: 지권자 59개 법인 및 치요다구(특별회원)으로 구성하였고, 객관적, 전문적 지식 활용을 목적으로 외부의 학계나 전문가에게 제언, 조사를 위탁
- 매니지먼트 협회: 주민(지권자), 전문가, 내방객, 일반시민 등이 자유롭게 참여하고 활동하기 위해 설립

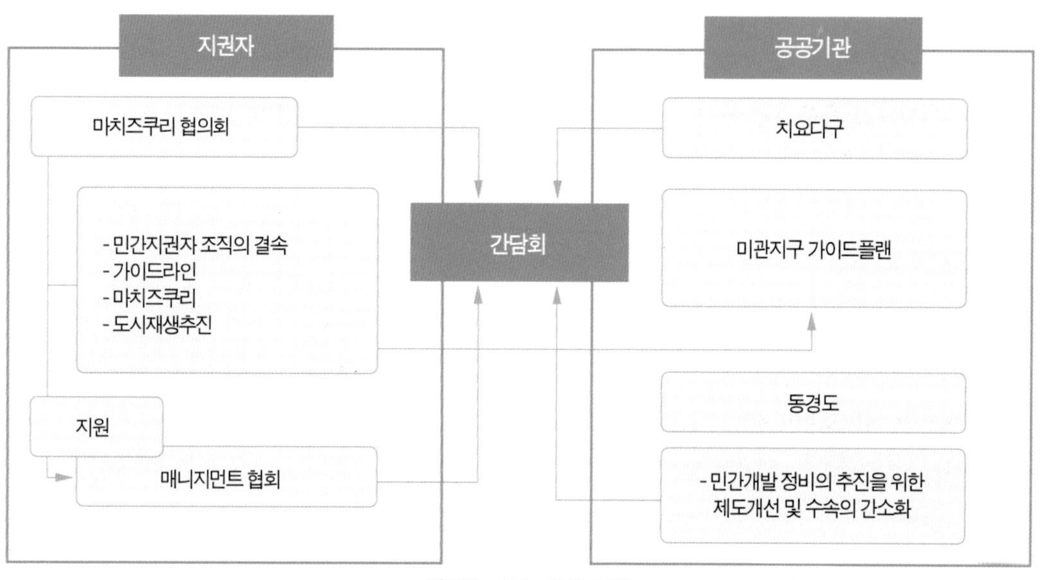

그림 77〉 마치즈쿠리 구성

(3) 마치즈쿠리 가이드라인 정비방침

- 경관형성, 보존활용, 가로형성을 위한 개별건축물을 규제하고 유도하기 위한 방안
- 가로변형성형 고층건물 : 31m 기존 표정선의 준수(과거 100척(31m) 규제를 받은 건물과의 정합성)
- 역사적 건축물의 보존 및 활용

(4) 공공기여를 통한 용적률 할증

- 마루노우치빌딩~동경역으로 이어지는 지하보도를 조성하여 공공에 기여
- 동경도는 공공기여의 비율만큼 용적율을 할증(개발업자와 공공의 합리적 운영관계)

(5) 개별 건물 재생 방법

① 마루노우치 OAZO(Marunouchi OAZO): 복합상업시설

- JR본사 빌딩을 재개발. 4개의 빌딩으로 구성
- 일본 생명보험 도쿄본부로 이용되고 있는 일본생명 마루노우치 빌딩
- 마루노우치 호텔
- OAZO 숍&레스토랑, 마루젠 서점 마루노우치 본점
- 우주항공연구개발기구 쇼룸

② 주요개발방법: 가이드라인, 지구계획

- 가이드라인, 지구계획
- 도시개발제도 운용기준 개정(가로형성 등 할증대상 확대, 내부공지 규제완화)
- 연담 건축물 설계제도: 기존 건물인 마루노우치센터 빌딩을 포함하여 가구전체에 용적률 배분

3.2 카스미가세키

(1) 개요

① PFI방식에 의한 중앙합동청사 7호관의 재건축

- 21세기형 시빅코어(Civic Core)의 창조라는 개념으로 새로운 업무지구의 핵 창출
- 문화, 상업, 교류, 정보기능 등 여러기능과 시설을 복합한 공공청사 중심의 복합용도 프로젝트
- 민간을 PFI방식을 통해 참여시켜 활용한 민간과 공공시설의 복합재개발

표 31〉 프로젝트 개요

위치	도쿄도 지요다구 카스미카세키 3조에 미나미 지구
시행면적	24,200㎡ (민간소유자 약 1,100㎡)
연면적	약 230,500㎡(관민동 38층, 관정동 33층)
용도, 도시계획	상업지역, 방화지역, 지구계획(재개발 등 촉진구), 시가지 재개발 사업 용적률: 국유지 500%, 민유지 700%→950%로 높임 ※ 재개발 등 촉진구 적용
사업내용	PFI 사업: 중앙 합동청사 제 7호관(약 172,000㎡) PFI 부대사업: 민간수익 시설(약 18,000㎡) 시가지 재개발 사업: 보유면적(약 25,000㎡) 민간관리 면적(약 16,500㎡)
사업자	특별목적회사인 카스미가세키 7호관 PFI주식회사

(2) 카스미가세키의 개발경위

내용	일자
긴급경제대책에서 「PFI의 적극적인 활용」을 제기	2001. 4. 6
제 2회 도시재생본부회의에서 「중앙합동청사7호관정비등 사업」 제1차 도시재생프로젝트로 선정	2001. 5. 14
도시재생프로젝트 제 1차 결정	
검토업무의 계약자 선정결과 공표	2001. 11. 7
협의회 「카스미가세키 미나미지구 마치즈쿠리제안서」 발표	2002. 12. 10
PFI사업의 실시에 관한 방침을 공표	2002. 6. 10
제8회 도시재생본부회의에서 제5차 도시재생프로젝트 결정	2003. 1. 31
도시재생프로젝트 제 5차 결정	
PFI 사업자 선정	2003. 4. 24
계약 체결 및 공사착공	2005. 1. 7
사업의 실시 · 모니터링	:
PFI사업의 민간수익시설사업 종료	2034

그림 78〉 카스미가세키의 개발경위

(3) 재개발등 촉진구와 제1종 시가지재개발 사업, PFI방식 등의 계획기법 활용

구분	내용
재개발등 촉진구	· 기존 특정가구 해체 → 새롭게 재개발촉진구 결정 - 기존 용적이전 건축물의 인정 (카스미가세키 빌딩과 동경구락부 빌딩 910%) · 사전에 지구정비계획의 수립으로 개발될도에 대한 예상이 가능 (900~950%) · 2호시설 등 공공공간의 확보와 이를 통한 고밀개발
제1종시가지재개발사업	· 공공과 민간의 지권자가 참여하여 공동개발 · 공공청사등과 관민부 합동으로 계획 - 관민복합통: 민간지권자의 수용과 공공시설의 복합 (수직적 결함) · 권리변환과 단계적 재개발
PFI 사업	· 공공시설의 민간활력의 도입 (BTO방식) - 국가재정의 비용절감 - 계획 · 건설 · 관리를 민간에게 위탁 · 사업자 선정의 공정화 - 2단계설정 · 사업자 수익성보장 (보류면적의 취득과 수익시설의 운영) · SPC에 의한 프로젝트 파이낸싱과 역할 분담 · 전문 시행자의 선정 - 도시재생기구의 참여

그림 79〉 계획기법 활용

3.3 록본기 힐즈

(1) 개요

- 소재지: 동경도 미나토구 록본기 6쵸메 (6丁目)
- 면적: 약 11ha(33,275평)
- 인구: 상주인구 약 2만명(오피스 1만5천, 방송센터 2천, 주거 1~2천), 유동인구 (평일 5만, 휴일 10만)
- 제1종 시가지재개발사업으로 400명의 지권자들과 17년에 걸친 민간 실시 재개발 사업 최대 규모
- 개발 전, 아사히ＴＶ중심으로 남측 17m고저차에 의한 분리지역으로 폭원 4m 도로 및 목조 밀집주택, 소규모 APT,맨션 등 혼재 시가지 성격
- 24시간 근무가 가능하고, 생활하고 휴식할 수 있는 다용도 복합개발
- 문화도심이라는 컨셉설정

(2) 개발배경 및 특징

- 주택지역 노후화에 따른 기반시설 부족, 노후 임대주택 밀집으로 주민의 주거환경 질적 저하
- 아사히TV의 재건축 계획 논의 계기
- 도심활성화를 위한 복합개발의 필요성 증대
- 1980년대 무역흑자 급증, 무역마찰 심화에 따른 시장개방요구 증가
- 외국 금융기관, 다국적 기업 등 대도시 업무시설의 수요 증가 추세

(3) 개발경위

① 행정절차

1986	도시재개발 방침으로 록본기6쵸메 지구 지정
1987	재개발기본계획 책정조사 실시 재개발기본계획책정조사 실시 이후 기본계획수립 - 주민앙케이트 결과 중요과제 책정 - 모리연못 보전과 활용, 공공시설 정비, 도심정주
1989	시가지재개발사업추진 기본계획책정조사, 마치즈쿠리 협의회 발족
1990	록본기 6쵸메지구 재개발 준비조합 발족
1993	제1종시가지재개발사업 도시계획안 공고, 공람
1995	도시계획 결정 고시
1998	지구 시가지재개발조합 설립인가
2000	권리변환계획인가, 착공
2003	오픈(4.25)

② 기본구상 및 재개발 방침

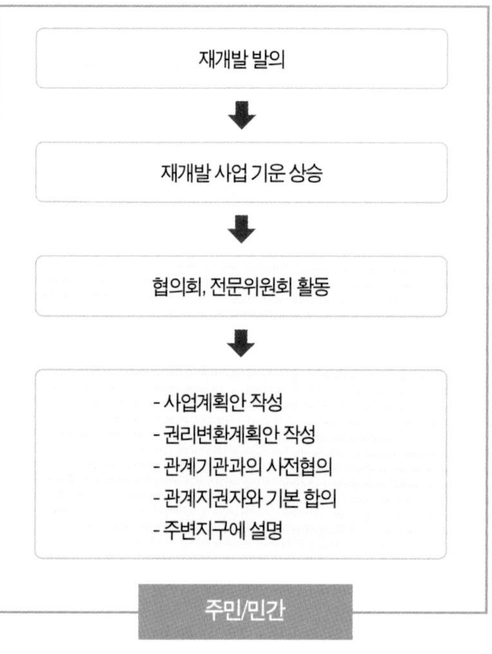

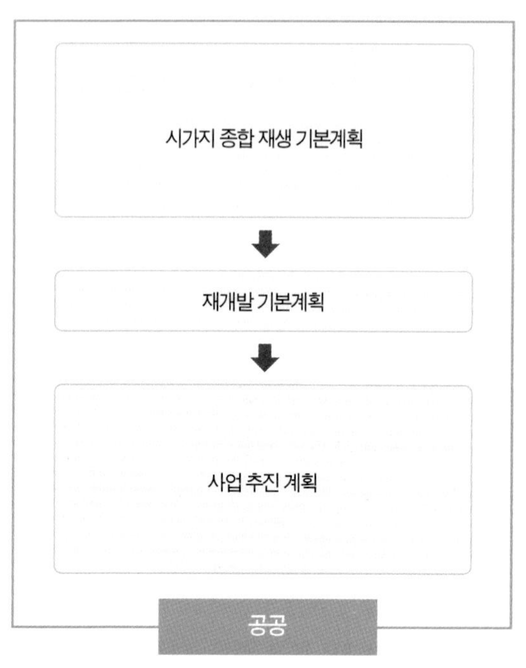

그림 80〉 기본구상 및 재개발 방침

(4) 주요시설 및 기능

① 지구별 특징

- 개발목적에 따라 A, B, C 3지구로 구분하여 개발
- A지구: 상업시설을 중심으로 한 헐리웃 뷰티플라자 배치
- B지구: 모리타워, 미술관, 아사히 TV 등 문화 상업시설 배치
- C지구: 안락하고 양호한 주거환경 형성

② 주요시설

A지구 (복합동)	오피스, 학교, Retail빌딩	- 부지면적(6,600㎡) 연면적(24,526㎡), 층수(지하3층~12층) - 지하철 진출입부로써 상점가 및 문화시설 배치
B지구 (오피스, 호텔 등)	54층의 초고층 오피스	- 최고급 수준의 IT시설을 갖춘 동경 최대 오피스 빌딩 중 하나 - 그랜드 하얏트 호텔(390실 규모) - 영화관(일본 최초 최대의 슈퍼와이드 스크린-2,100석) - 아사히 방송 스튜디오(신축본사 건물-5개 메인스튜디오)
C지구 (주택, 사무동)	3개동 최고급 주거타워	- 지하2층~43층(약 840실, 2천여명 수용)의 최고급 주거공간 - 지하 1층~지상6층의 오피스 빌딩 - 산노히에 신사, 창고시설 등 위치

(5) 도시설계 및 특징

① 역사적 자원 보존과 자연과의 활용

- 모리연못과 녹지 보존 및 기존 광장 등의 정비
- 입주자를 위한 보육시설의 유치 및 도심주거의 요구를 반영한 시설의 도입

② 입체보행체계

- 도지의 입체적 활용을 위한 보행데크의 연결로 층별 자유이동 가능
- 주변경관과의 고려를 통한 보행로 설계로 친환경적 요소의 배합

③ 경관 프로그램

- 풍부한 퍼블릭 아트 조성
- 동경 내 문화 중심지로서 세계 유명 아티스트와 디자이너들의 작품 설치
- 도쿄 세련된 가로만들기 조례를 바탕으로 한 유효공지의 경관 계획
- 포도나무 등 가로수 재배와 벼농사를 통한 친환경적 경관계획의 수립

④ 내부 디자인

- 지적교류공간으로서 업무 시간 외 공간 활용(자신만의 서재, 퇴근 후 미술관 등)
- 살짝 비가 들어와도 쾌적한 정도로 차양을 설치하여 자연현상과의 조화를 통한 공간 조성
- 록본기힐즈 아레나를 비롯한 공원 공간에서의 계절별 이벤트 공간 제공
- 건물 외곽 유리벽면을 통해 기업들의 홍보를 위한 공간적 활용으로 공간 미디어화 전략과 WIN-WIN효과
- 하이브리드 설계 및 미로형 입체 공간의 설계를 통해 매일매일 새로움이 가득한 공간 제공

4장의 이야깃거리

1. 포스트모던 도시의 어떤 요소들이 복합용도개발에 영향을 미치고 있는지 살펴보자.
2. 모던도시와 포스트모던 도시의 특징을 보면서 이러한 변화가 우리 도시에도 일어나고 있는지 살펴보자.
3. 지방정부의 어떤 측면이 복합개발을 부추기고 있는가?
4. 제이콥스(Jacobs)는 도심이 용도가 복합화되어 잇는 장소로 조성되어야 한다고 한다. 왜 그럴까?
5. 도시의 주요거점이 복합개발기간에는 어떤 관계가 있는지 살펴보자.
6. 기업의 입장에서 복합개발이 가져다주는 혜택은 무엇인지 알아보자.
7. 복합용도개발의 입지별 개발접근법에 대해 살펴보자.
8. 복합용도개발시 도시적 측면에서 고려해야 할 내용들은 무엇인지 논해보자.
9. 복합용도개발에서 민간파트너쉽은 어떻게, 어떤 방식으로 구축되는가?
10. 복합용도로 개발되면 커뮤니티가 활성화된다는 이유는 어디에서 찾을 수 있을까?
11. 복합용도개발이 경제적 측면에서 편익을 가져다온다고 한다. 어떤 편익인지 살펴보자.
12. 복합용도개발의 효과에는 어떤 것들이 있고, 이들 효과에 대해 우선순위를 정할 수 있을까?
13. 복합용도개발의 토지이용측면의 효과를 생각해보고, 복합용도개발에는 주로 어떤 토지용도가 지배적으로 자리잡고 있는지 논해보자.
14. 일본의 마루노우치 마을만들기의 추진체에는 어떤 조직들이 포함되어 있는지 살펴보자.
15. 마루노우치 마을만들기에서 용적률 할증으로 공공이 얻은 편익은 무엇인지 고민해보자.
16. 일본의 카스미가세키 프로젝트에 적용된 PFI방식에 대해 알아보고, 우리 도시재생사업의 PFI방식과의 차이점을 논해보자.
17. 록본기힐즈가 복합용도건물에 의해 재생된 배경에 대해 알아보자.
18. 록본기힐즈와 미드타운 도시재생의 배경과 복합용도유형에 대해 각각 비교해보자.
19. 록본기힐즈의 도시설계적 특징과 공공디자인 요소에 대해 논해보자.

제 3 부
국내외 도시재생 사례

제1장 문화를 통한 도시 재생

제2장 워터프론트를 통한 재생

제3장 생태환경을 통한 재생

제4장 생태공원을 통한 재생

제5장 예술을 통한 재생

탈근대 도시재생

제1장
문화를 통한 도시재생

1.1 문화를 통한 도시재생

	배경	재생요소	재생전략	효과
런던	• 1960년대부터 정보화시대가 도래하면서 시설의 노후화 등으로 지역경제가 급속히 쇠퇴함 • 도크랜드 개발공사의 설립으로 신도시 개발을 촉진	**• 도시마케팅 요소** - 대영박물관 - 카나리워프 - 밀레니엄 브릿지	**• 대영박물관** - 박물관 외형의 리모델링 **• 카나리워프** - 시립임대주택가였던 낙후 지역을 개발 **• 밀레니엄 브리지** - 보행전용교 로서 템즈강 남북을 연결 - 세인트폴 성당과 테이트모던을 연결하는 도시축 형성계기	**• 대영박물관** - 고전건축과 현대건축의 조화 - 도시에 문화와 예술을 접목함으로써 도시전체의 재생효과 **• 카나리와프** - 런던동부의 낙후지역 개발효과 - 세계적 금융지구 탄생 **• 밀레니엄 브리지** - 런던도심의 새로운 도시축 형성에 기여
		• 도시르네상스요소 - 데이트모던박물관	**• 데이트모던박물관** - 영국의 21세기 미술경영전략수립 - 화력발전소의 리모델링을 통해 갤러리로 재생	**• 데이트모던박물관** - 연간 500만명의 방문객효과 - 엄청난 경제효과 - 3,000개의 일자리 창출
		• 워터프론트 요소 - 와핑지구 - 서리독스지구 - 아일오브독스지구 - 로얄독스지구	**• 와핑지구** - 과거건물의 외형을 살리고 내부만 개조 - 런던시의 상업 · 업무시설 보조 **• 서리독스지구** - 주택단지와 산업단지로 개발 **• 아일오브독스지구** - 금융업무단지로 개발 - 수변공간에 위락시설 배치 **• 로얄독스지구** - 물류체계구축을 위해 지구사이에 공항건설	**• 4개 지구** - 집단개발을 통하여 지구별 적합한 기능배치로 경쟁력 제고 - 쾌적한 도시환경 조성을 통한 도시의 삶의 질 향상 및 생산성 향상 - 런던동부지역 개발의 견인차적 역할
		• 도시건축 디자인 요소 - 세인트 폴 대성당	**• 세인트 폴 대성당** - 프랑스 건축양식과 르네상스 건축양식을 혼합하여 도시상징물로 부각 - 유명인의 묘 및 기념비를 설치	**• 세인트 폴 대성당** - 세계 3대 성당, 세계적인 종교건축물로 인정 - 많은 관광객의 유치 - 도시아이콘의 건물로서 자리매김

구분	배경	재생요소	재생전략	효과
파리	• 세느강을 중심으로 20개 지구로 구성 • 미테랑대통령의 그랑프리제에 의한 추진 • 세계적인 문화도시로 성장하는데 기여 (1999년 유럽의 문화도시로 선정됨)	• 도시마케팅 요소 - 퐁피듀센터 - 에펠탑 - 아랍문화원 - 바스티유 오페라 극장	• 퐁피듀센터 - 조르주 퐁피두 대통령의 파리 재개발 계획 • 에펠탑 - 에펠탑을 도시아이콘 건물화 시켜 도시재생 이미지 제공 • 아랍문화원 - 프랑스와 아랍의 문화공존전략 • 바스티유 오페라 극장 - 예술, 정치, 경제의 중심을 위한 그랑프로제 계획	• 퐁피듀센터 - 20세기 예술을 위한 메카의 역할 담당 • 에펠탑 - 파리의 랜드마크 및 관광효과 • 아랍문화원 - 과거건축물과 현대건축물의 조화 • 바스티유 오페라 극장 - 복합문화공간 조성으로 문화 흐름을 주도
		• 도시르네상스 요소 - 레알지구 - 오르세 미술관	• 레알지구 - 도시 미관을 위한 시가 재정비를 추진 - 강제 철거를 지양하고, 거주자 재산권 보호 • 오르세 미술관 - 오르세 역을 개축하여 문화재로 지정 - 1977년 데스댕 대통령의 제창으로 인상주의 미술관으로 변화모색	• 레알지구 - 지상공간을 보행자들을 위한 오픈스페이스로 활용 - 연간 4억 7천 500만 유로의 매출로 경제력 상승 • 오르세 미술관 - 19세기를 대표하는 인상주의 미술관으로 장소마케팅 효과 - 기존철도역 자산을 미술관으로 성공적으로 전환
		• 워터프론트 요소 - 앙드레 시트로잉 공원 - 벡시지구	• 앙드레 시트로잉 공원 - 자동차공장을 시민공원으로 변모시킨 문화도시로서 저력발휘 - 세느 강변을 활용한 파리의 역사축 구축 - 유럽 국가의 참여유도로 공원 설계 • 베르시지구 - APUR의 파리의 공간구조 조화성을 추구한 도시계획 - 시민의 참여로 이루어진 개발방향 설정	• 앙드레 시트로잉 공원 - 자동차공장을 녹지조성하여 시민에게 제공 - 시민에게 캐적한 오픈스페이스제공 • 베르시지구 - 주변 건축물들과의 미학적인 일체감 조성 - 철도길과 철도변 포도주공장을 식당, 가게 등 기능 도입하여 경쟁력을 확보
		• 도시건축디자인 요소 - 루브르 박물관 - 라데팡스 개선문 - 라빌레뜨 과학공원	• 루브르 박물관 - 개선문과 파리서쪽의 도시축상에 대규모 상징적 건물 구축 - 유리 피라미드 형태로 설치 • 라데팡스 개선문 - 그랑프로제 현성설계 실시 • 라빌레뜨 과학공원 - 파리 도시개발사업의 사업지구 선정 - 과거 도축장 자리를 과학공원으로 개발	• 루브르 박물관 - 활력적인 시민공간 조성 • 라데팡스 개선문 - 개선문과파리서쪽을 잇는 도시축 형성에 기여 - 20세기의 세계적인 기념적 구조물로 선정 • 라빌레뜨 과학공원 - 3가지 대규모 개발로 특색 있는 디자인 창출

	배경	재생요소	재생전략	효과
암스테르담	• 오랜 역사적 전통속에 새로움과 다양성을 추구하고 자유분방한 성격을 지닌 도시 문화 • 연간 4천만명의 관광객의 방문으로 다양한 문화의 혼합 • 유럽의 대표적인 문화예술의 중심지 • 기존의 항구 및 시설들의 기능을 잃고 쇠락해진 곳을 중심으로 개발 계획들이 수립되기 시작	**• 도시마케팅 요소** - 반 고흐 미술관 - 풍차	**• 반 고흐 미술관** - 세계적 유명 건축가들에 의해 설계 **• 풍차** - 네덜란드의 대표적 유산의 관광자원 활용	**• 반 고흐 미술관** - 연간 6만명의 관람객 수용 및 도시마케팅 효과 발생 **• 풍차** - 청정에너지를 생산하는 발전의 원동력으로 활용
		• 도시르네상스 요소 - 이스턴 도크랜드 - 하이네켄 익스피어리언스	**• 이스턴 도크랜드** - 쇠퇴한 항구를 주거단지로 개발 - 최대 높이와 지상층의 높이를 제한 **• 하이네켄 익스피어리언스** - 지역 최대 산업인 맥주 제조사의 이름 활용 - 하이네켄의 역사와 제조공정 박물관 활용	**• 이스턴 도크랜드** - 정형의 개발로 주민들의 커뮤니티 증진 - 개선된 경제환경과 사회 다양성의 부각 **• 하이네켄 익스피어리언스** - 연간 40만명의 관광객을 유치 - 도시를 통한 사업의 확장 및 경쟁력 확보
		• 워터프론트 요소 - 암스테르담 운하	**• 암스테르담 운하** - 수변공간을 활용한 도시인프라 구축 - 운하주변의 옛 건물의 보존	**• 암스테르담 운하** - 방사형의 운하로 친환경 교통 체계 구축 - 운하 주변 건축물을 활용한 워터프론트 시너지 효과
		• 도시건축디자인 요소 - 아르캠 건축센터 - 과학박물관 네모	**• 아르캠 건축센터** - 건축문화의 인식을 넓히기 위한 센터 구축 **• 과학박물관 네모** - 21세기 암스테르담의 랜드마크 개발	**• 아르캠 건축센터** - 건축문화 풍토를 조성하는 다각도의 정보제공 **• 과학박물관 네모** - 어린이를 위한 과학과 기술의 교육체험장 제공

	배경	재생요소	재생전략	효과
프라하	• 5~6세기 무렵 솔라브인이 들어와 9세기 말 프라하성을 축조하였고 12세기에 중부유럽 최대 도시의 하나로 성장 • 민주화가 이루어진 후 오래된 공산화의 잔재들에 대한 이미지 쇄신을 위한 개발계획수립 시작	**• 도시마케팅 요소** - 국립박물관 - 오페라 하우스	**• 국립박물관** - 열린 프로젝트로 인한 지역 사회의 다양한 방식의 참여 **• 오페라하우스** - 세계 3대 오페라 극장 중 하나로써 체코 오페라의 모태이자 예술과 역사의 국제적인 모뉴먼트 구축	**• 국립박물관** - 열린 박물관의 문 프로젝트에는 시민단체인 개방사회펀드가 후원금을 내면서 각계 전문가의 참여 유도 **• 오페라하우스** - 국립극장 등과 함께 프라하의 공연문화를 이끌고 있음
		• 도시르네상스 요소 - 바츨라프 광장	**• 바츨라프 광장** - 천년 고도의 중세 도시 프라하가 보여주는 시간의 문맥속에 현대의 수사학적 장치 접목	**• 바츨라프 광장** - 프라하의 고전성을 유지하면서 현대적인 요구에 부응
		• 워터프론트 요소 - 리버 다이어몬드	**• 리버 다이아몬드** - 주거시설 및 업무, 고급호텔을 개발하여 직주 근접의 방식을 실현	**• 리버 다이아몬드** - 수변공간과의 조화를 이루는 장기적인 발전 전략으로 역사적인 도시 프라하를 보존 및 향상
		• 도시건축디자인 요소 - 댄싱 빌딩 - 프라하 안델	**• 댄싱빌딩** - 기존의 맥락과 현대를 조화롭게 반영 **• 프라하 안델** - 상업 · 문화공간과 어우러져 프라하 젊은이들이 즐겨찾는 장소 유치	**• 댄싱빌딩** - 프라하의 인상을 특징짓는 강력한 장소성 창출 **• 프라하 안델** - 프라하 최대의 복합 상업시설로 성장

배경	재생요소	재생전략	효과
베를린 • 1988년 유럽의 문화도시로 선정 • 유럽의 정치, 문화, 미디어 및 과학의 중심지 역할 • 본(Bonn)으로부터의 연방수도 이전 • 베를린 장벽 붕괴 후 분단과 냉정, 폐허의 상징 및 과거 문화들에 대한 재생 및 개발계획 수립	• 도시마케팅 요소 - 쿨투어 브라우이 - 소니센터	• 쿨투어 브라우이 - 방치되어 있던 맥주공장을 복합문화공간으로 조성 • 소니센터 - 예술적, 독창적이며 조화로운 건축들을 신축하고 문화공간을 확보하여 관광객, 시민들에게 제공	• 쿨투어 브라우이 - 커뮤니티 공간과 문화공간으로서의 도시마케팅 장소로 문화예술공간 창출 • 소니센터 - 다양한 볼거리로 관광객의 급증 및 도시민에게 문화공간 제공
	• 도시르네상스 요소 - 포츠다머 플라츠 - 우파 파브릭	• 포츠다머 플라츠 - 포츠담 광장의 개발을 통한 공간적 연속성 추구 • 우파파브릭 - 공간의 개조를 통한문화시설의 집적 및 녹색생태 마을 조성	• 포츠다머 플라츠 - 관광지로서의 부가가치 창출 및 지적이미지 개선 • 우파파브릭 - 도시의 문화상징공간으로 도시랜드마크화 및 문화창출 공간조성으로 도시마케팅
	• 워터프론트 요소 - 슈판다우	• 슈판다우 - 복합도시공간을 위한 수변도시 재개발 구상 - 모든지역의 보행녹지축으로 연계됨	• 슈판다우 - 복합도시공간으로서 도시의 기능성을 향상 및 공간의 장소성 향상
	• 도시건축디자인 요소 - 유대박물관 - 타클라스	• 유대박물관 - 기이한 건축형태와 역사적 사실을 기반으로 장소 마케팅 • 타클라스 - 리사이클링 (Recycling)을 통한 문화창작 공간 지향	• 유대박물관 - 건축물에 역사성을 부여를 통해 상징성을 높여 자국의 장소성 향상 • 타클라스 - 자유로운 예술창작 공간과 국제적인 아트센터로서의 명성 및 영향력을 높임

그림 81〉 런던 테임즈강

1. 런던(영국)

1.1 도시역사 및 소개

그림 82〉 런던 위치

1.2 발전전략

(1) 도시재생을 통한 도시마케팅

① 대영박물관

· 18C에 건축된 대영박물관은 다양한 유적과 유물뿐 아니라 건축물의 외형 또한 역사적인 가치와 디자인을 통하여 재생을 이루어 내었다.

· 설계가인 노먼포스터는 박물관의 외관이 관광객의 관심을 끌 수 있도록 사각건물과 원형의 건물로서 내부공간을 유리지붕으로 덮어 외부건물의 개념을 내부공간으로 바꾸는 것을 시도하였다.

· 인공조명을 사용하지 않고 유리지붕을 통하여 볼 수 있도록 빛을 스며들게 디자인을 하였으며, 고전의 건축양식과 현대의 건축양식을 통하여 진화하는 모습을 표현하였다.

· 박물관의 재탄생은 단순한 재건축적 요소가 아닌 도시에 문화와 예술을 스며들게 하여 도시전체적인 재생의 효과를 부여하였다.

② 카나리와프

· 영국 도크랜드 개발공사(London Docklands Development Corporation)의 대표적인 도시재생 사례지역으로서 카나리 워프는 현재의 세계적인 금융 허브지역으로 발전하였다.

· 1980년대 쇠퇴하던 부두 주변의 시립 임대 주택가였던 이 지역은 런던시 정부가 이 일대 낙후지

그림 83〉 런던의 도시재생

역을 개발하기 위해 1981년 런던 항을 폐쇄한 뒤 개발공사를 설립했다.

· 개발 30년이 지난 현재 이 지역은 7만명이 일하는 첨단산업지구로 탈바꿈 하였으며 아직 25%는 개발하지 않은 상태로 남아있다.

③ 밀레니엄 브리지

· 런던아이와 함께 템스강변의 명소로 자리잡고 있으며, 세인트 폴 대성당과 테이트 모던 갤러리를 연결하여 주고 있다.

· 문화의 가교 역할을 하고 있으며, 일반적인 교각과는 다르게 보행자들만 전용으로 이용할 수 있

그림 84〉 대영박물관

는 보행자전용도로로 지어졌다.

· 도심재생을 위한 공공디자인의 산물로서, 런던의 남쪽 중심으로 낙후된 지역을 도시디자인 전략으로 성공시킨 사례이다.

(2) 도시재생에 의한 도시르네상스

① 테이트 모던 박물관(화력발전소), 런던

· 전통적인 공업지역으로 템스 강 남쪽 Southwark 지역에 위치하고 있으며, 런던의 선박교통과 물류산업의 중심지 이다. 1990년대에는 항구기능 상실로 인한 문제지역으로 배터시 화력발전소는 환경오염, 범죄, 노숙, 밀집 장소로 골칫거리 지역 이었다.

· 리모델링을 통해 갤러리로 변모하고 있으며, 주변의 옥스타워, 창고, 왕립정신병원 조성 등 지역의 하나의 문화 클러스터를 형성 하였다.

· 50년간 석유를 저장했던 원통형 공간을 퍼포먼스 설치미술 전용저시장으로 탈바꿈 시킴으로써 개관초기 200만명이었던 연간 관람객수가 500만명으로 증가 되었다.

· 테이트 모던 박물관이 문화 클러스터로 변모한 후 미술관, 고급식당, 고급 주거지가 형성되면서

지가가 크게 상승하였다. 경제적 효과는 그 주변지역으로까지 점점 확장되어, 반경 20마일 이내에서는 8% 성장률, 반경 70마일 이내에서는 3%성장율을 가져왔다.

· 미술관 개관 이후 극장, 식당, 상가 등이 증가하여 50~70만 파운드의 경제적 효과와 3,000개의 일자리를 창출 하였다.

(3) 도시재생에 의한 워터프론트

① 지구별 개발계획

· 도크랜드의 지구별 개발계획 중 와핑 지구는 면적 250ha지역으로 전체의 54%가 주거용도로 지정되었다. 런던시의 상업 · 업무 시설을 보조하고 있으며, 과거 건물 외형을 살리고 내부만 개조하였다.

· 서리독스 지구는 면적 400ha지역으로 주택 약 3,500호에 약 2만명이 상주하고 있으며, 주로 주택단지와 상업단지로 개발하였다.

· 아일오브독스 지구는 면적 550ha지역으로 도크랜드 개발의 중핵적인 위치로서, 주 용도는 업무단지로 개발되었으며, 서쪽 수변공간에 위락시설을 배치하였다. 국제금융센터지역은 위성, 통신설비를 보유, 랜드마크 타워, 대규모의 기업유치지역이 입지하여 있다.

그림 85〉 와핑 지구

그림 86〉 서리독스 지구

그림 87〉 아일오브독스 지구

그림 88〉 로얄 독스 지구

· 로얄독스 지구는 면적 1,000ha지역으로 대규모 공단 및 교외형 쇼핑센터가 배치되어 있다. 빠른 물류체계를 위해 지구 사이에 런던공항(London City: 단거리 이착륙기 전용공항)을 개설하여 유럽과의 연계성을 강화하고 있다.

(4) 도시재생에 의한 도시건축디자인

① 세인트 폴 대성당

· 런던의 옛거리 가장자리에 위치하여 있으며 템스강을 낀 이 지역의 역사는 로대 로마의 교역소로부터 시작하였다.

· 1666년의 런던 화재 당시 런던시의 재건계획 담장자 C.렌에 의해 세워진 종교건축물이다.

· 그리스 십자형 플랜에 대원개(大圓蓋)를 조합한 것으로 당시 파격적인 디자인으로 프랑스의 건축양식과 이탈리아 르네상스 건축양식의 이원적인 설계요소를 접합하였다.

· 세계 2차대전 당시 일부가 훼손 되었으나 1958년 복구하였으며, 성당의 지하에는 나이팅게일을 비롯하여 유명인의 묘와 기념비가 위치하여 있다.

· 세계에서 두 번째로 큰 성당으로서 성베드로 성당, 피렌체 대성당과 함께 세계 3대 성당으로 평가되고 있다.

그림 89〉 세인트 폴 대성당

2. 파리(프랑스)

2.1 도시역사 및 소개

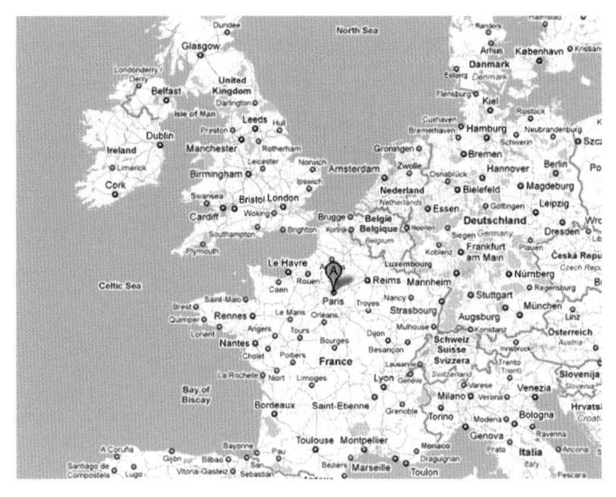

그림 90〉 파리 위치

2.2 발전전략

(1) 도시재생을 통한 도시마케팅

① 퐁피두 센터

· 1969년 조르주 퐁피두 대통령이 "예술진흥과 사회교육을 위한 문화예술센터를 세우겠다"고 선언하면서 건축되었다. 파리 중심부 재개발 계획의 일환으로 이탈리아의 렌조 피아노와 영국의 리처드 로저스가 건축 책임을 맡아서 1977년에 건설되었다.

· 퐁피두 센터는 60년대 중반 슬럼지역이던 제4구 레알, 마레지역의 낡은 건물들을 철거하고 지어졌다.

· 이탈리아 건축가 렌조 피아노는 당시 33살의 무명으로 681편의 응모작 가운데 압도적인 지지로 당선되었으며 6,000평에 달하는 전체 부지는 정확히 반으로 나누어 정면은 광장으로 나머지는 건물 부지로 부여하고 우측에는 스트라빈스키 분수를 설치하였다.

· 정식 명칭은 '조르주 퐁피두 국립 예술문화 센터'로 컬러풀한 파이프가 노출되어 있는 외벽과 유리면으로 구성된 특이한 외관은 어디에서 보더라도 시선을 끌어 도시마케팅적 요소로 자리 매김하고 있다.

· 지상 6층, 지하 2층으로 이루어져 있으며, 국립 근대 미술관을 비롯해 도서관(BPI), 현대 음악 연구소(IRCAM), 창조 공학 센터 등이 들어서 있다. 현재 퐁피두센터는 파리 시의 미술·문화의 중추

	배경	재생요소	재생전략	효과
파리	• 세느강을 중심으로 20개 지구로 구성 • 미테랑대통령의 그랑프리제에 의한 추진 • 세계적인 문화도시로 성장하는데 기여 (1999년 유럽의 문화도시로 선정됨)	**• 도시마케팅 요소** - 퐁피듀센터 - 에펠탑 - 아랍문화원 - 바스티유 오페라 극장	**• 퐁피듀센터** - 조르주 퐁피두 대통령의 파리 재개발 계획 **• 에펠탑** - 에펠탑을 도시아이콘 건물화 시켜 도시재생 이미지 제공 **• 아랍문화원** - 프랑스와 아랍의 문화공존전략 **• 바스티유 오페라 극장** - 예술, 정치, 경제의 중심을 위한 그랑프로제 계획	**• 퐁피듀센터** - 20세기 예술을 위한 메카의 역할 담당 **• 에펠탑** - 파리의 랜드마크 및 관광효과 **• 아랍문화원** - 과거건축물과 현대건축물의 조화 **• 바스티유 오페라 극장** - 복합문화공간 조성으로 문화 흐름을 주도
		• 도시르네상스 요소 - 레알지구 - 오르세 미술관	**• 레알지구** - 도시 미관을 위한 시가 재정비를 추진 - 강제 철거를 지양하고, 거주자 재산권 보호 **• 오르세 미술관** - 오르세 역을 개축하여 문화재로 지정 - 1977년 데스탱 대통령의 제창으로 인상주의 미술관으로 변화모색	**• 레알지구** - 지상공간을 보행자들을 위한 오픈스페이스로 활용 - 연간 4억 7천 500만 유로의 매출로 경제력 상승 **• 오르세 미술관** - 19세기를 대표하는 인상주의 미술관으로 장소마케팅 효과 - 기존철도역 자산을 미술관으로 성공적으로 전환
		• 워터프론트 요소 - 앙드레 시트로잉 공원 - 벡시지구	**• 앙드레 시트로잉 공원** - 사통차공장을 시민공원으로 변모시킨 문화도시로서 저력발휘 - 세느 강변을 활용한 파리의 역사축 구축 - 유럽 국가의 참여유도로 공원 설계 **• 베르시지구** - APUR의 파리의 공간구조 조화성을 추구한 도시계획 - 시민의 참여로 이루어진 개발방향 설정	**• 앙드레 시트로잉 공원** - 자동차공장을 녹지조성하여 시민에게 제공 - 시민에게 캐적한 오픈스페이스제공 **• 베르시지구** - 주변 건축물들과의 미학적인 일체감 조성 - 철도길과 철도변 포도주공장을 식당, 가게 등 기능 도입하여 경쟁력을 확보
		• 도시건축디자인 요소 - 루브르 박물관 - 라데팡스 개선문 - 라빌레뜨 과학공원	**• 루브르 박물관** - 개선문과 파리서쪽의 도시축상에 대규모 상징적 건물 구축 - 유리 피라미드 형태로 설치 **• 라데팡스 개선문** - 그랑프로제 현상설계 실시 **• 라빌레뜨 과학공원** - 파리 도시개발사업의 사업지구 선정 - 과거 도축장 자리를 과학공원으로 개발	**• 루브르 박물관** - 활력적인 시민공간 조성 **• 라데팡스 개선문** - 개선문과파리서쪽을 잇는 도시축 형성에 기여 - 20세기의 세계적인 기념적 구조물로 선정 **• 라빌레뜨 과학공원** - 3가지 대규모 개발로 특색 있는 디자인 창출

그림 91〉 파리의 도시재생

로서 역할을 하고 있다.

· 주변 건물들을 초라하게 만드는 공장과 도 같은 위압적인 겉모습은 밝은 빛깔의 외부 파이프, 도관(導管), 그밖에 겉으로 드러나 있는 각종 공급시설 때문에 나쁜 평판을 얻었으나, 개장 초부터 사람들이 운집했으며 이후 세계 주요문화시설 중 사람의 발길이 가장 잦은 곳으로 손꼽히게 되었다.

· 주로 20세기 시각예술을 위한 박물관과 종합시설로서의 기능을 다하고 있으며 여러 가지 공공프로젝트가 수행되고 있다.

그림 92〉 파리 퐁피두 센터

② 에펠탑

· 에펠은 19세기 세계 3대 철 구조물의 하나로 프랑스 혁명 100주년을 기념해 개최된 1889년 파리 만국박람회 때, 공학도인 귀스타브 에펠의 설계로 세워지게 되어, 탑의 설계자의 이름을 따 에펠 탑으로 불려지게 되었다.

· 꼭대기 TV 안테나를 포함하여 높이가 320m로 건축 당시에는 파리의 거리와 어울리지 않는다고 하여 건설을 반대하던 작가와 예술가 시민이 많았지만, 완성된 이후에는 새로운 예술을 추구하는 사람들로부터 많은 지지를 받고 있다.

· 1988년에는 나트륨 전구를 이용한 조명시설이 설치, 오늘날 파리의 야경을 아름답게 채색하는 빛의 탑으로 도시 마케팅적 역할을 하고 있다.

그림 93〉 에펠탑

· 당시에는 쓸모없고 흉물스러운 '바벨탑' 이라는 비판을 감내해야 했으나, 에펠 탑이 세워진 후 한 해 동안 2백만 명의 관광객이 이곳에 올랐을 뿐 아니라 오늘날까지 2억천만명이 다녀간 곳으로 에펠탑의 공사비는 850만 프랑으로 우리 돈 285억원 정도이며 파리시내의 랜드마크 및 상당한 경제적 활력을 되살려 주는 역할을 하고 있다.

③ 아랍문화원

· 아랍문화원은 프랑수아 미테랑 전 대통령이 추진했던 '국가 기념비적인 대형 프로젝트' 의 하나이다. 1987년 완공되어 지금은 프랑스와 아랍세계를 소통하게 하는 문화공간으로 중요하게 이용되고 있다.

· 누벨(Jean Nouvel)은 프랑스의 대표적인 건축가답게 아랍문화권의 디자인 요소를 현대적으로 재해석하여 적용시키는데 성공하였다.

· 박물관, 도서관 등으로 사용되는 이 건물은 남쪽의 직사각형건물이 동양의 미를 표현했다면 강변의 반달형건물은 벽면의 평행선이 현대예술의 미를 표현한 것이다.

· 세느강을 바라보는 북측건물은 유리 커튼 월 입면에 파리의 스카이라인이 실크스크린 되어 주변의 도시적 분위기와 연결되고 있으며 그 내부공간에 위치하고 있는 박물관에서도 반투명한 벽을 통해 외부공간과 소통하고 있다.

그림 94〉 파리 아랍 문화원

· 곡선형의 생 제르멩(St Germiain) 거리에 인접한 대지의 특성에 순응하며 노트르담을 향해 열려져 있다. 이질적인 재료의 사용과 초현대적인 디자인에도 불구하고 옛 파리의 건물들과 조화롭게 어울려 대화하면서 역사적 도시조직 속에서 현대성을 나타내고 있다.

④ 바스티유 오페라 극장

· 오페라 바스티유는 루브르 박물관 광장의 피라미드, 라데팡스의 신 개선문, 프랑스 국립도서관 등과 함께 20세기말 예술 · 정치 · 경제에서 중심국가로 발돋움하는 프랑스를 상징하는 기념비적인 건축 사업 '그랑 프로제'의 일환이다. 프랑스혁명 200주년을 기념하기 위해 혁명의 불길을 당겼던 바스티유감옥 자리에 문예 진흥을 상징하는 오페라극장을 세우자는 미테랑 대통령의 제의에 따라 세워졌다.

· 오페라와 발레를 주로 상연하는 세계적인 극장으로 총 2,703석에 수용인원 3,500명의 엄청난 규모의 프로젝트 였다. 프랑스 혁명 200주년을 기념하여 예전 바스티유 감옥이 있던 자리에 1989년 7월 13일 개관했다.

· 주변과 어울리지 않는 현대적인 건물외관 때문에 비난의 대상이 되기도 했지만 점차 20세기말 프랑스를 상징하는 기념비적인 건축사업의 일환으로 공공에게 받아들여지게 되었다.

· 오페라·발레를 위한 대극장(2천7백3석), 연극 · 무용 등을 공연하는 원형극장(4백50석), 기타 공

그림 95〉 파리 바스티유 오페라 극장

연과 전시가 열리는 스튜디오(2백37석)등을 갖춘 초대형 공간의 탄생되어 혁명의 거리가 문화의 거리로 탈바꿈하는데 기여하였다.

· 원래 기차역이 있던 자리에 들어선 바스티유 오페라 주변에는 갤러리와 영화관, 소규모 콘서트홀들이 줄줄이 생겨났으며 9억 프랑(약 1천3백50억원)이 넘는 예산(2000년)가운데 64%를 차지하는 정부 지원이 주된 원동력이 되고 있다.

· 예술 애호가들의 발걸음이 잦아지면서 바스티유 일대는 복합 문화공간으로 탈바꿈되었다. 바스티유 오페라 극장은 공연 외에도 청소년과 시민들을 위한 무료 문화 · 예술 강좌, 배우들과의 무대 후면 대화, 무용 시범, 각종 전시회 등을 주최하며 문화 흐름을 주도하는 장소가 되고 있다.

(2) 도시재생에 의한 도시르네상스

① 레알지구

· 프랑스 파리 센 강 우안의 대표적인 관광쇼핑지역인 레알(LES HALLES)이 유지, 보수가 어려운 건물 구조에다 노숙자와 불량배가 모여드는 등 범죄의 온상이 되면서 도시 미관을 해치는 골칫거리가 되자 파리 시가 재정비를 추진하였다.

· 유리 지붕으로 덮인 대형쇼핑공간과 생태 산책공원으로 탈바꿈하게 되었는데, 베르트랑 들라노에 파리 시장은 건축 설계 공모에서 가장 지적이면서도 현실적인 프랑스 건축가 다비드 망쟁의 작품으로 선정되었다.

· 망쟁의 설계는 철도역, 산책 공간, 쇼핑 공간을 2ha 넓이의 유리 지붕이 덮는 구조이며 주변에는 나무가 우거진 공원이 배치되는 쾌적한 공간으로 꾸며졌다.

· 레알은 지하철과 연계된 복합적인 지하가를 형성하는 면적 약 100천㎡로 레알과 퐁피두센터에 이르는 복합용도 공간이라 할 수 있다.

· 레알 지구는 "프랑스 도심재개발의 교과서"라고 할 정도로 지하공간을 상가로 활용, 주변 환경을 개선하는 동시에 문화재를 보존하는 독특한 방식을 가졌으며 또한, 강제 철거를 지양하고 거주자들의 재산권을 적극적으로 보호해 우호적인 분위기 속에서 개발을 완료한 첫 번째 케이스였다.

· 유통시설의 활성화를 위해 상가 아래에는 4개의 지하철 노선과 3개의 교외고속전철(RER)선을 연결, 파리 어느 곳에서도 쉽게 접근 할 수 있도록 배려하였다. 2005년 당시, 지하5개 층에 입주한 160개 점포에서 3천명 이상이 일하고 연간 4천100만 명의 발길이 이어져 4억7천500만 유로의 매출을 올려 경제적 효과가 상당히 크다고 할 수 있다.

· 지하공간 또는 공중공간을 대체공간으로 활용하는 대신에 지상공간은 보행자들을 위한 오픈스페

그림 96〉 레알지구

이스로 활용할 수 있는 효과도 크다고 할 수 있다.

② 오르세 미술관

· 옛 오르세 역을 개축하여 만든 미술관으로 낡아 쓰러져가던 건물이 1973년 문화재로 지정이 되고, 1977년에는 데스탱 대통령의 제창으로 21세기를 위한 미술의 전당으로 탈바꿈하기 시작하였다.

· 제1기 공사가 끝난 1986년 12월 9일에 개관을 했는데 관광객은 루브르 미술관을 능가할 정도이며 1층의 전시실은 거대한 유리의 돔으로 되어 있어 채광이 잘 되고, 높은 천장까지 탁 트여 도시마케팅적 역할을 톡톡히 하고 있다.

· 오르세 박물관은 1900년 7월 14일 만국 박람회를 위해 지어진 파리 최초의 전기화된 철도역이었는데, 미술관으로서 모양새를 갖추기 시작한 것은 1977년부터였다. 지금도 커다란 시계가 박물관 외관을 장식하고 있어 당시 철도 역사로 사용되었음을 알 수 있다.

· 박물관은 19세기 후반에 제작되었던 회화, 조각, 건축, 장식, 사진, 영화, 그래픽 예술 등에 관한 작품들을 전시하고 있는데, 고전 작품을 소장하고 있는 루브르 박물관과 현대 미술관인 퐁피두 센터를 잇는 교량 역할을 하였다.

· 특히 오르세 박물관을 대표하는 것은 모네, 드가, 르누아르, 고호, 세잔 등 인상파 화가들의 작품

그림 97〉 오르세 미술관 외부

그림 98〉 오르세 미술관 내부

들이며, 이밖에도 다양한 분야의 작품들이 전시되어 있어 19세기를 대표하는 미술관이자 파리의 주요 마케팅적 장소라 할 수 있다.

(3) 도시재생에 의한 워터프론트

① 앙드레 시트로잉 공원

· 앙드레 시트로잉 공원은 파리 세느강변에 위치하여 파리의 역사축을 잇고 있으며 파리의 남서측 경계에 위치하고 있는 수변공원이다.

· 이 지역은 Citroen 자동차 공장이 있었던 곳으로 센 강변에 산업화된 지역의 분산화를 주창한 로빼즈 계획에 따라 계획 되었다.

그림 99〉 시트로잉 공원분수

그림 100〉 앙드레 시트로잉 공원

· 헨리 포드의 대량 생산 체제를 프랑스에 들여온 기술자의 이름을 따 지은 공원으로 앙드레 시트로엥의 탐구 정신 및 혁신적인 아이디어를 기리기 위해 공공 공원으로 만들어졌다.

· 1985년에 파리시는 시트로엥 지역에 현대적인 도시공원 설계를 위해 APUR의 주도로 국제 현상설계 개최하여, 베르제-끌레망팀과 비귀에-프로보스트팀이 공동당선되어 이를 두 설계안의 절충안으로 1995년에 완성되었다.

· 예전 시트로엥 자동차 제조 공장이 있던 부지에 조성된 공원으로 여러 개의 테마를 가진 정원, 즉, '백색 정원' , '흑색 정원', 변화의 정원 등으로 구성되어있다.

· 공원은 내부의 녹색공간으로 시각적인 투과성을 주는 동시에 주변 건축들과의 미학적인 일체감을 추구하였다. 센강에 면하는 남서측은 마스 연병장, 앵발리드 광장, 식물원, 상징적인 긴 직사각형 잔디밭과 2개의 기념비적 거대한 온실을 두어 파리 세느강의 역사 축을 잇고 있다.

② 베르시지구

· 1977년 토지점유계획 POS와 도시계획개발도 SDAU를 통해 'Paris-Bercy' 의 계획이 수립된 것이 베르시지구 도시재생의 단초가 된다. 실제 계획을 맡은 APUR은 무분별한 개발대신 조화롭게 연속성을 이루면서 확장하는 구상을 하였다. 동시에 이 지구의 전통성으로의 복귀하자는 계획을 내세웠다.

· 베르시 지구는 파리의 도시역사가 시작된 곳이며 6,000여년 전부터 Bercy마을은 대규모 포도주 생산지역으로 발전되었으나 파리의 포도주산업 퇴색과 함께 나대지로 방치되었던 곳이다.

그림 101〉 파리 베르시지구 공원

· 1970년대 말 "파리는 동쪽에서 일어나다"라는 구호와 함께 'Paris-Bercy'라는 상징적인 새로운 도시계획이 제기된 것이 재생의 시발점이 되었다. 1977년 SDAU Bercy에 다목적 스포츠관을 세우고 1989년 국제 박람회, 1992년 하계올림픽 개최를 계획하였으나, 올림픽 개최 탈락 이후 박람회를 취소하고 1987년 51ha의 ZAC Bercy를 계획지구로 지정하고 시민적 합의에 의해 개발 방향을 정하였다.
· 공원의 규모는 12~13ha, 상업단지는 14ha, 주거단지 1,200가구로 계획되었다. APUR는 역사성, 장소성, 파리 도시조직의 연속성, 도시생활의 질적 공간에의 가치를 부여하였다.
· 주거단지의 개발방식은 공공과 민간자본 혼합으로 임대 및 분양주택으로 구성하여 계층적 혼합을 이루고 있다. 정부는 공원의 개발을 담당하면서 민간자본을 통한 상업단지의 개발방식을 취하였다.
· 도시의 큰 축과 틀을 유지하면서 도시시설들을 연결하며, 과거 유산을 유지하는 경관을 형성하면서 시민의 참여 공간을 배치하며 주민들의 여가 · 휴식 공간으로 재생 시킨 점이 큰 특징 중 하나이다.
· 주거단지는 전통적 요소와 근대적 요소를 혼용하는 것을 설계원칙으로 세웠다. 선형주거와 파빌

그림 102〉 파리 동쪽의 베르시지구

리언 형식의 결합으로 다양성을 추구하고 과거의 양식 일부를 계승하여 기존의 도시와의 어울림을 추구하였다.

· 포도주창고들을 상점으로 개조하는 방식으로 개발하며, 새로운 상점가는 기존 건물들과 같은 맥락속에서 색상과 재료의 차별화로서 기존건물과 대조적인 조화를 이루도록 구성하였다.

(4) 도시재생에 의한 도시건축디자인

① 루브르 박물관의 중정 피라미

· 루브르는 원래 왕궁이었기 때문에, 미술관으로 사용하기에는 이용자들의 관람동선이 지나치게 길어 불편한 점이 있었다. 제안된 미테랑 대통령의 '그랑 루브르'로 중국계 미국인인 이오 밍 페이(Ioeh Ming Pei)란 건축가에 의해 중정 중심에 유리 피라미드가 탄생된 것이다.

· 거대한 구조적 기반을 넓게 유지하고 그 상부로 올라갈수록 형상을 좁힘으로써 피라미드 형태를 취했다. 사용된 재료 역시 전통적인 파리의 건축물과 이상적조화라는 극평을 받고 있다.

· 진입로를 우리 피라미드 형태로 설치하여 그동안 닫혀있던 광장이 개방되어 공공공간으로서의 기능을 회복하여 활력적인 시민공간으로 되살렸다는 것에 의의가 크다.

그림 103〉 루브르 박물관 중정 피라미드

· 피라미드에 의해 지하공간이 개방됨으로써 지하공간을 적극 활용하여 소장 및 전시면적을 보완하는 당시 유리 피라미드의 건설은 많은 비판에 직면 했었지만, 현재는 루브르의 상징이 되었다고 할 수 있다.

② 라데팡스 신개선문

· 프랑스혁명 200주년을 기념하여 라데팡스에 세워진 건물로 안쪽 길이 70m, 높이 105m로 1989년 7월 14일 준공되었다.

· 1982년 프랑스와 미테랑 대통령의 주체로 '그랑 프로제 현상설계' 를 추진해 '가장 순수한 형태의 강력한 힘을 발휘하는 구조물' 을 선정한다는 기준으로 덴마크 건축가 오토 폰 스프렉켈손의 계획안을 당선작으로 발표하였다.

· 6년여의 시공기간을 거쳐 완공되어, 1989년 20세기의 세계적인 기념적 구조물로 자리 하게 되었으며, 인류의 영광을 위한 새로운 개선문이라는 뜻에서 '인간개선문' 으로 통칭되었다.

· 대형아치가 세워진 장소는 도시 전체로 볼 때 역사 축의 연장이면서 동시에 이 축을 보여주는 곳이기도 하는 이중의 기능을 가진다.

· 라데팡스 구역을 시작으로 개선문과 샹젤리제거리, 루브르와 동쪽의 벡시 지구를 축으로 연결시

그림 104〉 파리 신개선문

켜주는 시작점이기도 하며 신개선문 내 건물들은 45도 각도로 경사져 있고 카라라 산 하얀 대리석으로 덮여 있어 원근 효과를 높이고 있다.

③ 라빌레뜨 과학공원

· 파리 동북부에 위치한 라빌레트 지구는 과거 가축시장이자 도살장이었던 곳을 새로운 명소로 재등장시킨 사업지구로서 1980년대 파리 도시개발사업의 백미라고 할 수 있다.

· 1979년에 시작되어 전체면적 55ha의 지역에 위락시설, 식당, 각종 유희공간, 문화활동 공간, 그리고 과학산업 박물관과 음악원 등이 어우러져 역사도시 파리의 새로운 문화적 근린공간을 조성함으로써 '21세기를 지향하는 실험공원' 이라는 평가를 받았다.

· 1970년에 도살장이 폐쇄되며 프랑스 정부가 파리시로부터 라빌레트 지구 전체를 매수하면서 비롯되어 1983년에 개최되었던 국제설계경기는 베르나르 츄미가 당선되어 1984년에 착공하였다.

· 총 면적 35ha로서 파리에서 가장 규모가 큰 공원이 조성되어 잇는 라 빌레트 개발지구는 크게 도시공원과 음악도시 그리고 과학산업도시의 3가지 대규모 개발 프로젝트로 나뉘어 각각 특색 있는 도시건축디자인을 선보였다.

3. 암스테르담(네덜란드)

3.1 도시역사 및 소개

그림 105〉 암스테르담의 위치

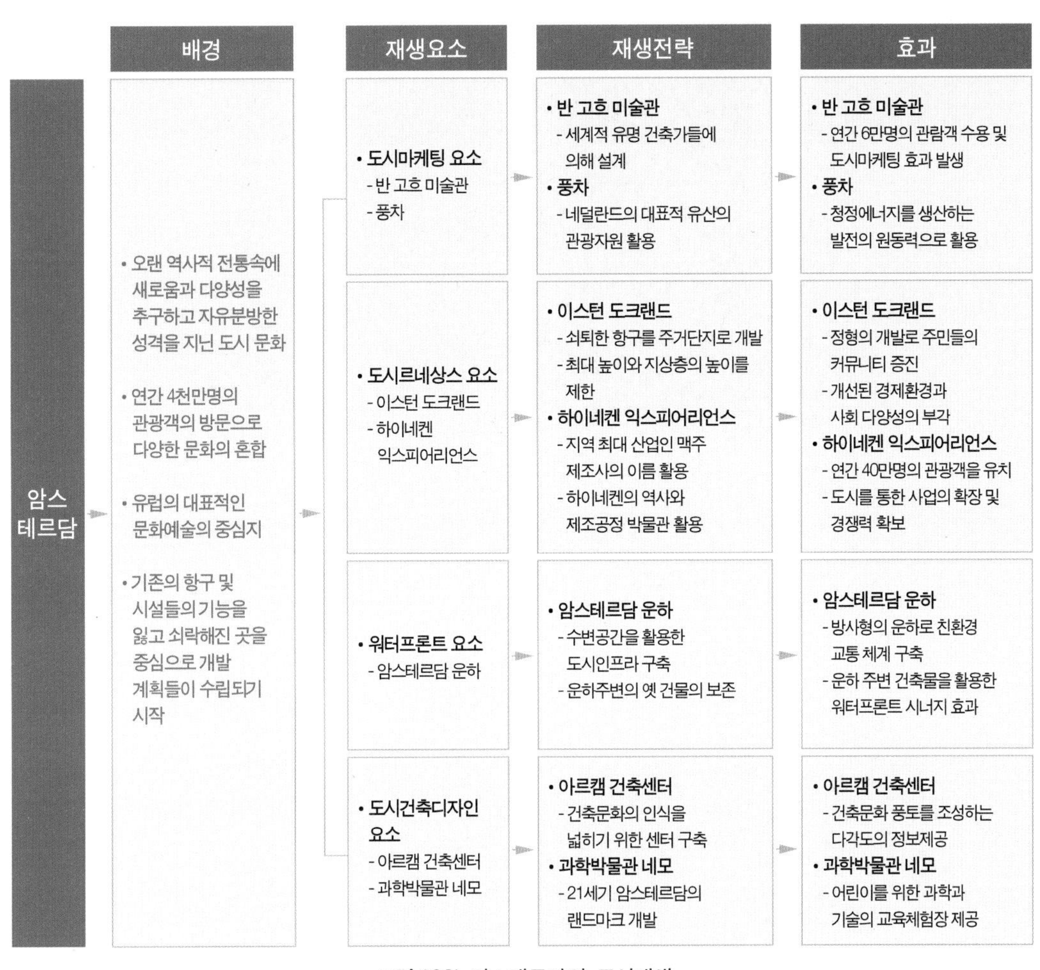

그림 106〉 암스테르담의 도시재생

3.2 발전전략

(1) 도시재생을 통한 도시마케팅

① 반 고흐 미술관

· 암스테르담 중앙역 인근 파울뤼스 벳떼르가를 지나면 「반 고흐 미술관」이 위치하고 있으며 상속된 작품들을 기반으로 1973년 「반 고흐 미술관」이 개관하였다.

· 미술관 건립은 건축가 게리 리트벨트에게 맡겨졌으며 이를 일본인 건축가 기쇼 구로카와가 기존의 건물과 연결되는 새 건물을 설계하였다.

그림 107〉 반 고흐 미술관

· 연간 약6만 명의 관람객을 수용할 수 있는 건물을 설계하였고 1997년 미술관의 연간 관람객은 백만명에 이르게 되었으며 암스테르담 국립미술관과 더불어 「장소마케팅」 효과를 나타냄으로서 관광객 유치에 한 몫을 담당하고 있는 장소이다.

② 풍차

· 이 도시의 상징인 풍차 때문에 더욱 아름다워지며 옛 도시의 낭만을 고스란히 살리고 있다.

· 풍차는 바람의 힘을 이용하여 동력을 얻어 돌아가는 기계이며, 네덜란드 등지에서 특히 많이 사

그림 108〉 네덜란드 풍차

용되었다.

· 해수면 보다 낮은 네덜란드의 지형을 고려하여 1414년에 처음 풍차를 도입하였고, 이후 19세기 증기기관이 발전하면서 풍차는 역사문화유산으로 탈바꿈 하였다.

· 현재의 암스테르담에서는 풍차와 같은 역사적 건물 및 자연적 유산들을 관광자원으로 이용할 뿐만이 아니라 청정에너지를 생산해 낼 수 있는 발전의 원동력으로까지 활용하고 있다.

(2) 도시재생에 의한 도시르네상스

① 이스턴 도크랜드 재개발

· 「이스턴 도크랜드」는 1970년대 중반 이후 항구의 기능을 잃고 점차 쇠락해진 곳으로, 집합주택이 빽빽하게 자리 잡은 조용한 「주거단지」로 개발되었다.

· 현재 이스턴 도크랜드에는 60개의 부지에 각각의 소유자들이 직접 선정한 건축가가 만든 다양한 단독주택들이 일렬로 서 있으며, 재료 또한 벽돌을 중심으로 나무, 돌, 콘크리트, 철, 유리 등으로 다양하다.

· 부두 지역의 주택 개발은 크게 7개 구역으로 나뉘며 이들 구역은 각각의 마스터플랜 아래 몇 개의 계획 단위로 구분되고, 각기 다른 도시 계획가에 의해 차별적으로 건설되어 제 나름을 색깔을 가지고 있다.

· 세부적으로 살펴보면 건축물 재료부터 모양까지 모든 건축물이 다양한 형태와 질감을 가지고 있지만, 전체적으로 통일된 느낌을 갖게 되는 것은 개별성과 다양성을 허용하면서도 최대 높이와 지상층의 높이를 제한하는 엄격한 규정이 있기 때문이다.

· 이스트 도크랜드의 공동주택은 독특한 개성과 다양한 공공공간으로 방문객에게 깊은 인상을 주며, 인근 주거는 주민들의 근린의식을 높이기 위해 동그란 마당을 가진 「중정」으로 구성되어 있고, 모든 출입구는 중정을 향하게 설계되어 있어 주민들은 하루 한 번 이상 중정을 오가며 이웃과 자연스럽게 교류를 쌓을 수 있는 커뮤니티 공간으로 자리잡고 있다.

· 이스턴 도크랜드의 주택들은 획일화된 주택대량공급에만 급급했던 시대가 지나고, 개별화된 욕구들이 사회의 다양성과 함께 삶의 전면에 부각되었음을 말해 주고 있다.

② 하이네켄 익스피어리언스

· 세계 최고의 맥주 제조사로 자리잡은 하이네켄은 암스테르담 중앙역 인근에 「하이네켄 익스피어리언스」라는 박물관을 가지고 있다.

· 1863년에 네덜란드인 게라르 아드리안 헤이네켄이 암스테르담에서 가장 큰 양조장 데호이베르그

(De Hooiberg)를 인수하여, 다음해에 하이네켄사(Heineken & Co.)를 설립했고 그 후 맥주로 명성을 떨치던 하이네켄사는 1988년 암스테르담에 있던 양조장은 폐쇄하였으며 2001년 5월에 하이네켄의 역사와 제조공정을 보여주는 박물관 「하이네켄 익스피어리언스」를 건립하였다.

· 개조 후에 하이네켄 익스피어리언스는 새롭고, 다양한 쌍방향의 즐길만한 요소들을 관광안에 도입하여 더욱 많은 관광객들이 모여 들게 되었으며 박물관은 꾸준하게 하이네켄 회사와 가족들을 이야기하면서 시원한 하이네켄을 즐길 수 있는 기회를 제공하고 있다.

· 하이네켄 익스피어리언스는 암스테르담에서 가장 매력적이고 인기 있는 장소로서 연간 400,000명의 방문객과 함께하는 세계적 관광명소가 되었다.

· 하이네켄 익스피어리언스는 일반적인 역사박물관이 아니고 그 나라의 문화를 알게 하는 박물관으로서 많은 관광객을 유입하는 효과가 상당하다.

· 폐쇄되었던 기존 양조장을 활용한 하이네켄 익스피어리언스는 가까운 거리에 있는 국립미술관과 반 고흐 미술관과 더불어 많은 관광객을 유인하는 암스테르담의 주요 시설로 자리매김하고 있다.

(3) 도시재생에 의한 워터프런트

① 운하

· 암스테르담의 운하와 운하주변풍경은 도시의 아름다움을 증폭시켜주며, 도시의 핵심 인프라인 운하가 이 도시를 자연스럽게 연결시켜주는 수단이다.

그림 109〉 암스테르담 운하

그림 110〉 암스테르담 운하와 다리

· 운하주변에는 붉은 벽돌집과 옛 상인들이 창고로 사용했을 격고한 건물들이 늘어서 있으며 이들 옛 건물은 새로 지은 현대 건축물과도 멋진 조화를 이뤄 소박하고 평온한 도시 암스테르담의 이미지를 잘 전해주고 있다.

· 운하를 따라 배를 타고 지나다보면 즐비하게 들어선 수상가옥들과 오래전부터 잘 보존된 18세기 양식의 건물들이 잘 조화되어 있으며, 수상교통수단과 더불어 관광객들을 유치하는 역할을 하고 있다.

· 암스테르담은 어디를 가도 연결되어 있는 운하에 교통 및 관광가치를 부여. 지역 여건상 방사형으로 뻗어있는 운하를 이용하여 도시 곳곳으로 갈 수 있는 교통도로로 이용되고 있다.

· 암스테르담의 방사형으로 뻗힌 운하는 중요한 교통수단인 동시에 이와 더불어 운하 주위의 18세기 건축물들을 통해 세계 도처의 사람들을 모으는 중요한 워터프론트 개발사례이다.

(4) 도시재생에 의한 도시건축디자인

① 아르캠 건축센터

· 1986년 재단으로 설립된 건축센터 아르캠은 암스테르담을 위시한 주변의 건축적 활동에 집중하면서 건축문화의 인식을 넓히는데 목표를 두고 있다.

· 원래는 「렌조 피아노」가 디자인한 작은 건축물을 바닥과 기둥만 남기고 철거한 후 신진 건축가 레네 반 쥐크가 새롭게 증축하였다.

· 사면은 어떤 지점에서 보아도 그 형상이 달라 흥미로운 조형성을 가지고 있으며 차갑게 보일 수

그림 111〉 아르캠 건축센터

그림 112〉 아르캠 건축센터

있는 아연과 유리를 사용한 외형은 우아한 곡선의 형태와 만나 미래지향적이고 부드러운 인상을 풍길 수 있도록 설계되었다.

· 최근에는 전시나 출판, 교육과 디지털 정보에까지 조직적으로 활동영역을 넓혀 시의 건축문화 풍토를 조성하는 다각도의 멀티플레이를 펼치고 있다.

② 과학박물관 네모

· 네모(NEMO)는 환상과 실제 과학과 기술이 어우러진 21세기 암스테르담의 랜드마크로 이탈리아의 세계적 건축가 렌조 피아노의 작품이며 언뜻 보기에 부두에 정박된 배와 같은데 이런 특이한 건물 모양으로 모든 사람의 시선을 집중시킨다.

· 네모는 5세에서 15세까지의 어린이들을 위한 과학과 기술의 교육 체험장이다.

· 우리나라도 매년 수백만명의 관람객을 끌어들이고 있는 암스테르담 과학박물관 '네모'와 같이 어린이들의 교육 체험장이 될 수 있는 복합문화공간이 필요하다.

그림 113〉 과학박물관 네모

4. 프라하(체코)

4.1 도시역사 및 소개

그림 114〉 프라하의 위치

4.2 발전전략

(1) 도시재생을 통한 도시마케팅

① 국립박물관

· 체코국립박물관이라고도 하는 프라하 국립박물관은 프라하 제1의 번화가인 바츨라프 광장 정면에 있는 박물관으로, 세계 10대 박물관의 하나로 꼽힌다. 체코의 재건을 상징하기 위해 1885년부터 공사를 시작해 1890년에 완공된 르네상스 양식의 건물로 높이 70m, 너비 100m, 3층으로 이루어져 있다.

· 건물 내부는 대리석으로 장식되어 있고, 주로 광물학 · 인류학 · 고고학 등 역사와 관련된 유물을 전시하고 있으며, 유물은 층별로 나누어 테마별로 전시되고 있다.

· 체코의 재건을 상징하는 이 박물관은 요제프 슐츠(Josef Schulz)에 의해 디자인되었고, 1890년에 완공되었다. 프라하 국립박물관의 외형은 르네상스양식의 건물답게 코니스, 아치, 아케이드, 장식적인 벽화 등의 고전적 요소와 화려한 장식으로 지어졌다. 특히 르네상스양식의 대표적인 돔형태의 지붕은 이중구조로서 르네상스 양식의 대표적인 모습을 보이고 있다.

· 프라하 국립박물관은 열린 프로그램을 통해 개방적인 기관으로 거듭나면서 지역 사회의 단체들이 다양한 방식으로 프로그램에 참여하는 것이 특징이다. 지난 1997년부터 6년 동안 이어진 '열

	배경	재생요소	재생전략	효과
프라하	• 5~6세기 무렵 솔라브인이 들어와 9세기 말 프라하성을 축조하였고 12세기에 중부유럽 최대 도시의 하나로 성장 • 민주화가 이루어진 후 오래된 공산화의 잔재들에 대한 이미지 쇄신을 위한 개발계획수립 시작	**• 도시마케팅 요소** - 국립박물관 - 오페라 하우스	**• 국립박물관** - 열린 프로젝트로 인한 지역 사회의 다양한 방식의 참여 **• 오페라하우스** - 세계 3대 오페라 극장 중 하나로써 체코 오페라의 모테이자 예술과 역사의 국제적인 모뉴먼트 구축	**• 국립박물관** - 열린 박물관의 문 프로젝트에는 시민단체인 개방사회펀드가 후원금을 내면서 각계 전문가의 참여 유도 **• 오페라하우스** - 국립극장 등과 함께 프라하의 공연문화를 이끌고 있음
		• 도시르네상스 요소 - 바츨라프 광장	**• 바츨라프 광장** - 천년 고도의 중세 도시 프라하가 보여주는 시간의 문맥속에 현대의 수사학적 장치 접목	**• 바츨라프 광장** - 프라하의 고전성을 유지하면서 현대적인 요구에 부응
		• 워터프론트 요소 - 리버 다이어몬드	**• 리버 다이아몬드** - 주거시설 및 업무, 고급호텔을 개발하여 직주 근접의 방식을 실현	**• 리버 다이아몬드** - 수변공간과의 조화를 이루는 장기적인 발전 전략으로 역사적인 도시 프라하를 보존 및 향상
		• 도시건축디자인 요소 - 댄싱 빌딩 - 프라하 안델	**• 댄싱빌딩** - 기존의 맥락과 현대를 조화롭게 반영 **• 프라하 안델** - 상업 · 문화공간과 어우러져 프라하 젊은이들이 즐겨찾는 장소 유치	**• 댄싱빌딩** - 프라하의 인상을 특징짓는 강력한 장소성 창출 **• 프라하 안델** - 프라하 최대의 복합 상업시설로 성장

그림 115〉 프라하의 도시재생

그림 116〉 프라하 국립박물관

린 박물관의 문' 프로젝트에는 시민단체인 「개방사회펀드」가 후원금을 내면서 각계의 이해단체 및 전문가의 후원 및 참여를 이끌어냈다.

② 오페라하우스

· 체코 국립극장에 버금가는 기념비적 건물을 만들기 위해 세워졌다. 처음에는 신 독일극장으로 알려졌으며, 신 고전주의풍의 극장 정면은 원기둥이 줄지어 서 있는 로지아와 박공으로 장식되어 있다. 프라하에서 가장 아름다운 건축물로 선정되었다.

· 19세기말 프라하에는 오래전부터 독일인들이 많이 거주하였고 프라하의 독일인들은 독일어 오페라를 공연 할 수 있는 극장을 염원하여 1883년 네오 로코코양식의 단아하면서 화려한 극장이 완공되었다.

· 1949년 스메타나극장이라고 이름을 바꾼 뒤 20세기 초반, 세계적인 오페라 르네상스가 일어나기 시작하면서 오페라 하우스는 중심에 서게 되었다.

· 현재 프라하 오페라 하우스는 세계 3대 오페라 극장 중 하나로써 체코 오페라의 모태이자 체코의 예술과 역사의 국제적인 모뉴먼트로 알려져 있다.

· 현재 국립극장, 스타보프스케극장 등과 함께 프라하의 공연문화를 이끌고 있다. 오페라 하우스 프로그램은 세 가지 문화적 앙상블(오페라, 발레, 드라마)로 구성되어 고전주의적 양식뿐만 아니라 현대적인 양식의 레파토리로 풍부하게 구성하고 있다.

(2) 도시재생에 의한 도시르네상스

① 바츨라프 광장

· '프라하의 샹제리제' 라고 불리는 바츨라프광장(Wenceslas Square)은 1848년 보헤미아의 성 바츨라프 성인의 이름을 딴 광장이며 도시의 중심 광장 중 하나로 상업과 문화의 중심지인 뉴타운 지구에 위치하고 있다. 많은 역사적인 사건들이 발생했던 기념비적 장소로 기념식과 공공행사, 데모 등이 열리는 장소이다.

· 광장을 조성한 이는 1348년 New Town 지구를 만든 찰스 4세가 바츨라프 광장을 조성하였는데 그의 계획에는 많은 노천 시장을 만드는 것을 포함하고 있었다. 이로 인하여 도시의 여러 시장 중에 하나인 말 시장(Horse Market)이 조성된 지역에 19세기 말 중앙의 녹지를 중심으로 한 지금의 바츨라프 광장으로 개발되었다.

· 신시가지의 시작점이라 할 수 있는 바츨라프 광장은 체코 현대사의 장이라 할 만큼 체코 격변의

그림 117〉 프라하 바츨라프 광장

역사 중심 광장 이라고 할 수 있다.

· 바츨라프 광장은 유서 깊은 호텔과 고급 레스토랑, 백화점, 은행, 사무실들이 다양한 건축양식이 뒤섞여 있다. 예컨데 딱딱한 건물에 사선 장식을 넣어 멋을 낸다든지, 고전적인 벽면을 부드러운 아르누보의 문양으로 장식한다든지, 혹은 유리 입면에 삼각 · 원형 · 사각의 기하학적 형상을 새겨 넣어 원래 구조물의 정체성을 감추어 버린다든지, 혹은 전체를 유리로 단순히 뒤덮는 등의 식으로 형성되어 있다.

· 이러한 모습들은 걷기 좋은 도시이자 천년 고도의 중세 도시 프라하가 보여주는 공간과 시간의 맥락속에 프라하가 가지고 있는 고전성을 유지하면서 현대적인 요구에 부응하는 조화로운 모습이라 여겨지고 있다.

(3) 도시재생에 의한 워터프런트

① 리버 다이아몬드

· 체코 정부는 투자 환경을 조성하기 위해 서구 스타일의 생활 방식과 트랜스를 적극적으로 받아들여 왔는데 대표적인 예가 리버 다이아몬드(River Diamond) 프로젝트이라고 할 수 있다.

그림 118〉 프라하 리버 다이아몬드 프로젝트

· 리버 다이아몬드는 2002년 큰 홍수로 인하여 범람한 지역서 제 8구역의 블타바의 남측지역을 개발한 워터프론트 개발사례이다.

· 리버 다이아몬드 프로젝트는 프라하 중심의 블타바강변에 총 145,735㎡ 면적의 오피스 시설과 약 1,000여 세대의 주거 시설이 개발되고 있으며 업무, 주거시설 및 호텔 등의 용도로 10여개의 기업들이 프라하 8(Prague 8)이라는 컨소시움을 결성하여 50년의 기간을 두고 진행되는 프라하 최초의 강변개발계획이었다.

· 강이 보이는 전망 좋은 아파트들을 스튜디오에서 판테온하우스에 이르는 최고급 주거시설 및 업무, 고급호텔을 개발하여 직주근접의 방식을 실현함으로써 도심으로 사람들을 유입하려는 전략이다.

· 리버 다이아몬드 프로젝트는 과거와 현재의 공존과 수변공간과의 조화를 이루려는 도시재생 전략이다. 아울러 50년이라는 장기적인 마스터플랜속에서 역사적인 도시 프라하를 보존하는 동시에 미래의 모습을 투영한 프로젝트이다.

(4) 도시재생에 의한 도시건축디자인

① 댄싱빌딩

· 댄싱빌딩이라 별명이 주어진 '내셔널 네덜란드 빌딩' 은 '프래드 앤 진저빌딩' 이라고도 불린다. 프라하의 도심 주변의 신시가지에 위치하고 있다. 체코 출신의 '블라도' 와 빌바오 구겐하임 미술관을 설계한 건축가 '프랭크 게리' 의 설계로 1996년에 완공되었다. 1996년 미국의 TIME저널에서 최고의 건축디자인 작품으로 선정되었다.

· 트윈타워가 마치 남녀가 춤을 추는 것 같은 형상을 하고 있기 때문이며 Ginger and Fred라는 이름으로도 불리고 있다. 이는 헐리웃의 인기커플 Fred Astaire와 Ginger Rogers 이름을 딴것이라고 한다.

· 블타바 강변의 교차로에 네오르네상스 양식의 7층 높이의 이 건물은 투명유리와 극소화된 접합체를 이용하여 여자의 스커트 모양을 하고 있다. 프라하 지방의 마감재인 치장벽토로 마감하여 전통 맥락과 현대를 조화롭게 반영하고 있다.

그림 119〉 프라하 댄싱빌딩

· 1945년 세계2차대전 당시 미군 폭탄이 떨어진 뒤 비어 있던 대지에 건물주인 인터내셔널 네델란드 그룹의 '폴 콕' 은 텅빈 이 땅을 '이빨 빠진 곳' 이라 불렀다. 유년 시절을 프라하에서 보낸 그는 이 도시에 무언가를 바치고 싶었고, 바로 이곳에 새로운 이빨을 끼워 넣고자 이 건물을 계획하게 되었다.

· 보수적이고 재정이 부족했던 도시 프라하에 이런 건물이 들어설 수 있었던 것은 자본가 '폴 콕' 과 권력가 '하벨' 대통령의 결정이 바탕을 이뤘던 덕분이다. 건축적 전통을 고수하려는 보수주의자들의 반대에 현명하게 대응한 설계자 '밀루닉' 의 탁월한 추진력도 큰 몫을 했다고 한다.

· 역사성이 내재된 건축물들이 가득 찬 프라하에서 댄싱빌딩은 파격적인 건축디자인으로 프라하의 현대적 이미지를 발현하며서 강력한 장소성을 만들어 내고 있다.

② 프라하 안델

· 줄라리 안델(Zlaty Andel) 프로젝트로 '프라하의 천사' 라 불리며 2000년 파리의 카르티에 재단, 리옹 오페라하우스 등으로 유명한 '장 누벨' 이 설계한 프라하의 고풍스런 시가지의 사거리에 입지한 있는 복합 상업 건물이다.

· 1990년대 말 재개발이후 프라하 최대의 복합 상업시설 중 하나가 되었다. 주변의 다른 복합 상업·문화공간과 어우러져 프라하 젊은이들이 즐겨 찾는 장소가 되었다. 국제적인 업무지역이자 프라하의 대표적인 대중교통인 메트로와 트램의 교차점으로 프라하 교통의 중심지가 되고 있다.

· 프로젝트의 특징은 커튼월 파사드에 거대한 사람의 이미지와 프라하의 건물 파사드 풍경이 프린팅 되어있다는 점이다. 이 사람의 이미지는 이 장소에서 촬영된 '베를린 천사의 시' 라는 영화의 한 장면으로서 이 장소와 연관된 기억을 토대로 스토리텔링 요소로 삼았다.

· 광고판의 사인들과 함께 프린팅되어 있는 시가지의 그림은 유리에 반사되는 거리의 모습과 융합되어 자연스럽게 거리에 묻혀 들어간다. 광고판들의 연속으로 성치된 공간이 새로운 장소성으로 만들어 내고 있다는데 그 특징이 있다.

· 장누벨은 건물을 통해 하이테크의 기계미학과 현대적 이미지의 차용으로 회화적이면서 감정적이고 신비감있게 창출하고 있다. 이 건축물은 '공간을 구성하는 기술' 일 뿐만 아니라, '이미지를 생산하는 작업' 이라는 그의 설계철학을 그대로 반영하고 있다.

· 건물은 고정되어 있으나 장소와 연관된 기억을 전하기 위해 사건들로 변화하는 풍경을 만들어 내고 있다. 건물은 유리에 반사되는 거리의 모습들과 융합되어 단순한 장소성의 부활뿐 아니라 건물을 통해 프라하에 대한 향수적인 은유를 느끼고 있다.

5. 베를린(독일)

5.1 도시역사 및 소개

그림 120〉 베를린의 위치

5.2 발전전략

(1) 도시재생을 통한 도시마케팅

① 쿨투어 브라우이

· 독일 베를린의 쿨투어 브라우이는 수십년 방치되었던 슐트하이스 맥주공장을 리모델링한 것으로 공장의 원형을 그대로 살려서 개조하여 공연장, 식료품 매장, 여행사, 학원 등 '복합문화공간' 으로 탈바꿈했다.

· 이곳은 모든 사람들을 위한 공간을 만들겠다는 목표에서 다양한 형태의 예술행사와 참여하는 원하는 수요자들의 요구를 반영하여 문화공간을 마련해주는 '문화 양조장' 으로 만들었다.

· 19세기 중반 맥주 만들기에 적합한 질 좋은 지하수가 발견되면서 맥주공장들이 많이 세워지기 시작했는데 세계에서 가장 규모가 큰 슐트하이스 맥주공장이 바로 이곳에 문을 열었다.

· 2차 대전과 분단 등 격변을 거치면서 1964년까지 가동하다 문을 닫고 창고로 방치되어오다가 동독체제 하에서 젊은이들의 문화공간으로 활용했었다.

· 1990년 통독 후 젊은 예술가들이 예술을 펼쳐 보이려는 욕구가 강했고, 비어있던 공장을 1998년 개조를 시작, 2001년 초에 복합문화공간으로 바뀌었다.

· 이로 인해 쿨투어 브라우이는 베를린을 마케팅해주는 대표적인 복합문화공간으로 자리매김하여

그림 121〉 베를린의 도시재생

다양한 행사가 역동적으로 개최되는데 연간 2000건의 문화행사가 열리고, 1만 1,000건의 영화가 상영되 연간 방문객만 90~100만명에 이른다.

· '쿨투어 브라우이' 는 시민들의 대중적 욕구를 자연스럽게 수용하는 복합문화공간으로 '순수대중 문화' 를 지향하고 있다.

· 이처럼 성공적인 리모델링에 의한 복합문화공간의 탄생 자체가 베를린을 도시마케팅 해주는 주요한 공간이 되고 있는 것이다.

② 소니센터

· 포츠담 광장은 베를린 장벽이 설치된 후 분단과 냉전, 폐허의 상징이었다. 1991년 베를린 시의회

그림 122〉 베를린 소니센터

는 포츠담 광장 재개발계획을 수립하였고 그에 따라 21세기 유럽의 중심도시로 탈바꿈하기 위한 새로운 계획들이 세워졌다.

· 베를린 시의회는 베를린 시가 갖는 문화적 전통을 보존하면서 동시에 미래 지향적인 변화를 추구하기 위해 주변과 조화를 이루는 예술적, 독창적인 건물 신축을 소니사에 요구하였다.

· 이러한 독일의 요구와 유럽 진출을 꿈꾸는 소니사의 야심이 합쳐지면서 시작된 마케팅 프로젝트가 바로 소니센터의 건립이다.

· 소니센터는 시의회의 요구대로 문화 공간을 대폭적으로 확보하였으며, 2차 세계대전 때 파괴된 문화재인 '에스플라나다 호텔' 을 건물 내에 복원했다.

· 포츠다머 광장의 입구에 거대한 성문처럼 대조적인 2개의 건물이 우뚝 서있는데 다국적 기업 다임러 크라이슬러사와 소니센터이다.

· 소니센터의 주요 건물 면적은 소니의 유럽본부와 다국적 기업들이 입주해 있는 4개동의 오피스 건물이 8만 평방미터, 주거시설이 2만 6500평방미터, 디지털 제품 전시관 등이 1만 8,000평방미터에 달한다.

· 소니센터의 관람객은 연간 천만명 정도로 1일 대략 5만 명이 찾아오며, 이중 60%가 관광객이고 40%는 영화 관람객 또는 점심, 저녁식사를 즐기려는 베를린 시민들로서 소니센터는 베를린 시의 중요한 도시마케팅 자원이다.

(2) 도시재생에 의한 도시르네상스

① 포츠다머 플라츠

· 2차 세계대전의 폭격에 의하여 거의 폐허가 된 포츠다머 플라츠 지역은 동서부의 접경지역으로서 도시 내에서 핵심적인 지역이었는데 장벽으로 인해 포츠담광장은 동서간의사회 · 문화 · 경제적 교류가 끊긴 구도로 남아 있었다. 그 후 통일로 인해 포츠담광장은 상징적인 공간으로서 정치 · 경제 · 문화적으로의 중요성이 부각 되었다.

· 포츠담광장의 주변은 장벽으로 인해 미개발되어 지가가 중심지역의 30~40% 수준이어서 대규모 개발사업에 용이했었다. 포츠다머 플라츠의 계획 · 건설기간은 6년간 진행되었다.

· 전체 개발대지 230,000㎡ 규모에 사무 50%, 상업 20%, 요식업 및 문화 10%, 주거 20%의 토지이용계획이 수립되었다.

· 1989년 베를린 장벽의 붕괴와 함께 포츠담 광장의 개발이 확정되었고, 이윽고 1990년, 1991년에 걸쳐 포츠담 광장의 개발권이 Daimler-Benz와 일본의 Sony로 넘어 가게 되었다.

· 베를린장벽 건축이후 분리된 중심부의 결합을 위해 도시의 다핵심주의 구조로서의 통합을 실현하고자 하였다.

· 보행자중심 도로와 광장의 연속성을 통해 도시축이 형성되었고, 포츠담광장에서 Leipziger광장에

그림 123〉 포츠다머 플라츠

이르기까지 공간적 연속성의 재창조가 계획목표였다.

· Leipziger광장의 계획은 8각형의 형태와 역사적 위상을 반영하기 위한 재생으로서 개발되었다.

· 한편 포츠담광장은 "Green Space와 역사적 상징물의 통합"을 목표로 했다.

· 민 · 관 합작 개발로 민간기업(벤츠 및 소니사)을 통해 block 개발을 시행하여 재정 부담을 줄이고 기업의 이미지를 제고하는 기회를 제공하였다. 기업으로 하여금 사회성 및 공공성 측면에서 개발을 유도하여 관광지로서의 부가가치를 창출했다.

② 우파 파브릭

· 베를린 장벽 붕괴가 임박하던 1979년 6월 9일, 일단의 예술가들이 방치된 동베를린 공장 건물에 들어와 작품활동을 하면서 대안적 삶을 지향하는 녹색생태마을인 '우파 파브릭(Ufa-Fabrik)'이 탄생하였다.

· 우파(Universal Film Association:유니버셜영화배우협회)는 제2차 세계대전 발발 이전인 1918년 설립된 독일 최대 영화사, 파브릭은 영어 팩토리(Factory: 공장)과 같은 의미이다.

· 이 공간은 원래 독일뿐만 아니라 유럽 최고의 스타 배우들로 이름났던 우파 영화사의 필름 현상소였다. 1961년 베를린 장벽이 생기고 촬영소가 있는 서베를린과 격리됨으로써 30년 가까이 폐허로 방치되었었다.

그림 124〉 우파 파브릭

· 당시 베를린에는 빈 공장이 많았는데, 이곳에 청년예술가들이 모여 생활하면서 새로운 문화를 창출하기 시작했다.

· 공간을 개조하여 문화시설들이 자리를 잡으면서 공연 수익금으로 음악 카페와 유기농 빵집, 예술·무도 교습소 등을 만들어 이 지구의 활성화를 도모하였다. 각자의 역할을 맡기 시작해 1978년에는 입주민들의 아이디어를 모아 공장문화페스티벌을 개최했는데 대성공했다.

· '우파 파브릭' 간판을 따라 마을로 들어서면 1만 8566㎡대지에 1~2층 짜리 건물 7개 동이 배치되어 있는 예술촌의 이미지를 느끼게 된다.

· 배우들이 대본을 확인하던 극장은 국제문화센터로, 식당은 연극공연장으로 개조했으며, 공연을 위한 야외무대도 설치되었다.

· 필름보관소는 스튜디오, 댄스·격투기 교습소, 카페, 레스토랑, 유기농 식품점, 게스트하우스 등으로 바뀌었다.

(3) 도시재생에 의한 워터프론트

① 슈판다우

· 슈판다우는 하펠강과 슈푸레강 사이에 위치한 수려한 수변도시로 2차 대전 후 화약 공장 등이 입

그림 125〉 슈판다우 워터프론트

지하고 있었다. 1992년대 도시개발구역으로 지정하여 재개발된 지역이며 면적은 206ha로 고용, 주거, 여가기능이 어우러진 복합도시 공간을 만들고자 계획되었고, 계획세대수는 9,500에 이른다.

· 슈판다우는 재생프로젝트는 사업기간은 1992년에서 2010년까지 약 18년에 결쳐 수행 되었다.

· 슈판다우는 풀버퓰레단지와 하펠슈피체단지로 구분되어 개발되었으며, 수변과 어우러진 공원에다 모든 지역이 보행녹지축으로 연결되어 대도시 안에서 공원과 호수를 산책하며 자연과 동화된 삶을 추구할 수 있는 재생지구가 되었다.

· 개발원칙은 강변은 시내 어느 곳에서라도 접근 가능하여야 하며, 가로와 광장들은 물을 향하여 열려야 하고, 주거단지 내에는 주민들이 공유할 수 있는 넓은 녹지를 조성하는 것이다.

· 건축물로 5층에서 7층 정도의 규모로 중정형 건물-블록을 둘러싸는 도시적 건조방법을 택하였고 다양한 형태의 공장들을 높은 수준의 건물로 리모델링하는 원칙도 실현하였다.

· 풀버퓰레단지에는 열린 블록형과 빌라형태의 단독건물이 혼합되어 다른 단지에서 느낄 수 없는 공간적 경험을 하도록 연출하였고 건물과 건물 사이공간에는 맞춤 디자인놀이시설물이 설치되어 외부공간이 어린이의 놀이터로 이용될 수 있도록 구성하였다.

(4) 도시재생에 의한 도시건축디자인

① 유대박물관

· 유대박물관(Jewish Museum, 2001)의 건설은 60년대 중반부터 논의되었으나 1989년에 이르러서야 설계 경기에 의해 본격적으로 시작되었지만 완공되기까지 다시 10년이 걸렸다.

· 박물관은 '유대의 표식' 인 '다윗의 별' 이 변형된 지그재그형상인데, 불확정적이고 비선형적인 기묘한 미로로 표현되어 있으며, 미로의 심장부에 두 개의 빈 공간이 관통한다.

· 1933년 독일의 유대인은 50만명이 넘었지만 49년에는 2만명으로 줄어들었는데, 유대인 추방과 살인 사건 후 유럽에서 사라진 존재들이 강철 얼굴로 형상화 시켜 놓고 있다.

· 또 하나의 빈 공간은 '홀로코스트 타워(Holocaust Tower)' . 타워로 향하는 '죽음의 축' 은 차가운 백색 형광등으로, 그것을 가로지르는 '삶(망명)의 축' 은 자연광을 지닌 형광등으로 이어져 있다. 이 두 개의 빈 공간은 독일의 계획적 집단 대량 학살의 희생자들의 영혼을 텅 빈 공간을 통해, 적나라하게 보여주는 강한 상징으로 자리잡고 있다.

② 타클레스

· 타클레스는 유태인 언어로 '모든 것을 드러내다' 라는 뜻으로 전쟁 폭격으로 흉측하게 망가진 옛 백화점 건물에 동베를린 예술가들과 다른 지역의 작가들이 모여들면서 재생하여 문화창작공간으

그림 126〉 유대박물관

그림 127〉 타클레스

로 변모시킨 곳이다.

· 타클레스에는 30개의 각종 크기의 스튜디오가 있으며 2층에는 갤러리, 블루살롱(옛날 갤러리), 영화 상영장, 연극 공연장 등이 있다. 1층에는 많은 술집과 상점들, 작은 댄스 교습소들과 건물관리사무소가 있어 과거 폐허 · 쓰레기장 이미지가 일부 남아있지만, 건물 내부는 각종 예술 활동으로 상상력이 분출되는 창작의 공간으로 변모되었다.

· 타클레스의 특징은 문화예술인들이 누구의 간섭으로부터도 자유롭게 예술창작 행위를 할 수 있고, 개인주의적인 실험, 창조적인 활동을 가능하게 해주는 공간으로 탈바꿈되었다는 것이다. 현재 세계적인 아트센터로서의 명성과 함께 문화예술분야에 커다란 영향력을 발휘하고 있다.

1장의 이야깃거리

1. 문화공간 조성을 활용한 해외 도시재생 성공사례를 비교해보자.
2. 도크랜드는 과거 어떤 지역이었는지, 그리고 왜 이 지역에 도시재생이 필요했는지 살펴보자
3. 도크랜드의 도시재생에 의한 문화공간인 워터프론트를 예를 들어 이야기해보자.
4. 도크랜드의 도시건축디자인을 통한 도시재생을 예를 들어 이야기해보자.
5. 도크랜드 도시재생이 런던의 도시마케팅과 브랜드 향상에 기여한 효과에 대해 논해보자.
6. 파리의 도시재생을 위한 도시마케팅전략을 이야기해보자.
7. 파리의 미테랑대통령이 추진한 도시재생 그랜드 프로젝트를 열거하고, 이들 프로젝트들이 어떻게 도시재생에 기여 했는지 논의해보자 .
8. 파리의 그랜드프로젝트가 도시브랜드 강화에 내친 영향을 살펴보자 파리의 도시건축디자인이 도시마케팅에 주는 효과는?

8. 암스테르담의 도시재생에 의한 워터프론트 프로젝트에 대해 이야기해보자.
9. 암스테르담의 문화요소를 통한 도시재생에 대해 이야기해보자.
10. 암스테르담의 반고흐 박물관이 가져다주는 도시마케팅 효과에 대해 생각해보자.
11. 프라하의 도시재생을 위한 도시마케팅전략을 이야기해보자.
12. 프라하의 도시재생요소는 어떤 것들이 있는가?
13. 프라하의 도시재생전략에서 과거와 현재의 조화라는 요소가 있다면 이들은 어떤 것인가?
14. 프라하의 댄싱빌딩의 도시마케팅에 기여하는 바가 무엇인지 생각해 보자.
15. 베를린의 도시재생을 위한 도시마케팅전략을 이야기해보자.
16. 베를린의 도시건축디자인을 통한 도시재생 사례에 대해 이야기해보자.
17. 베를린은 지난 30년간 도시재생 전략을 성공적으로 추진하고 있다. 베를린의 주된 도시재생전략을 살펴보자.
18. 베를린 포즈다머 플라츠의 도시브랜드 기여도에 대해 논해보자.
19. 세계도시가 되기 위해서는 그 도시를 상징하면서, 관광객을 유치할 수 있는 요소들이 필요하며 이와 더불어 이러한 요소들을 뒷받침 할 수 있는 기반시설은 무엇이 있는지 이야기 해보자.
20. 예술과 문화가 도시의 경쟁력을 향상시키는 하나의 키워드로 떠오르고 있다. 문화 · 예술 프로젝트에 의한 도시재생이 도시의 사회, 경제에 미칠 영향력에 대하여 논해보자.

제2장
워터프론트를 통한 도시재생

1.1 워터프론트를 통한 도시재생

	배경	재생요소	재생전략	효과
함부르크	• 독일 수출입 물량의 90%를 처리하는 항구도시 • 북유럽거점 무역항으로 국제도시 기능 • 항만, 상업과 공업이 혼재된 지역으로 발전해 왔으나 점차 산업의 쇠퇴로 슬럼화 • 슬럼화 된 기존의 지역에 대한 도시 재생계획이 수립	• 도시마케팅 요소 - 채널 함부르크	• 채널 함부르크 - 기존의 유 · 무형 도시 자산의 대한 보존 - 채널 타워라는 지역의 랜드마크 건축물의 완공 - 슬럼화되어 가는 기존의 수변지역에 재생사업을 펼침	• 채널 함부르크 - 역사성을 중심으로 수변지역 도시재생 마케팅하는 요소를 이끌어내어 도시마케팅에 성공함
		• 도시르네상스요소 - 하펜시티	• 하펜시티 - 역사 · 문화 요소를 도시재생에 활용 - 수자원 환경을 적극 활용하여 문화와 교육의 지식기반산업과 함께하는 친환경도시로서의 개발	• 하펜시티 - 수변공간을 활용한 복합적 토지 이용 - 인위적인 시설 없이 강의 범람을 방지하는 인프라 시설을 구축한 후 도시재생 프로젝트를 접목 - 지속가능하며 환경지향적인 개발
		• 워터프론트 요소 - 함부르크 항 - 알스터 호	• 함부르크항 - 컨테이너 터미널의 개보수, 항만의 건설, 자유무역지대 조성, 석유터미널의 조성 • 알스터 호 - 제방과 풍차를 이용한 인공호수의 설치 - 공원과 레져 기능의 적절한 조화	• 함부르크항 - 항만시설의 확장 뿐이 아닌 주변의 토지이용과의 조화를 통한 상승작용 • 알스터호 - 오픈스페이스를 통한 수변공간의 미관 향상 및 쾌적성 향상
		• 도시건축 디자인 요소 - 엘베 필하모닉 - 마르코폴로 테라스	• 엘베 필하모닉 - 역사적으로 가치 있는 건축물의 보존과 조화로운 도시이미지의 구축을 위한 디자인 • 마르코폴로 테라스 - 부두창고의 개조를 통하여 예술과 문화의 핵심 장소로 개발	• 엘베 필하모닉 - 자연과 음악의 조화로서 도시 이미지를 재창조 • 마르코폴로 테라스 - 역사성과 문화예술이 녹아든 장소성 창조

	배경	재생요소	재생전략	효과
뉴욕	• 유엔본부가 자리 잡은 국제 정치의 주 무대 • 세계의 예술과 경제를 이끌어 가는 예술 및 경제의 중심지 • 모더니즘, 포스트 모더니즘이 공존하는 미적양식을 보여줌 • 1800년대 말부터 20세기 초반까지 산업화와 급격한 도시화로 도시환경의 악화 • 로워 맨하탄 수변재생 프로젝트 등 지속 가능한 수변재생 전략실시	**• 도시마케팅 요소** - 자유의 여신상 - 배터리파크 시티	**• 자유의 여신상** - 뉴욕을 상징할 수 있는 랜드마크 전략 - 각종 영화나 문학작품에 언급하여 마케팅 함 **• 배터리파크 시티** - 직장과 주택의 인접개발 - 상세한 도시디자인 가이드라인의 실천	**• 자유의 여신상** - 뉴욕의 아이콘과 미국을 상징하는 도시마케팅효과 **• 배터리파크 시티** - 배터리파크 시티 개발공사의 매년 7천만달러의 뉴욕시에 대한 지원 - 도시환경의 수준 상승 및 쾌적한 생활을 영위
		• 도시르네상스요소 - 첼시마켓 - 미트패킹	**• 첼시마켓** - 지역의 특성과 건물의 역사를 살린 새로운 문화공간을 창조 **• 미트패킹** - 문화예술 공간화 전략을 통하여 공간창조	**• 첼시마켓** - 마켓의 갤러리화를 통한 방문객의 증가 **• 미트패킹** - 도살장과 문화예술의 공존을 통한 도시정체성의 정립
		• 워터프론트 요소 - 워터프론트 그린웨이 - 허드슨 리버파크 - 이스트 리버 워터 프론트	**• 워터프론트 그린웨이** - 워터프론트로의 접근성 개선과 도시의 오픈스페이스 제공 **• 허드슨 리버파크** - 다양한 공간프로그램 및 이벤트의 도입 **• 이스트 리버 워터프론트** - 역사 보존지 재생 및 수변투어, 교육프로그램의 도입	**• 워터프론트 그린웨이** - 뉴욕시의 관광명소로 도시의 경쟁력을 갖춤 **• 허드슨리버파크** - 현장학습의 장으로서 교육의 효과 창출 **• 이스트 리버 워터프론트** - 그린웨이 연결을 위한 가로의 동선축 구축
		• 도시건축 디자인 요소 - 타임워너센터 - 로워 맨하탄 빌딩군	**• 타임워너센터** - 고층몰을 지양하며 스트리트 상점 등 저층부로 고객을 유입 - 업스케일형 쇼퍼테인먼트 센터로 개발 - 로워 맨하탄에 모더니즘과 포스트모더니즘 다자인의 건물군 조성	**• 타임워너센터** - 도시의 이미지 개선 및 관광객의 수요 증대 - 도시재생으로 로워 맨하탄의 장소성 발현

	배경	재생요소	재생전략	효과
보스턴	• 세계적 교육중심도시 • 청교도 문화 유산에 바탕을 둔 정체성 구축 • 전통속에 오랜동안 예술문화가 자리잡은 도시 • 빅딕 · 워터프론트 프로젝트 등을 통한 지속가능한 도시 재생의 실현	**• 도시마케팅 요소** - 퀸시 마켓 - 퍼뉴일 홀	**• 퀸시마켓** - 낙후된 마켓지구를 도시재생으로 되살린 성공적인 사례 - 쇠퇴한 수변지역에 대한 연방정부 보조금을 법제화 **• 퍼뉴일 홀** - 건물의 보전 및 복합이용 계획을 추진 - 재생으로 장소성 구축	**• 퀸시마켓** - 공공과 민간의 합동투자를 통한 재활성화 - 도심재생을 통한 보스톤의 랜드마크화 **• 퍼뉴일 홀** - 과거와 현재의 공존을 통한 도시마케팅 효과 - 보전과 개발의 조화로 도시의 랜드마크화
		• 도시르네상스요소 - 빅딕(Big Dig) - 벡베이 지역	**• 빅딕(Big Dig)** - 지하고속도로 건설 및 녹지와 오픈스페이스의 조성 **• 벡베이 지역** - 사업시행에 필요한 노동력을 지구의 주민을 고용 - 격자형의 주거지역 설계 및 공공공간의 확충	**• 빅딕(Big Dig)** - 녹지와 오픈스페이스조성으로 지속가능한 환경 구축 - 도시의 균형발전 및 교통 체증의 해소 **• 벡베이 지역** - 사업기간 중 월평균 650명의 교용효과, 사업완성 후 6,286명의 고용창출 효과 - 도시 주택문제의 부분적 해결
		• 워터프론트 요소 - 노스엔드 - 찰스타운 내비야드	**• 노스엔드** - 수변공간의 개발을 통한 주택재개발사업의 추진 **• 찰스타운 내비야드** - 역사기념지구의 지정 - 공간축의 연결을 위한 하버파크의 건설	**• 노스엔드** - 도시의 활력 회복 및 무분별한 교외개발 방지 - 보스톤의 도시 주택공급 문제를 해결 **• 찰스타운 내비야드** - 과거와 현재가 공존하는 공간의 창출
		• 도시건축 디자인 요소 - 프루덴셜 센터 - 스퀄리 광장	**• 프루덴셜 센터** - 랜드마크 빌딩을 건설하기 위한 주정부와 시정부의 제도적 〈건축디자인〉 지원 **• 스퀄리 광장** - 정부건물단지로 개발 - 시청건물을 중심으로 현대식 건축물군 형성	**• 프루덴셜 센터** - 보스톤의 상징건물로서 장소마케팅 효과 **• 스퀄리 광장** - 무주택자에 대한 주거문제의 부분적 해결 - 도시의 균형 발전 및 도시이미지 쇄신

1. 함부르크(독일)

1.1 도시역사 및 소개

그림 128〉 함부르크의 위치

1.2 발전전략

(1) 도시재생을 통한 도시마케팅

① 채널함부르크

· 채널 함부르크는 북 엘베강이 관통해 가고 있는 지역으로서 하부르거 빈넨하펜 지역에 위치하고 있다.

· 중앙에 슐로스인젤이라는 요새형태의 섬형 부지를 포함하고 있다. 총 사업면적은 약 165ha로서 하부르거 빈넨하펜의 북부와 서부 지역은 공업 및 상업, 무역항으로서 사용되며 그외의 지역은 현재 도시재생 사업이 진행되고 있다.

· 이곳은 항만, 상업과 공업이 혼재된 지역으로 발전해왔으며 함부르크 공대의 연구소 설립을 통해 발전적 가능성을 발견하고 주거 및 녹지지역 확충과 해양스포츠시설로서 개발을 유도하고 있다.

· 1990년 함부르크시는 이곳 하부르거 빈넨하펜지역을 "역사적, 생태적, 지형적 그리고 도시 계획적 질을 높인다."는 목표 속에서 계획하여 발전시키고 있다.

· 채널함부르크는 기존의 유 · 무형적 자산들에 대한 보존을 통한 도시마케팅 전략을 펼치고 있다. 역사의 개발 계획에 따라 1998년 기존의 공장 및 물류창고 건물을 레스토랑 및 사무용 건물로 활용할 수 있게 만들었다. 또한 통과 교통을 줄이기 위해 건물 앞 도로는 일방통행으로 전환하였다.

그림 129〉 함부르크의 도시재생

· 2001년에서 2003년 사이에는 채널타워라는 지역 랜드마크 건축물을 완공하였으며 그 주변으로 쉘러담내의 질로와 카이슈 파이커 등 2개의 건축물이 차례로 조성하였다. 이 3개의 건물은 엘베강 북측의 새로운 스카이라인을 구성하게 되었다.

· 2000년에는 약 14ha의 과거 철도 부지였던 곳을 개발하여 사무실, 서비스, 그리고 연구용으로 150개의 건물을 조성하였다. 이곳은 동쪽 Bahnhoskana과 연계되어 Kaufhauskanal에 77개의 주거용 건축물이 새로이 조성되었는데 이는 Bahnhoskana로 유입되는 근로자들을 위한 주거용단지로 개발하였다.

그림 130〉 채널 함부르크

그림 131〉 채널 함부르크

· 기존의 Industriekanal은 공공지역으로 지정하여 가치창출이 가능한 상업건축물과 구 철도부지의 장소성을 구축하여 지역의 마케팅에 기여하고 있다.

· 현재는 총 160개 회사 6천명의 근로자들이 근무하고 있으며, 이는 채널 네트워크라는 시스템을 통해 관리되고 있다.

· 하브르거 빈넨하펜시 당국은 시민들이 질 높은 삶과 여유를 즐길 수 있도록 풍부한 녹지 및 오픈 스페이스를 확보하고, 숙박 및 식당, 소매업 등의 상업적 기능등을 도입하였다.
· 하부르거 빈넨하펜 지역은 정부나 시가 직접적으로 나서서 개발계획을 발표하고 진행하는 것이 아니라 각 부지에 자발적으로 기업들이 참여하여 하나의 타운을 만들어 가는 특징을 지니고 있다. 이는 하부르거 빈넨하펜의 지리적 장점을 살린 계획으로, 운하에 연계된 물류시스템을 적극 활용하고, 함부르크 공과대학교와의 지식 협력프로그램으로 산학연계를 도모한 것이 특징이다.
· 슬럼화 되어 가고 있는 기존의 지역에 대한 재생사업으로 함부르크의 도시경관을 바꿔놓았으며 이를 통해 지속가능한 지구로 구성된 대표적 사례가 되고 있다.
· 시의회는 해당 지역의 역사성과 기존 건축물의 보존 및 리노베이션에 역점을 두었고 이를 통해 기존의 지역자산을 활용한 성공적 도시재생의 사례가 되고 있다.

(2) 도시재생에 의한 도시르네상스

① 하펜시티

· 독일어로 항구도시를 뜻하는 하펜시티는 강 주변에 위치하고 있다. 땅과 강을 포함하여 약 47만 평 정도의 규모의 부지로 시청, 기차역, 박물관, 극장 등이 1km 안팎에 있을 정도로 도심의 핵심 지역이다.
· 19세기만 해도 하펜시티 지역은 항만으로서 함부르크의 주요 산업 활동의 중심였다. 주변에 새로운 항구시설이 생기고 도심의 기능이 주변으로 빠져나가면서 쇠퇴되기 시작했다.
· 하펜시티의 도시재생사업은 엘베강이 흐르는 수변공간 기능을 회복하고 미래형 도시로서의 경쟁력을 가지기 위한 기회를 마련하고자 시작된 것이다.
· 시정부는 도시 내의 문화, 역사적 가치가 있는 대상 및 건축물을 우선적으로 선정하였다. 1991년 최종적으로 함부르크시 역사, 문화 리스트가 정리하였는데 다이스토어할레, 하머브로크쉴로제와 그로스마크트할레 등이 역사적 가치가 있는 건축물로 선정되었다. 도시재생 전략과 더불어 이러한 건축물의 보존과 함께 조화로운 도시이미지를 반영하고자 하는데 중점을 두었다.
· 이후 이 지역에 대한 여러 차례의 전문가 논의와 계획 및 설계가들의 토론이 이루어지진 결과 1997년 하펜시티 재개발에 대한 함부르크 시의회의 허가가 이루어졌다. 2000년 최종 마스터플랜이 완성되어 2001년 착공되었다.
· 이 계획은 2025년까지 단계적 완공을 목표로 하고 있으며, 공사구역은 총 18개 구역으로 구획하여 각 구역별로 약 5~7년의 공기를 두고 진행되고 있다.

그림 132〉 하펜시티

· 총 180만㎡ 공간에 1만 2천 명의 거주자를 위한 5,500가구와 4만 명에게 일자리를 제공할 수 있는 공간이 공급되는 것을 목표로 하고 있다. 하펜시티는 이 프로젝트를 통해 백 년 전의 항구도시와 새로운 도심을 다시 완벽하게 연결시켜줄 것으로 기대하고 있는 프로젝트이다. 함부르크의 하펜시티의 개발은 유럽에 항구도시의 새로운 개발패러다임을 만들어 가고 있다.

· 하펜시티 도시재생사업의 주요 목표는 수자원환경을 적극 활용한 문화, 교육, 창조산업기반의 확충으로서의 친환경도시로서의 이미지를 도모하는 것이다.

· 시정부와 계획가들은 사업 구역 내에 문화 관광시설로서 엘베 필하모닉과 국제 유람선 선착장, 국제 해양 박물관 및 하펜시티 함부르크 대학교에 이르기까지 다양한 문화와 교육시설물을 조성하였다.

· 새롭게 조성되는 신축물의 평균 높이는 6~7층으로 고도제한을 함으로써 역사도시 함부르크의 정체성을 유지하도록 하였다.

· 수변공간에 재생전략으로 기존에 있던 항구도시를 방조제 등의 인위적인 시설의 설치 없이 그대로 보존하기 위해 본래의 땅의 높이를 7.5m 올려 강의 범람을 방지하였다. 이로서 새로운 토지이용 계획을 성공적으로 이끌어 나갈 수 있는 토대를 마련해 주었다.

그림 133〉 함부르크항

· 남쪽 가장자리에 강이 보이는 휴식공간을 만들고 태양에너지를 이용한 건물을 만들어 주변환경과 조화되도록 계획하였다. 이러한 도시재생 프로젝트와 관련 계획들은 앞으로 도시의 지속가능한 미래로의 발전에 커다란 초석이 될 것이다.

(3) 도시재생에 의한 워터프론트

① 함부르크항

· 함부르크항은 북해에서 엘베강을 거슬러 올라간 곳에 위치하고 있는 독특한 지형여건을 지니고 있다. 바다와 떨어져 있어 조수간만의 차가 적고, 파도와 같은 장애물도 없이 안전한 조건에서 물류작업을 할 수 있는 강점을 가지고 있다.

· 컨테이너뿐만 아니라 액체화물, 곡물, 목재, 과일, 애채, 냉동화물, 식품, 석유화학제품, 자동차 등 거의 모든 종류의 화물을 처리할 수 있는 국제 항만이다. 항만을 결절점으로 하여 연결되는 철도망과 도로망, 수로망 등 연계수송체계는 함부르크 항만의 경쟁력을 제고시키는 원동력으로 작용하고 있다.

· 2004년 함부르크항의 총 화물 처리량은 1억 1,445만 톤, 컨테이너는 700만TEU를 처리해 세계 9위, 유럽에서는 로테르담에 이어 2위를 차지하고 있는 세계적인 항만이라 할 수 있다.

· 총 7억 4천 만 유로의 투자액은 2012년까지 기존 컨테이너 터미널의 개보수와 서부 및 중부의 항

그림 134〉 알스터 호

만 건설, 자유무역지대 조성, 석유터미널을 짓는 데 투자되었다. 이 같은 계획이 차질 없이 집행될 경우 2017년까지 함부르크항의 컨테이너 처리능력은 현재의 2배가 넘는 1,800만TEU까지 확충된다.

· 함부르크항 주변은 함부르크시의 주요한 워터프론트 지역으로서 항만관련 시설의 확장뿐 아니라 주변지역의 토지이용계획과 연계시켜 워터프론트 개발을 계획 · 실천하고 있다.

② 알스터 호

· 함부르크는 도시면적 중 10%가 수면으로 구성되어 있어 물의 도시라는 별칭을 듣고 있는데 이는 베네치아보다도 많은 수량이라고 할 수 있다. 알스터 호는 13세기 초에 만들어진 184헥타르의 인공 호수로 함부르크를 대표하는 호수다.

· 12세기까지만 해도, 알스터 호는 엘베 강으로 흘러드는 작은 천에 불과했으나 그 후 알스터 천에 제방을 쌓고 풍차를 설치해 180ha에 이르는 인공호수 알스터를 만들어 내었다.

· 캐네디 다리와 롬바르트 다리를 가운데 두고 크게 아우선알스터(Auβenalster)와 비넨알스터(Binnenalster)로 양쪽으로 나뉘어 졌다.

그림 135〉 알스터 호

· 시의 북쪽에 있는 아우선알스터는 면적이 1.6㎢로 훨씬 넓고, 크고 작은 요트와 보트 등을 볼 수 있고, 비넨알스터는 면적이 0.2㎢로 함부르크의 중심에 위치해 있으며 주변으로 유명한 거리들과 유서 깊은 건물들이 늘어서 있다.

· 호수인 아우센알스터는 160ha의 넓은 면적에 수심이 약 2.5m 정도 된다. 북서쪽으로는 공원이 조성되어 있어 알스터의 수변공간과 주변 환경이 조화를 이루고 있다.

· 현재 알스터 호는 방문객들이 여름에는 해양스포츠를 즐길 수 있고 겨울에는 스케이트를 탈 수 있는 시민 레저 장소로도 각광받고 있는 지역이다. 수변공간을 시민들이 잘 활용할 수 있도록 배려하였고 물류중심인 함부르크항과는 색다른 느낌의 공간이라고 말 할 수 있다.

· 함부르크의 중심에 위치해 있는 비넨알스터는 주변으로 역사적 건축물들이 현대식 상가와 어울려져 거리가 활성화되어 있다. 주변 건물들과의 배치를 고려한 인공호수를 계획하였고 오픈스페이스를 활용한 수변공간 창출이 잘 이루어 졌다고 할 수 있다.

(4) 도시재생에 의한 도시건축디자인

① 엘베 필하모닉

· '엘베 필하모닉 홀' 의 가장 큰 특징은 1800년대 부두 끝에 지어진 100년 넘은 대형 코코아 저장 창고를 허물지 않고 재생시킨 것이다. 이건물 그 옥상에 지은 콘서트 홀은 벽돌로 지은 건물 위에 최고급 유리 건물을 얹어 놓은 디자인을 보여주고 있다.

· 엘베 필하모닉 홀은 함부르크 출신의 노스 저먼 라디오 심포니 오케스트라의 새로운 본거지이며 동시에 세계 최고 음악당이란 목표 속에서 클래식부터 재즈까지 모든 장르별 음향을 완벽히 소화해 낼 수 있도록 설계가 되었다.

· 그 외에도 5성급 최고급 호텔, 전시장, 나이트클럽, 아파트 그리도 대규모 주차장 시설이 겸비된 완벽한 다목적 용도의 건물로 건축되고 있다. 아울러 콘서트홀과 함께 호텔 및 주거지역이 함께 공존하는 복합주거문화공간으로 조성되었다.

· 건설비 3억 달러(3천억 원)의 막대한 자금이 투입된 엘베 필하모닉 홀은 함부르크의 랜드마크로서 자리매김 할 것이다.

그림 136〉 엘베 필하모닉

그림 137〉 엘베 필하모닉

· 역사적 가치가 있는 건축물과 현대건축물이 조화되는 도시이미지 구축을 위해 계획가와 시의 의지를 충분히 반영하였다. 엘베 필하모닉의 디자인요소로서 워터프론트의 계획 요소를 재생전략으로 활용하였다. 이 계획요소들은 함부르크 도시 이미지와 일치하도록 노력하였다는 점에 주목할 만하다.

· 이 건물은 청중과 오케스트라의 하모니가 자연스럽게 어울릴 수 있도록 설계되었고, 세계 각국의 건축가들의 참여를 통해 엘베강과 조화를 이루면서도 현대적인 디자인을 창조해 냈다는 점이 특징적이라 할 수 있다.

② 마르코폴로 테라스

· DALMANNKAI와 STRNDKAI 사이에 계획된 마르코폴로 테라스는 강과 도심을 연결시켜주는 매개체역할을 하면서 시민들에게 휴식을 제공하는 공원이자 경관을 창출하는 오픈스페이스의 역할을 하는 곳이다.

· 친수공간의 역할을 하는 3개의 야외 테라스 명칭은 마르코 폴로, 마젤란, 바스코 다 가마 테라스로 붙여졌으며 모두가 세계사에 큰 족적을 남긴 해양 탐험가들의 이름들이다.

· 마르코폴로 테라스에 주변에 있는 DALMANNKAI와 SANDTORIKAI가 있는데 DALMANNKAI는 하펜시티 서쪽의 주거 중심이다. 오피스건물로 사이의 오픈스페이스에는 창고를 개조하여 만든

엘베하모닉이 자리잡아 하펜시티의 예술과 문화에 가장 핵심이 될 장소이다.

· 현재 완공되어 입주까지 이루어진 SANDTORIKAI는 먼저 완공된 계획지로 남쪽구역 중심지로서 기능을 하고있다.

· 마르코폴로 테라스 주변에 있는 주거 중심지역과 역사성을 살린 문화 · 예술을 위한 엘베하모닉과의 조화가 이 지구의 장소성을 특징적으로 드러내고 있다.

그림 138〉 마르코폴로 테라스와 친수공간

그림 139〉 마르코폴로 테라스와 주변환경

2. 뉴욕(미국)

2.1 도시역사 및 소개

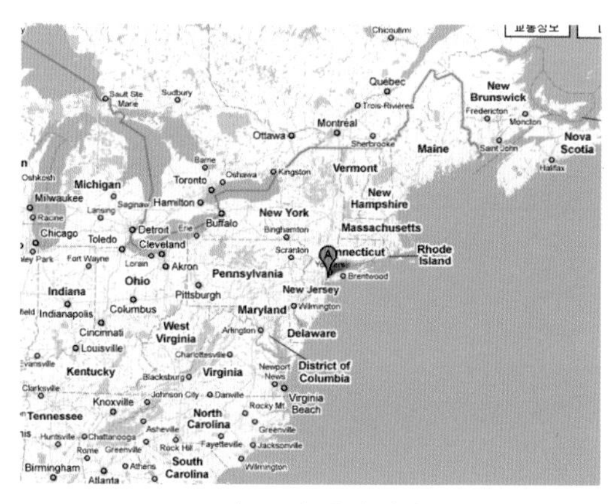

그림 140〉뉴욕의 위치

2.2 발전전략

(1) 도시재생을 통한 도시마케팅

① 자유의 여신상

· 1886년 미국 독립 100주년을 기념하여 프랑스에서 우호증진을 위한 선물로 기증한 기념물이다. 정식 명칭은 '세계를 비치는 자유' 지만 통상 자유의 여신상으로 알려져 있으며, 뉴욕의 아이콘이자 뉴욕을 상징해주는 대표적인 도시 마케팅요소이다.

· 여신상은 외적으로는 조각이지만 내부에 계단과 엘리베이터가 설치된 건축물의 요소를 동시에 가지고 있다. 작가가 자신의 어머니를 모델로 조각했다고 하며, 에펠 탑의 설계자이기도 한 귀스타브 에펠이 내부 철골구조물에 대한 설계를 맡았다.

· 동으로 만든 여신상의 무게는 225t, 횃불까지의 높이는 약 46m, 받침대 높이는 약 47.5m이며. 지면에서 횃불까지의 높이는 93.5m에 이르고, 집게손가락 하나가 2.44m로 거대한 규모이다.

· 1984년 유네스코 지정 세계유산에 등록되었으며 미국의 독립을 기념하기 위해 세워진 여신상은 뉴욕의 랜드마크로서 자유의 나라, 이민의 나라 미국을 마케팅한다.

② 배터리파크 시티

· 배터리파크시티는 1960년대 뉴욕 맨해튼은 항구와 공업지역이 쇠퇴하면서 도시환경문제의 해결

그림 141〉 뉴욕의 도시재생

과 도심공동화 현상의 방지 등을 위해 1969년 계획되었다. 배터리파크시티는 폐허화된 기성시가지 일부와 허드슨 강변 선착장을 매립하여 약 11만 3000평의 매립지에 약 16만평의 사무실과 1만 4천여 세대의 주거를 개발하기 위한 목적으로 시작되었다.

· 당시 뉴욕주지사가 1968년 배터리파크 시티 개발공사를 설립함으로써 배터리파크시티 프로젝트는 본격적으로 추진되었다.

그림 142〉베터리파크 시티

· 배터리 파크시티의 개발의 실질적인 토대를 마련한 1979년 기본계획의 수립과정에는 도시설계전문가 뿐만 아니라 경제/마켓분석, 교통 및 엔지니어링, 조경 등 다양한 분야의 전문가들이 참여하였다.

· 이런 계획과정과 지속적인 개발로 배터리파크는 세계 워터프론트 개발의 가장 성공적인 모델로 자리매김할 수 있었다.

· 배터리 파크 시티의 개발에서 가장 획기적인 것은 토지소유권과 개발권을 분리해서 계획한 일이다. 이는 토지는 배터리파크시티가 소유하고 민간 개발가가 이를 임대해서 그 위해 오피스 건물과 주거건물을 개발하는 방법이다.

· 도심공동화 현상을 우려하여 직장과 주택을 인접시켜 개발한 것이 특징이다. 허드슨 강이라는 천연환경과 조화된 야외공원과 산책로를 만들어 입주주민들이 쾌적한 생활을 영위할 수 있도록 계획하였다.

· 다양한 전문가들의 개발 참여로 배터리파크 시티 개발공사는 수준 높은 공공공간을 조성하게 되었다. 아울러 상세한 도시디자인 가이드라인을 통해 수준 높은 도시디자인을 실천하였다.
· 배터리파크에 필요한 공공시설을 선투자하고, 경쟁 입찰 방식을 도입함으로써 우수한 개발자를 선정하여 도시환경의 수준을 높게 하였다.

(2) 도시재생에 의한 도시르네상스

① 첼시마켓

· 1996년 문을 연 첼시마켓은 갤러리, 패션샵, 빵가게와 꽃집들의 시장이 들어선 복합용도의 거리이자, 뉴욕의 미식가들을 사로잡는 식자재 도·소매점이 몰려 있는 곳이다.
· 첼시 마켓은 까만 쿠키 '오레오'로 유명한 비스킷 회사 '나비스코(Nabisco)'에서 1890년대 지은 공장 28개의 벽을 터 만든 지구이다. 1958년 나비스코가 뉴저지에 현대식 공장을 지어 이전한 뒤 40년 가까이 폐허 상태로 방치됐다가 1990년대 초반 어윈 코헨(Cohen)이라는 개발업자가 매입하였다.
· 코헨은 식품 업체가 많은 지역 특성과 건물 역사를 살려 새로운 문화 공간을 만들기로 결정하였다. 1996년 건물 외관은 그대로 둔 채 28개 공장 벽을 허물어 하나의 공간으로 이은 첼시 마켓 이름으로 문을 열었다.
· 오래된 공장에 현대식 사무 건물을 접목하여 성공시킨 재생 프로젝트이다. 5만 6천여평의 건물은 현재 식당, 상점, 클럽, 방송국 등에 빈틈없이 임대된 상태이다.
· 첼시마켓은 과거 속의 현대를 아주 조화롭게 접목시킨 복합용도의 공간으로, 많은 사람들이 첼시마켓을 과거, 현대와의 공존하는 장소라고 표현을 하고 있다.
· 첼시마켓은 볼거리 가득한 마켓전체의 갤러리화가 특징이다. 상점마다 갤러리를 장식할 만큼 특이한 모양의 탁자와 의자들이 설치되어 있고, 낡은 천장, 오래된 벽돌, 그리고 휴식공간등이 첼시마켓을 매력있게 만들고 있다.

② 미트패킹

· 1990년대까지만 해도 미트패킹지역은 대표적인 고기시장이었다. 원래 미트 패킹은 1884년부터 독립전쟁 영웅인 피터 갠스부트 장군의 이름을 따 '갠스부트 마켓'이라고 불렀다.
· 1990년대까지만 해도 250여 개의 도살장과 미트 패킹 공장이 들어서 있었으며, 도시화의 물결로 인해 이 지역은 급속한 사회·경제·공간적변화를 겪게 되었다.

· 뉴욕시의 지가가 상승하면서, 예술가들은 보다 저렴한 작업공간을 찾아 도시곳곳으로 찾아 나서게 되었는데, 이 과정 속에서 상대적으로 임대료가 싼 미트패킹 지역에 예술가들이 둥지를 트기 시작했다.
· 저렴한 작업실을 찾던 디자이너, 작가, 건축가, 사진가등이 몰려오면서 상업과 문화예술이 공존하는 장소성을 구축하게 되었다.
· 세계적인 브랜드 매장이 미트패킹 지역에 들어오게 되면서 헐리우드 스타들이 즐겨 찾는 최고급 명품 편집매장, 유명 레스토랑의 등장으로 미트패킹 지역은 현재의 장소성을 갖추게 되었다.
· 미트패킹지역 살리기 모임은 과거의 모습을 지키자는 취지에서 시작한 모임이다. 지명에서부터 고기를 의미하는 미트패킹 지역이 본래의 정체성을 유지해야 한다는 목표로 운동을 전개 해왔다.
· 새벽에는 정육점, 오후에는 명품 브랜드 매장, 저녁에는 레스토랑의 거리라는 '다양성의 거리' 가 현재 미트패킹 지역의 이미지가 되었다.
· 미트 패킹에서는 유명한 아티스트들의 작품을 전시하고 있는데 2004년 갤러리가 개관한 이래 2~3주마다 새로운 아티스트의 작품을 전시하고 있다.

(3) 도시재생에 의한 워터프론트

① 워터프론트 그린웨이

· 맨하튼 워터프론트 그린웨이는 전통적으로 뉴욕 도심과 외곽 맨하튼 북부와 남부를 잇는 중요한 교통로 역할을 해왔다. 이로 인해 워터프론트에는 많은 공장지대와 창고 지대들이 분포 하고 있었다.
· 오랜동안 방치되었던 워터프론트는 20세기 후반에 들어오면서 부족한 도시의 녹지공간과 여가공간을 제공해 줄 수 있는 가장 매력적인 공간으로 인식되었다. 뉴욕시는 시민들에게 '녹색의 환상' 을 제공하겠다는 정책목표에 따라 '맨하튼 워터프론트 그린웨이 마스터플랜' 을 계획하였다.
· '맨하튼 워터프론트 그린웨이 마스터플랜' 속의 워터프론트 재생 계획은 주로 수변도로를 통해 워터프론트로의 접근성 향상과 도시의 오픈스페이스를 확보하고자 했다.
· 워터프론트 그린웨이는 단기적으로는 새로운 워터프론트 구간을 조성하여 기존의 워터프론트에 연결될 수 있도록 하고 있고, 중장기적으로는 단절된 구간 없이 전지역에 걸쳐 아름다운 워터프론트 프롬나드를 조성하는 것을 목표로 하고 있다.
· 그린웨이는 맨하튼 수변 전체를 보행 및 자전거로 네트워킹시키면서 도심과 워터프론트의 접근

그림 143〉 워터프론트 그린웨이

성을 높이고 워터프론트의 활용도를 높이기 위한 프로젝트이다.

· 오픈스페이스는 도시민과 방문객을 위한 레저공간 제공과 관광마케팅요소로서 경쟁력 있는 워터프론트를 만들기 위한 전략이다.

② 허드슨 리버파크

· 그동안 허드슨 리버파크 지역의 40개 부두 중 상당부분이 주차장 등으로 방치되었다. 그중 13개의 부두를 해군 기념공원, 보트 정박장, 스포츠시설, 정원과 잔디공원 등으로 조성해 왔다.

· 허드슨 리버파크는 뉴욕 도시계획국과 파트너십으로 운영되는 허드슨 리버파크 개발공사에 의해 계획되어 집행되고 있다.

· 1998년 허드슨 리버파크 조례 제정이후 현재 상당부분 진행 중인 이 재생계획은 맨하튼 워터프론트를 대규모로 확충하고, 공원에 다양한 어메니티적 요소를 제공하는데 초점을 맞추고 있다.

· 허드슨리버파크는 수변공원 내 다양한 공간프로그램과 아울러 이벤트 프로그램을 도입하여 도시민들이 여가 및 축제를 즐길 수 있는 장으로 조성되어 왔다.

· 허드슨 리버파크 재생의 주요 목표는 3가지가 있다. 첫 번째는 맨하튼 남북을 잇는 보행연결로를 정비하고 수변경관을 활용한 산책로를 조성하여 도시와의 연결성을 높이고 어메니티를 제공한다.

그림 144〉 허드슨 리버파크

· 두번째는, 시설 공간의 재생으로 노후된 부두를 재생하고, 오픈스페이스를 조성하며 환경교육, 수상프로그램을 도입하여 수변공간의 재생을 통해 시민들에게 다양한 서비스를 제공한다.

· 세번째는, 테마가 있는 공원과 광장을 조성하여 통합적 가로디자인을 통한 산책로 및 자전거 도로를 조성한다.

· 허드슨 리버파크 개발공사에서 추진하고 있는 환경 · 교육 프로그램은 허드슨 강변의 역사, 환경과 개선방향에 대한 내용을 교육하고 있다.

· 워터프론트 재생으로 수변공원 방문객수가 엄청나게 증가하는 마케팅효과를 나타내고 있다.

③ 이스트 리버 워터프론트

· 1980년대 이스트리버 워터프론트는 노숙자들을 막기 위한 벽이 세워져 보행자의 진입이 막혀있던 지역이었다. 오픈스페이스 대부분에 산업시설들과 버스와 차량의 주차공간이 차지하고 있어서 보행자가 접근이 어려웠다.

· 2002년에 발표한 뉴욕시의 로어맨하튼 정책목표에는 가로 연계, 다양한 활동공간을 제공하는 수변공원 재생, 역사중심지 재생 등의 워터프론트와 관련된 프로젝트를 포함하고 있다.

· 2005년 로이맨하튼구상이 발표된 이래 부분별 전문가들의 협력을 통한 통합적 계획이 마련되었고, 로어 맨하튼 개발공사를 통해 확보된 자금으로 본격적으로 워터프론트 재생프로젝트가 진행

되고 있다.

· 도시디자인 팀은 이스트리버 워터프론트를 주변지구와의 연계성 강화, 보행로 연결, 새로운 어메니티 제공, 랜드 스케이프 디자인 등을 중심으로 워터프론트 재생을 위한 디자인을 하였다.

· 이스트리버 워터프론트 재생계획은 접근성, 생태, 교통체계의 개선을 위한 Esplanade project, Pier project, Slip project, Gateway project의 4개 워터프론트 재생 계획으로 이루어져 있다.

· Esplanade project에서는 보행공간 서비스질 개선과 연계한 이스트리버 산책로를 계획하였다. 이 계획은 도심의 주요거점과 연계하여 시민들을 워터프론트로 유도하면서 수변의 2마일 가량의 간선도로 하부를 활용하여 산책로와 각종 상업, 커뮤니티 시설 조성을 목표로 하였다.

· 부두는 녹지와 공원시설을 비롯하여 교육시설과 해양 및 상업 시설을 도입하여 활용도를 높였다.

· Slip project는 주변지구와의 조화되는 공원계획과 아울러 도심과 산책로 보행동선을 연계하고, 이곳에 다용도 공원과 광장, 가로시설물 설치하여 방치된 버려진 공간을 재생하게 되었다.

· 이 3개의 프로젝트로서 이스트리버 워터프론트의 게이트 웨이로서의 상징성은 물론이고, 그린웨이 연결을 위한 가로의 기능성이 확보될 것이다.

(4) 도시재생에 의한 도시건축디자인

① 타임워너센터

· 타임워터센터는 뉴욕시 맨하튼 센트럴파크 인접지역에 있는 대규모 주상복합건축물로서 지상 55층, 총 7만 8천 6백 80평으로 지난 2000년부터 짓기 시작하여 2004년에 완공되었다.

· 이 주상복합건축물은 40여개 상점들과 피트니스센터, 7개의 레스토랑과 바, 재즈센터, 초특급 만다린 오리엔털 호텔, 타임워너사의 월드 헤드쿼터, 그리고 럭셔리 콘도미니엄과 펜트하우스가 모두 연결된 복합건물이다.

· 뉴욕의 고급 쇼핑지역인 매디슨애버뉴와 5번가, 뉴요커들의 자랑인 센트럴파크, 링컨센터와 카네기홀이 근접한 문화의 중심지여서 시민들과 관광객들을 끌어들이기에 유리한 입지에 자리하고 있다.

· 쇼핑과 엔터테인먼트까지 모두 한곳에서 해결할 수 있는 장소로서 타임워너센터는 스트리트 상점에 익숙해진 뉴요커들에게 2~4층의 저층으로 유인하는 기능배치와 디자인을 특징으로 하고 있다.

· 타임워너센터는 기존의 복합쇼핑몰과는 차별화된 업스케일형 쇼퍼테인먼트센터로서 소위 업타운, 그 중에서도 어퍼 웨스트 고객들의 까다로운 기호에 맞추어 브랜드를 선별 입점시켰다.

3. 보스턴(미국)

3.1 도시역사 및 소개

그림 145〉 보스턴의 위치

3.2 발전전략

(1) 도시재생을 통한 도시마케팅

① 퀸시 마켓

· 도시마케팅으로서의 퀸시 마켓 재개발 사업은 낡은 시장건물과 창고건물을 재건축하여 일년내내 방문객이 모여드는 인기 있는 지역으로 재생시킨 사업이다.

· 1973년 매릴랜드의 로우즈(Rouse)사와 당시 보스톤시의 시장인 죠시아 퀸시의 적극적인 추진력으로 시행된 프로젝트이다.

· 항구로 이용되던 이곳에는 현재 수많은 음식점, 실외 카페, 그리고 특산물 가게 등이 밀집해 있다. 1970년대 이루어진 이 사업은 보스톤 도심에 새로운 생명력을 불어넣음으로써 도심을 활성화 시키고 상권형성에 기여한 프로젝트로 인정받고 있다.

· 연방정부 보조금(Urban Development Action Grant, UDAG)을 법제화 하여 공공과 민간의 투자비율을 1:4.5~1:6.5 로 설치하여 공공과 민간이 함께 투자하여 재활성화를 성공으로 이끌었다.

· 도시 내 상업기능을 보강시키고, 고용을 창출하여 도심을 활성화 시킴으로써 수많은 방문객이 모여드는 보스톤 최고의 랜드마크로 만들었다고 할 수 있다.

· 재개발을 통해 도시의 활력을 회복하고, 토지이용을 복합화하여 도심공동화를 방지하는 등 보스

그림 146〉 보스턴의 도시재생

톤의 도시문제를 해결하는데 기여 하였다.

② 퍼뉴일 홀

· 퍼뉴일 홀은 1742년 보스톤의 부유한 무역 상인 피터 파뉴일(Peter Faneuil)이 보스턴시에 기증한 건축물을 토대로 1806년 보스톤의 유명한 건축가인 찰스 불핀치(Charles Bulfinch)의 설계에 의해 증축되었다.

그림 147〉퀸시 마켓

그림 148〉퍼뉴일 홀

· 파뉴일 홀은 '자유의 요람(The Cradle of Liberty)' 이라고도 불리는데, 이는 영국 식민정부에 대항한 집회와 19세기 미국의 노예제도 폐지, 여성해방 운동과 같은 집회가 열린 미국의 역사적인 장소였기 때문이다.
· 현재 건축물 꼭대기에는 보스톤의 상징 곤충인 메뚜기 풍향계가 있고, 1층은 상가, 2층은 집회소, 3층은 옛 미국군대의 무기 및 제복 등의 전시품을 볼 수 있는 군사박물관으로 사용 중이다.
· 프리덤 트레일의 한 유적으로 보존되어, 아름다운 건축양식과 역사적으로 주요한 유적지로서의 면모를 보여 주면서 도시마케팅적 역할을 하고 있다.
· 퍼뉴일홀은 전통적인 집회장소로서의 건물을 보전하면서 상업 전시장 등 복합이용계획을 주진하여 과거의 역사와 현재의 조화를 통해 도시의 랜드마크 요소로서 자리 잡았다.

(2) 도시재생에 의한 도시르네상스

① 빅딕(Big Dig)

· 빅딕은 Central Artery/Tunnel Project(CA/T)의 비공식적인 이름으로 만성적인 보스톤 도심의 교통체증을 해소하기 위해 메사츄세츠 도로공사가 주관하여 약 10년간의 준비기간을 거쳐 1991년에 착공된 사업이다.
· 이 사업은 크게 두 가지로 구성되어 있는데 첫번째는 6차로의 고가 고속도로 대신에 8~10차로 지하 고속도로를 건설하고 지상의 고속도로 자리에 시민들을 위한 녹지와 오픈스페이스를 조성한 도시환경재생 프로젝트이다.
· 두번째는 도심을 관통하는 I-90(메사츄세츠 고속도로)을 보스톤 도심 남쪽과 연결하여, 보스톤항과 로간 국제공항으로의 접근성을 향상 시키는 사업이다. 총 연장 7.8마일인 이 사업을 통해서 수변개발과 컨벤션 센터 지역으로의 연결성을 도모하였다.
· 이 사업은 한 때 연방정부가 개입된 가장 쓸모없는 사업으로 비판받았으나, 지금은 퇴락한 도심을 성공적으로 재개발한 모범사례로 간주되고 있다.
· 빅딕은 미국 내 가장 비싼 고속도로 프로젝트로서 2006년에 지방정부와 주정부 세금이 146억불 이상 지출되었으며 이 프로젝트 진행과정에는 엄청난 소송비용, 공사시 안전사고, 공기지연, 지하수 유출 등의 각종 문제를 야기시켰다.
· 도시 외곽에서 도심으로 진입하는 기존 고속도로를 도심교통소통 및 도심 활성화를 위해 지하화하고 이를 통해 기존 도심에 상업과 주거지역이 공존하는 도심 재생사업을 진행함으로서 도시의 균형 발전을 도모하였다.

② 벡베이 지역

· 백 베이는 찰스강 하구의 갯벌 지역으로서 만조가 되면 물에 잠기던 땅이었으나 19세기 초 조수댐을 건설하면서 자연 배수가 어렵게 되자 이 지역은 습지로 변하였다. 19세기 중반 습지가 악취를 풍기면서 공중의 건강을 위협하게 되자, 당시 주택부족문제로 어려움을 겪던 시당국은 이러한 문제를 해소하는 방안으로서 이 지역의 매립을 구상하였다.

· 백 베이 지역은 당시 건축가 아서 길먼(Arthur Gilman)이 수립한 마스터플랜에 따라 개발되었는 그가 수립한 계획의 특징은 당시 보편적이던 방사형 도시공간구조와는 달리 동서축을 따라 다섯 개의 직선도로가 가로지르는 격자형의 주거지역을 설계한 점이다.

· 벡베이 중앙에 있는 코먼웰스 에비뉴(Commonwealth Ave.)는 다섯 개의 도로 중 가장 상징성을 지닌 도로로서 도시축을 강하게 형성해 주고 있다. 이 도로의 끝 부분에는 보스턴 시내에서 가장 번화한 광장인 코플리 광장(Copley Square)이 위치하여 시민들을 위한 공공장소로서의 기능을 하고 있다.

· 프로젝트의 총사업비용중 94%는 민간자금이며, 나머지 6%가 연방정부융자였다. 정비방식으로서는 UIDC가 메사츄세츠 유료도로공사로부터 리스료 1,300만 달러를 99년간 공중권을 리스받아 UIDC가 프로젝트의 계획, 기업화 분석, 금융, 설계, 건설, 임대, 관리 경영을 담당한 프로젝트이다.

· 연방정부로부터 융자를 받는 조건으로서 사업수행에 필요한 노동력은 이 지구의 주민, 특히 저소득층의 소수민족, 여성, 보스톤의 주민을 고용하는 것을 의무화하였다.

· 그 결과 사업기간중의 고용은 월평균 650명, 사업완성 후 호텔 1,814명, 상점가 1,147명, 오피스 3,205명, 주차장?보수 120명, 합계 6,286명의 고용을 창출했다.

· 미국의 유명한 건축비평가인 루이스 멈포드(Lewis Mumford)는 보스턴의 백 베이 지역을 19세기 미국 도시계획의 가장 훌륭한 업적의 하나라고 칭찬하였다. 이 지역은 20세기를 지나면서 두 얼굴을 보여주는 지역으로 변모되었는데, 19세기 타운 하우스와 20세기 고층빌딩과의 부조화로 도시계획의 성공과 실패의 양면성을 보여주는 지역으로 평가받고 있다.

(3) 도시재생에 의한 워터프론트

① 노스엔드

· 노스엔드 워터프론트 프로젝트는 보스톤의 초기 주택 재개발 사업으로서 North End에 위치한 해안 창고를 도시의 저소득층을 위한 콘도미니엄 아파트로 재개발한 사업이다.

· 수변공간의 개발을 통해 도시의 활력을 회복하고 토지이용의 효율성 및 무분별한 교외개발을 방

지하려는 의도에서 시작되었다. 연방정부의 재정지원 하에 정부와 민간개발이 협력체계를 두어 구축하여 재생을 성공적으로 이끈 사례이다.

· 수변공간의 개발을 통해 노스엔드 워터프론트의 활력을 회복하게 되었다. 이 도시재생사업으로 저소득층이나 독신인 무주택자들에게 주거를 제공함으로서, 보스톤의 저소득층 주거문제를 해결하는데 기여하였다.

② 찰스타운 내비 야드

· Chales Town Navy Yard는 항만 시설의 노후화, 산업구조의 변화, 수송수단의 발달로 항만의 기능이 저하되자 산업중심의 토지이용에서 복합용도의 토지이용의 필요성이 대두 되면서 시작된 워터프론트 프로젝트이다.

· Chales Town Navy Yard는 원래 도심지역의 북측에 있는 해군조선소 부지로서 1970년에 폐쇄된 후 보스톤 시의회는 이곳의 워터프론트 개발을 위한 마스터플랜을 준비하였다.

· 1970대 후반부터 보스톤 재개발 공사(BRA)가 중심이 되어, 역사적 건물의 보전을 도모하면서 주택, 상업, 공공시설, 레크레이션 및 경공업을 중심으로 한 복합용도개발을 추진한 사업이다.

· Chales Town 해군조선소는 1800년에 설치된 유서 깊은 시설로써 19세기부터 20세기에 걸친 다양한 건축양식의 건축물이 였다. 이에 보스턴-사적 위원회는 해군조선소 전체를 중요 건축물로 지정하도록 하여 건축적으로 보전가치가 있는 건물들은 보전하도록 하였다.

· 1984년 하버파크 구상을 발표하면서 오피스 기능 집중을 억제하고 주거기능을 도입하여 도심공동화를 방지하였다. 호수주변에 공공의 공간을 확보하여 호수워터프론트를 연속적으로 연결하는 '하버파크' 를 건설하였다.

· 그 외에도 국립공원, 시프야드 공원 등 역사 기념 지구를 장소를 구축하였다.

· 본래 국유지였던 것을 시의 도시개발공사가 인수하여 개발하고, 디벨로퍼는 민간인을 선정하여 공사와 민간이 동시에 계획하고 집행하여 본래의 정책 목표를 실현하였다.

(4) 도시재생에 의한 도시건축디자인

① 프루덴셜 센터

· 프루덴셜 센터(Prudential Center)는 보스턴 최대의 대규모 재개발프로젝트로써 상업프로젝트를 위한 메사츄세츠의 주법에 의해 주도되었다.

· 사업주체인 프루덴셜 보험회사는 1950년대 초에 사업계획을 수립하여 토지를 매수하고 1959년 4월 12.4ha의 개발에 착수하였다.

그림 149〉 프루덴셜 센터

· Boylston Street와 Huntington Avenue 사이의 개발구역에는 보스톤 올바니 철도 야드와 메카닉 홀 전시장이 포함되어 있다.1971년 완공시에는 당시로서는 이 프로젝트가 세계 최대의 복합개발 프로젝트 중 하나였다.

· 하이네스 공회당(The Jone B · Hynes Auditorium)은 시에서 1982년에 소유권을 매각한 후 메샤츄세츠 컨벤션센터(The Massachusetts Convention Center Authority)가 소유 및 관리를 하고 있다.

· 프루덴셜 센터는 보스톤의 전통적인 도시 환경과 조화되지 않는 초고층 건물이라는 점에서 비판의 대상이 되었다.

· 총비용 1억 5000 달러가 소요된 이 사업은 철도화물 야적장에 총 52층의 주상 복합용의 건물을 건립하였다.

· 완성 후 14년이 지난 1985년 프루덴셜 센터에 대한 추가적인 재개발이 계획되어 오피스, 호텔, 점포, 주택등이 복합기능이 도입되었다.

· 2억5천 달러의 사업비는 모두 프루덴셜사가 출자하였다. 프루덴셜사는 1,200만 달러의 공공자금으로 건설된 공회당을 제외하고 전체를 소유, 관리하고 있다.

② 스퀼리 광장

· 프루덴셜 센터의 특징은 당시 환락가였던 스퀼리 광장 지역에 새로이 정부건물단지를 개발한 것이다. 건축설계는 건축가 아이오 밍 페이(Ieoh Ming. Pei)가 담당하였다.

· 당시 2억 6000만 달러가 소요된 이 사업은 넓은 광장에 시청 건물이 우뚝 드러나도록 건축하는

것이고, 그 주변에는 현대식 건축물들이 들어서도록 하였다. 이 지역은 현재 보스턴에서 공공행정 및 업무의 중심지 역할을 수행하고 있다.

· 스퀄리광장 프로젝트의 효과는 보스톤시의 일정비율을 차지하고 있는 무주택자들의 주거 문제를 해결하고, 도시의 낙후 지역에 공공기관을 세움으로서 도시의 균형 발전과 도시이미지를 개선 시킨 점이다.

2장의 이야깃거리

1. 워터프론트를 활용한 해외 도시재생 성공사례를 비교해보자.
2. 함부르크의 도시재생에 의한 문화공간인 워터프론트를 예를 들어 이야기해보자.
3. 함부르크의 도시건축디자인을 통한 도시재생을 예를 들어 이야기해보자.
4. 하펜시티의 도시재생요소를 열거하고 하펜시티가 함부르크 도시재생에 미친효과를 논해보자
5. 워터프론트개발 프로젝트의 중심으로서 함브르크항에서의 워터프론트 재생 요소를 생각해보자
6. 뉴욕의 도시재생을 위한 도시마케팅전략을 이야기해보자.
7. 뉴욕의 도시재생을 실현시키 위한 워터프론트 프로젝트에 대해 이야기해보자.
8. 뉴욕의 워터프론트 프로젝트의 특징은 무엇인지 이야기 해보자.
9. 뉴욕 배터리파크재생에서 워터프론트 개발의 핵심요소는 무엇인가?
10. 뉴욕의 배터리파크 시티 개발공사는 시민의견을 수렴하여 계획안을 끊임없이 수정 · 보완해가면서 공공시설을 지속적으로 확충 하였다.우리도시의 재생에 시사하는 점은 무엇인지 생각해 보자.
11. 첼시지역을 재생시킨 주요 프로젝트에 대해 논하고, 아울러 첼시지역이 도시브랜드 강화에 미친 영향을 파악해 보자
12. 뉴욕의 하이라인 프로젝트의 배경과 그 효과는 어떤 것들이 있는지 살펴보자.
13. 뉴욕의 도시건축 디자인이 뉴욕시의 마케팅에 어떤 역할을 하고 있는가?
14. 보스턴의 도시재생에 의한 워터프론트 계획에 대해 이야기해보자.
15. 보스턴의 전통성, 역사성이 도시재생에 어떻게 반영 되었을까?
16. 보스턴의 빅딕프로젝트를 분석해 보고, 이 빅딕프로젝트가 우리 도시에 어떤 시사점을 줄 수 있는지 고민해 보자.
17. 보스턴의 퀸시마켓 재생으로 얻어지는 효과를 도시마케팅, 도시건축디자인 측면에서 논해 보자.
18. 워터프론트에 의한 도시재생과 일반도시의 재생사례는 어떠한 점에서 차별되는지 논해보자.
19. 워터프론트에 의한 도시재생 계획과정은 어떤 과정을 중시하는가?
20. 워터프론트에 의한 도시재생을 계획하기 위해 고려해야 하는 계획요소에 대하여 논해보자.

제3장
생태환경을 통한 도시재생

1.1 생태환경을 통한 재생

	배경	재생요소	재생전략	효과
채터누가	• 미국 남부 테네시주의 산업중심지로 성장 • 분지지형으로 대기오염 심화	**• 환경적 요소** - 필터장치 설치 - 하수의 재활용 - 전기버스 도입	**• 시민과 기업, 행정이 환경정책 추진** - 공장에 배출가스를 억제하는 필터 장치를 의무적으로 설치 - 쓰레기 처리장에서 오염되 흙과 하수 찌꺼끼를 정화 **• 파크 앤 라이드 실현** - 시내로 들어가는 입구에 주차장을 건설하여 대중교통환승 도모 - 5분 간격으로 운행하는 전기 버스 도입	• 세계적인 친환경 도시로 평가를 받고 있음 • 빗물 재활용 장치를 설치하여 소방서, 공장 등에서 재활용하는데 사용 • 쓰레기 처리장에서 발생되는 메탄가스는 공장의 에너지원으로 활용하여 대기오염을 줄임 • 대중교통이용 활성화
슈투트가르트	• 산업화가 진행되면서 대기오염이 점차 심화 • 2차 세계대전 이후 도시환경이 더욱 악화되어 땔나무와 석탄의 사용을 금지	**• 생태학적 요소** - 바람길을 만들기 위한 토지이용 계획 - 도시내 폭 1m의 실개천 도입	**• 바람길 계획** - 도심에 가까운 구릉에 녹지의 보전, 도입-개축 이외의 신규 건축 행위 금지 - 건축물 높이는 5층까지 규제 - 건물의 간격은 3m이상으로 설정 - 바람 길이 되는 큰길과 작은 공원의 최소폭 100m폭 확보	• 시간마다 1억 9000㎥의 신선한 공기를 도심부로 끌어들이고 도심의 오염된 대기를 확산시키는데 성공 • 숲으로 둘러싸인 녹색이 풍부한 도시공간 창출, 휴먼 스케일에 적합한 도시환경 조성으로도시의 쾌적함을 실현
코스타리카	• 국립공원지정지역에 사냥허용으로 생태계 파괴 및 주택건립으로 난개발 • 불법주거와 관련된 문제 발생	**• 생태학적 요소** - 생태관광 추진 - 사냥금지 - 지속가능 주거 및 인프라공급	**• 자연보호와 관광개발, 환경교육 중시** - 관광특구를 지정해 환경과 관광조화유도 - 환경보호정책을 펼치기 시작 - 환경교육에 많은 예산을 투입 - 환경연구를 통한 환경개선책 마련	• 1990년부터 관광수입은 해마다 15% 성장하여, 1992년에는 바나나와 커피를 제치고 최고의 산업으로 발전 • 생태관광 체제는 확립 • 환경재생으로 지속가능한 생태 환경 구축

	배경	재생요소	재생전략	효과
라인강 도나우강	• 델타 프로젝트 계획으로 인한 생태계의 파괴로 • 새와 어류 종의 감소 및 - 강 대부분의 지역이 중금속으로 오염	• **환경적 요소** - 생태계의 회복 - 수자원 관리	• **생태계의 회복과 경제적 편익** - 물 관리 예상은 연간 10~20억 길더를 투자해 홍수를 관리 - 물관리를 통해 생태계를 회복 - 생태회복으로 인한 경제적 편익	• 수많은 동식물에게 서식지와 피난처를 제공 • 사람들에게는 휴식처를 제공 • 다양 어류 서식환경조성, 바다와 강을 오가는 연어의 자연적 증식 발생 • 엄청난 경제 · 경제적 편익발생
웨일즈	• 1974년 광산의 폐광으로 인한 환경적 피해발생 • 피해발생에 따른 공동체 전체의 환경개선의 운동시작	• **생태학적 요소** - 생태테마공원 - 폐광주변 생태적 환경	• **친환경적인 생활의 실천하는 공동체 운명** - 광산의 폐광터에 자본을 투자하여 생태재생을 조성 • **자원봉사자의 도움을 받아 친환경적 생활을 실천하는 공동체 운영**	• 자연에너지로 공원 내 시설에는 에너지 공급 • 대형 풍력발전기로 지구 전체의 에너지를 공급 • 송전시스템을 통해 남는 전력을 회사에 판매
꾸리찌바	• 1960년 공업화로 인해 인구가 대도시로 이주하면서 하천가와 공공용지의 주거화로 인한 슬럼지역 발생 • 도시 인구 집중으로 인해 도시문제 발생 - 인구과밀에 따른 도시인프라 부족으로 도시기반시설 서비스악화	• **환경적 요소** - 재활용 의식을 심어준 녹색교환 - 과밀화를 해결한 대중교통노선망 - 도심활성화 - 쓰레기장의 공원화	• **녹색 정책** • **오염된 습지를 생태 주거단지로 재생** • **쓰레기 처리함등을 공공시설(오페라하우스) 등으로 조성** - 15일마다 주민들이 모은 재활용 쓰레기를 채소나 달걀 등으로 교환해 주는 것으로 저소득층을 위한 생활지원 및 재활용의 중요함을 일깨워줌 • **과밀화 구제대책** - 시의 버스노선망 개선을 통한 TOD형 공간구조 구축	• 재활용 의식을 심어주어 주민들의 생활향상에 도움 • 재활용에 따른 쓰레기 감량으로 매립지의 유효 사용기간이 증가 도심쾌적성 유지하여 시의 관리비 감소 • 버스노선망은 간선도로에 버스 전용차선을 마련하여 버스노선에 따라 공간구조를 분산 • 2~5㎞마다 환승터미널을 만들어 자가용 교통량을 30% 이상 절감
예테보리	• 1960~70년대 고도성장기 시기에 석유, 석탄을 통한 난방으로 인한 대기 오염 발생	• **생태학적 요소** - 에너지 믹스 정책 - 5년간 1만대 생태 자동차 생산 - 물류개선으로 녹색조달 추진 - 환경라벨로 선택적 구입	• **녹색소비자운동 정착** - 석유에 의존하지 않는 에너지 정책 - 환경을 배려하는 상품, 서비스이용을 권장 - 정부, 기업, 주민의 참여로 생태도시를 추진 - 시에서는 폐열을 이용하는 지역 난방 시스템 추진 - 환경라벨 상품을 통해 시민들의 환경의식을 고취 - 생태도시에 공동테 주민 참여 유도	• 폐열을 활용하여 난방이나 온수로 사용 • 주변토지와 공동으로 바이오매스 발전시스템 구축 • 이산화탄소의 50% 감소, 유황은 제로수준으로 감소 • 환경활동에 주력기업과 계약하며 이 회사 생산품을 도시에 배분 • 녹색 소비자 운동이 다른도시에 전파하는 효과발생

	배경	재생요소	재생전략	효과
에칸페르데	• 북부 산업개발 지역 생태계파괴 • 비오톱의 손상으로 도시생태 환경의 질 저하 • 도시화와 수질오염으로 인해 강의 하상과 흐름이 바뀌면서 원래의 강의 모습을 잃어감	• **환경적 요소** - 환경 친화적 토지 이용계획 수립 - 환경 전문가 기용 - 독자적인 에너지 요금 체계 실현 - 환경벤처기업 육성 - 창업보육센터 설립	• **환경수도 선정** - 생태환경보전에 기초한 토지이용계획을 수립 - 지역의 컨센서스를 중시 - 전문적 지식과 아이디어, 실행능력을 가진 전문가를 책임자로 채용 - 자연소재와 재활용이 가능한 자재를 사용하여 친환경적 건물건설 - 환경과 경제와 지역을 통해 지속할 수 있도록 하기위해 지속가능한 환경·경제·사회 네트워크 시스템 구축	• 시 전체 도로 70%에 교통억제정책시행으로 대기오염감소로 도시 이미지 상승 • 비오톱 복원으로 본래 모습의 강와 습지를 복원 • 독자적인 전기요금 체계인 에칸페르데 요금으로 에너지 절약 효과 • 에너지 워킹 그룹을 통한 에너지 절감 활동으로 10년 동안 에너지 소비의 3분의 1을 절감 • 지속가능한 도시 환경구축
함	• 탄광의 폐쇠로 경제침체 탄광실직근로자로 인해 실업문제 대두 • 지나친 자동차 중심의 교통체계로 시내교통 혼잡	• **환경적 요소** - 에코센터와 공원으로 재생 - 환경 보호를 관민을 위한 파트너쉽 구축 - 차통행억제 정책	• **'도시일으키기'를 통한 환경정책 추진** - 에너지 정책, 교통수요관리 경관계획을 세워 철저한 경관 관리 - 도시발전을 위한 생태 기준의 컨셉을 설정 - 지속가능한 환경의 질에 대한 복표 설성	• 산림과 풀꽃이 가득한 땅으로 조성되어 장소성 확립과 레크리에이션에 이용 • '맥시밀리엄파크'와 같이 도시민이 즐길 수 있는 공공인프라 구축 시설 • 생태재생을 통한 매력적인 장소로 재생 • 장소성의 유지와 건축폐기물 감소 • 자전거및 보행을 위한 산책로 조성 • 생태환경의 기준의 정립

1. 채터누가(미국)

1.1 「채터누가」의 개요

· 1996년 유엔(UN)으로부터 '환경과 경제발전을 양립시킨 도시' 로 상을 받은 도시이다. '셔츠가 금방 더러워지는 거리' 에서 친환경 도시로 대변신한 곳이다.

표 32〉 프로젝트 개요

구분	내용
위치	미국 동남부 테네시주 남부
면적	321㎢
인구	약 153,617명(2006)
주요특징	- 세계에서 가장 긴 보행자 전용다리 - 시민의 아이디어를 결집한 '비전2000' - 전기버스 도입으로 파크 앤 라이드를 실현 - 하수의 재활용 - 채터누가 재생의 상징인 '테네시 수족관' 건립

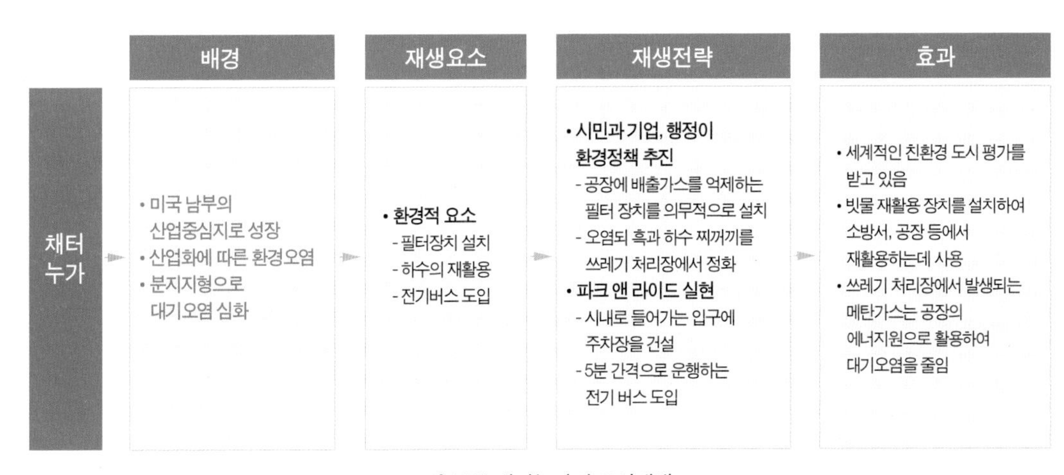

그림 150〉 채터누가의 도시재생

1.2 과거의 「채터누가」

· 1969년 미 환경보호국이 채터누가 시를 '미국에서 대기오염이 가장 심한도시' 로 지칭한 바 있다. 체터누가 거리는 미국에서 대기오염이 가장 심한 거리로서 항상 뿌연 안개가 껴서 셔츠가 금방

그림 151〉채터누가의 위치

더러워질 정도졌다. 대낮에도 자동차 헤드라이트를 켜지 않으면 안 될 정도로 연무현상이 일어나는 날이 연간 150일 이상 되었다.

· 제2차 세계대전 후 석탄, 철, 석회암 같은 자원이 풍부한 채터누가는 미국 남부의 산업중심지로 번창하였다. 주변이 산으로 둘러싸인 분지지형 속 테네시 강 주변에 들어선 공장에서 내뿜는 내연가스로 인해 대기오염이 심화 되었다.

1.3 생태도시 추진주체

· 시민과 기업, 행정이 삼위일체가 되어 환경정책을 추진하였다. 채터누가 시는 대기오염 억제국(Air Pollution Control)을 설치하고 각 공장에 배출가스를 억제하는 필터 장치를 의무적으로 설치하게하였다.

· 8년 뒤 채터누가 시의 대기오염은 환경보호국의 목표기준치를 11%나 향상될 정도로 개선되었다. 시민 자원봉사조직 채터누가 벤처는 '거리 살리기 프로젝트' 를 계획하여 자동차 이용억제책으로 시내로 들어가는 입구에 파크 앤 라이드 주차장을 만들고 5분 간격으로 운행하는 전기버스를 도입하였다. 교외에 있는 쓰레기 처리장에서는 오염된 흙과 하수 찌꺼기를 정화하고 재처리한 후, 유기질이 많은 흙과 혼합하여 건설업자에게 판매하여 수익금을 거두어 재투자 한다.

1.4 생태도시 만든 후 효과

· 1996년 유엔으로부터 '환경과 경제발전을 양립시킨 도시' 로 상을 받고, 세계적인 '친환경도시' 라는 평가를 받고 있다. 채터누가는 저지대로 인근에 있는 테네시 강의 홍수에 매우 시달렸던 지역

이었으나 강의 7개 지류에 저수지를 만들고, 빗물 재활용 장치를 설치하여 소방서, 공장 등에서 재활용하는데 사용하였다.

· 쓰레기 처리장에서 발생되는 메탄가스를 공장의 에너지원으로 활용함에 따라 대기오염이 감소되었다.

1.5 배울 점

· 공해도시 이미지를 탈피하기 위해 여러 가지 환경규제와 함께 전기버스의 도입이나 하수도 관리 사업 시행한 채터누가는 공업도시로서 생기는 환경적인 문제들을, 녹색에너지 재생기술 등을 이용하여 장점으로 바꾸어 온 스마트 도시이다.

· 환경을 위해 자원봉사를 해온 시민들과, 현실적인 정책을 수립하기 위해 노력했던 시의회 의원, 그리고 적극적인 협조를 멈추지 않았던 지역 내의 기업들이 모두 힘을 모아 이루어 낸 재생도시이다.

2. 슈투트가르트(독일)

2.1「슈투트가르트」의 개요

· 독일을 대표하는 환경도시로 도시내의 대기를 순환시켜 대기오염을 개선하는데 성공한 도시이다.

2.2 과거의「슈투트가르트」

표 33〉 슈투트가르트 개요

구분	내용
위치	독일 바덴뷔르템베르크주에 위치
면적	207.36㎢
인구	약 597,176 (2007)
주요특징	- 바람길을 만들기 위한 토지이용계획 - 바람을 유도하는 공간구조 만들기

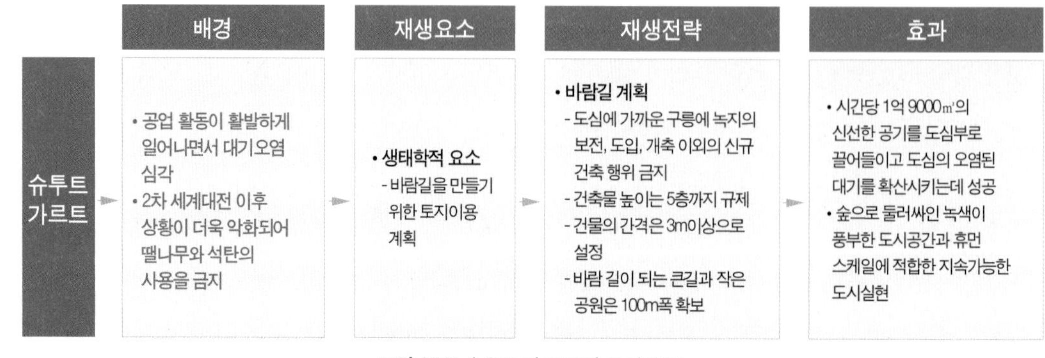

그림 152〉 슈투트가르트의 도시재생

그림 153〉 슈투트가르트의 위치

· 슈투트가르트는 분지 지형에 오염된 공기로 인해 대기오염이 심각한 수준에 이르렀다. 2차 대전 이후 공업 활동이 활발하게 일어나면서 대기오염이 심각해지자 땔나무와 석탄의 사용을 금지하는 조례를 제정하였다.

· 도시 기후에 관련된 부서가 설치되어 1939년 대기오염의 현황을 조사하고, 미세 기후를 분석하는 등 도시환경에 대한 계획과 정책집합을 하였다. 슈투트가르트시당국은대기와 물의 순환을 도시 계획의 요소로 자리 잡게 하여 숨 쉬는 도시를 만들고자 하였다.

2.3 생태도시 추진주체

· 1970년대 후반 시에서는 '바람을 도시 안으로 잘 흘러들게 하는 토지와 건물의 형태를 제안하여

「바람길」을 만들고 신선한 공기를 끌어당기는 「바람길계획」을 세웠다.

· 계획수립의 토대가 되는 자료를 얻기 위해 대기의 흐름에 관한 조사(여름과 겨울, 낮과 밤의 지표면 온도분포도, 풍향, 풍속, 풍량 등)가 이루어졌다. 이러한 데이터를 바탕으로 광역 마스터플랜, 랜드 스케이프 계획, 광역지역계획을 수립하였다.

· 광역 마스터플랜에 따라 시는 도시계획을 세우고 '바람 길' 을 구체화하였고, 새로운 개발계획 수립시 바람의 흐름에 장애가 될 만한 것들은 미리 방지하였다. 그 내용은 다음과 같다.

- 도심에 가까운 구릉에 녹지의 보전, 도입, 개축 이외의 신규 건축 행위금지
- 도시 중앙부의 바람 길이 되는 지역에서 건축물에 대해 높이는 5층까지 규제하고 건물의 간격은 3m이상으로 설정
- 바람 길이 되는 큰길과 작은 공원은 100m폭 확보
- 바람이 통하는 길이 되는 숲의 샛길 정비
- 키 큰 나무를 밀도 있게 심어 신선하고 차가운 공기가 고이는 '공기 댐' 을 만들고 강한 공기의 흐름을 확산

2.4 생태도시 만든 후 효과

· 시간당 1억 9000㎥의 신선한 공기를 도심부로 끌어들여 도심의 오염된 대기를 확산시키는데 성공하였다.

· 숲으로 둘러싸인 녹색이 풍부한 공간, 휴먼 스케일(Human Scale)에 적합한 지속가능한 도시를 실현하였다.

· 독일의 푸라이부르크. 뮌헨, 카셀 등의 도시에서도 슈투트가르트의 정책에 영향을 받아 바람길 계획을 적용하는 등의 파급효과를 낳았다.

3. 코스타리카

3.1 「코스타리카」의 개요

· 경이적인 자연을 보존하고 있는 코스타리카(CostaRica)는 생태관광이라는 개념을 처음으로 도입한 국가로서 자연보호와 관광개발, 환경교육 등의 내용을 중시하는 환경정책을 실시하였다.

3.2 과거의「코스타리카」

· 국립공원지정지역에 사냥, 벌채, 불법주거등의 다양한 환경파괴 문제가 발생하였다.

· 코스타리카의 자연보호정책은 1948년에 제정된 평화헌법에서「군사비 제로」라는 제정을 만든것이 기반이 되었다.

· 군사비 대신 배정된 예산으로 환경국립공원에 대한 교육 사업과 인프라 정비를 시행하였다.

· 그 결과 방대한 원시림을 국립공원으로 지정하기에 이르렀다.

3.3 생태도시 추진주체

· 코스타리카 정부는 숲을 지키는 것이 관광객을 유치하는 전략으로 설정하고, 1986년부터 지속적으로 생태관광에 정책적 노력을 기울였다. 또한 생태관광에 눈을 돌려 관광사업자들과 국가 간의 윈윈(win-win)정책을 펼쳤다.

표 34〉 코스타리카의 개요

구분	내용
위치	중앙아메리카 남부에 위치
면적	5만㎢(세계 국토의 0.03% 차지)
인구	약 4,195,914명 (2008)
주요특징	- 생태관광의 중심지 - 전 세계의 동물이 5% 서식 - 국토의 50%를 차지하는 원시림

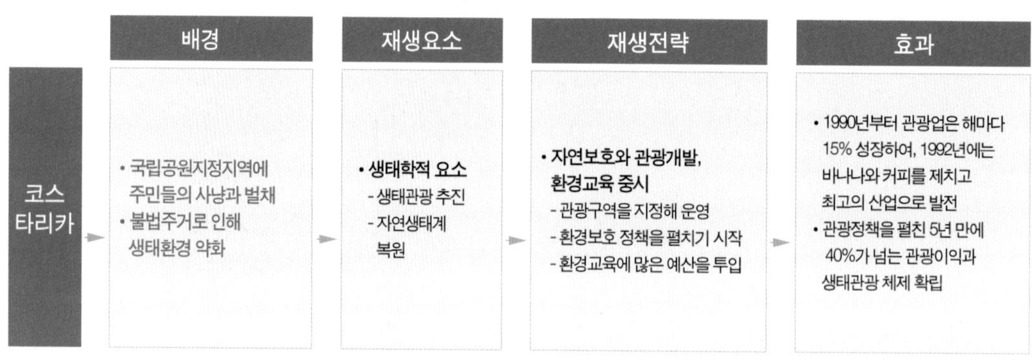

그림 154〉 코스타리카의 도시재생

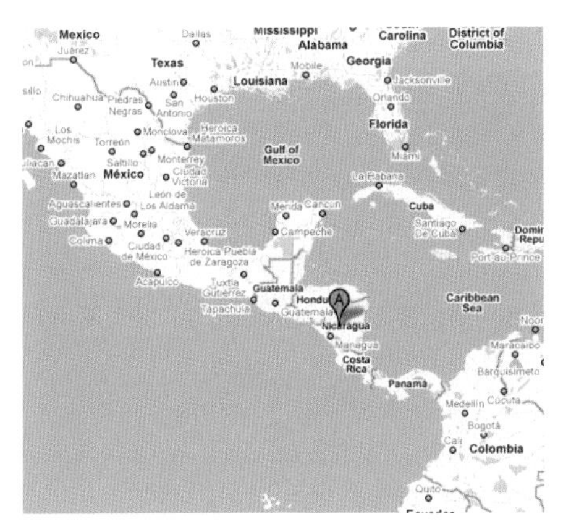

그림 155〉 코스타리카의 위치

· 개인이 운영하는 보호구 가운데 '몬떼베르데 크라우드 포레스 자연보호구'는 생태관광의 세계적인 명소로 자리매김 하였다.

· 환경 교육에 많은 예산을 투입하며 일자리 창출을 통해 동시에 청년실업을 해결하였다. 저소득층 학생들에게는 조식과 중식을 제공하면서 무상으로 교육을 시켜 이들이 늪지대를 훼손하지 않도록 예방하였다.

그림 156〉 산림으로 뒤덮힌 토르투게로 강줄기 주변(토르투게로 국립공원)

3.4 생태도시 만든 후 효과

· 생태계를 연구하기 위해 여러 나라 생물학자들이 몰려들고, 에코 투어를 직접 주관하는 전문가들이 배치 되었다.

· 1990년부터 관광업은 해마다 15% 성장하여, 2000년부터는 관광업, 바나나와 커피를 제치고 이 나라 최고산업으로 발전하였다.

· 몬떼베르데 크라우드 포레스트 자연보호구는 관광객이 연간 5만명이고 관광수입은 60만 달러에 이른다.

4. 라인강 · 도나우강 (네덜란드, 독일, 오스트리아)

4.1 「라인강 · 도나우강」의 개요

(1) 라인강

표 35〉 라인강의 개요

구분	내용
위치	중부유럽
면적	15만 9610㎢
길이	약 1,320㎞

(2) 도나우강

표 36〉 도나우강의 개요

구분	내용
위치	독일 남부의 산지에서 발원
면적	약 81만 6000㎢
길이	약 2,850㎞

4.2 과거의「라인강 · 도나우강」

· 1953년 겨울 1,800명 이상의 사상자를 낸 큰 수해 이후 높은 파도로부터 주민들을 지키기 위한 '델타프로젝트(Delta Project)' 의 하나로 17개 수문이 라인강과 북해의 물길을 차단하기 위해축조되었다.

· 델타 프로젝트로 인한 생태계의 파괴로 어조류와 물고기 종류가 감소되고, 중금속으로 포함한 오염된 진흙이 쌓이게 되었다.

· 20세기 초에는 라인 강폭을 좁혀 수심을 확보하는 운하를 만들었다. 독일 측의 지하수위가 낮아짐에 따라 강이 침식되었고, 지하수위가 낮아지고, 다양한 생물종이 감소하게 되었다.

그림 157〉라인강의 위치

그림 158〉도나우강의 위치

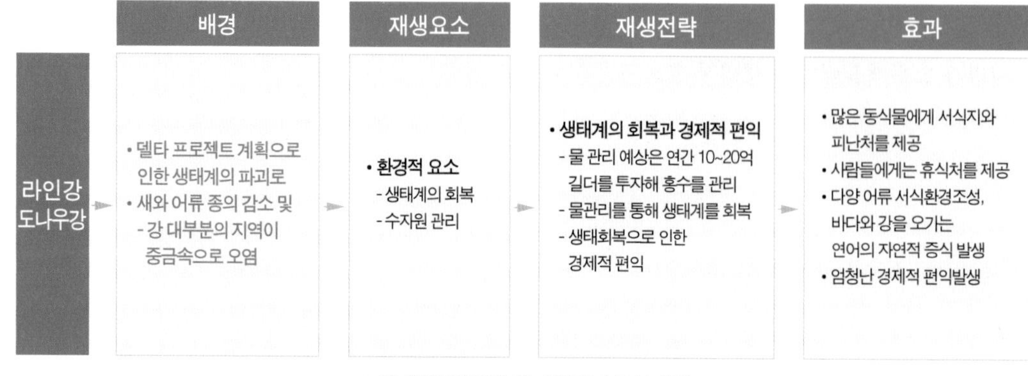

그림 159〉 라인강 도나우강의 도시재생

그림 160〉 라인강의 로렐라이

4.3 생태도시 추진주체

· 국민적인 반대 운동에 힘입어 정부와 시민단체는 수몰예정지소유자와 협력하여 강과 주변 토지의 매입운동에 나서게 되었다.

· 댐 반대운동을 하천정책전환의 계기로 삼아 전문가와 시민, 국경을 넘은 NGO의 협력으로 도나우의 생태계를 복원 시킬 수 있게 되었다.

4.4 생태도시 만든 후 효과

· 다양한 동식물에게 서식지와 피난처를 제공해주었다. 어류종의 다양성이 증가하고 있으며, 샛강

에서는 바다와 강을 오가는 연어의 자연 증식도 일어나고 있다.
· 시민과 방문객들에게는 생태적 휴식공간을 제공 하였다.

5. 웨일즈 생태 테마공원(영국)

5.1 「웨일즈」의 개요

표 37〉 웨이즈의 개요

구분	내용
위 치	끝없이 완만한 녹색 구릉이 이어지는 전형적인 영국의 농촌에 위치
면 적	전체면적 : 40에이커, 생태테마공원 : 7에이커
주요특징	- 자연에너지(태양에너지, 풍력, 수력) - 유기자연농법과 자급자족에 바탕을 둔 농업원예

· 웨일즈 생태 테마공원은 창설자 제럴드 모건 그렌빌씨가 1974년 폐광 터를 빌려 '친환경적인 생활' 을 실천하는 공동체를 운영한 것에서 출발한다. 웨일즈 생태공원은 생태적인 생활을 지탱해주기 위한 기술과 노하우를 구체적으로 제공하고 실현하는 데 설립 목적이 있다.

5.2 과거의「웨일즈 생태 테마공원」

· 웨일즈 생태테마 공원은 1974년 초목이 무성한 슬레이트 광산의 폐광터에 '친환경적 생활' 을 실천하는 공동체를 운영한 것에서 출발하였다.
· 이 공원은 1975년 엘리자베스 여왕의 방문 후 생태 테마공원으로 발전하였다.

5.3 생태테마공원 추진주체

· 이 생활공동체는 화석연료와 화학제품에 의존하지 않는 생활기술, 곧 'Alternative Technology' 를 제창하고 실천하기 시작하였다.
· 방문객들에게 환경적인 사고를 고취시켜 주고 '생태테마공원' 으로 자리매김하여 현재 세계인으로부터 주목받고 있는 장소가 되고 있다.

그림 161〉 웨일즈의 위치

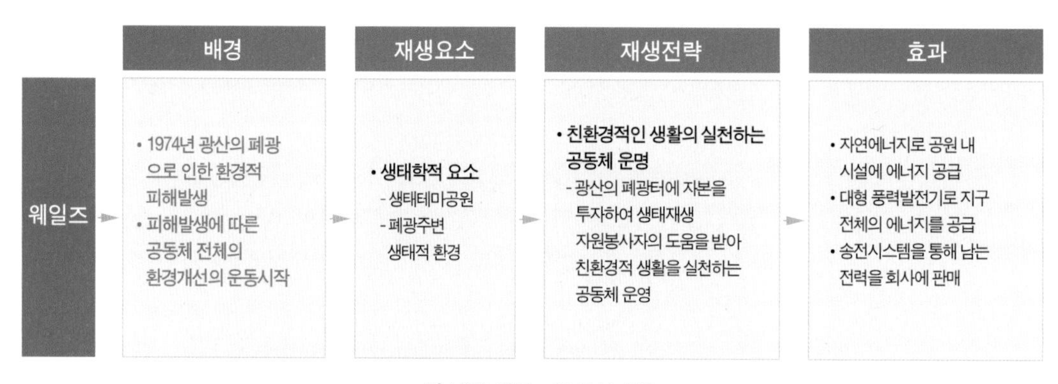

그림 162〉 웨일즈의 도시재생

그림 163〉 옥상녹화를 이용한 에코 캐빈

5.4 생태테마공원 만든 후 효과

· 자연에너지로 생태공원 내 모든 에너지를 충당하고 있다. 생태공원의 전력의 대부분은 수력에 의해 만들어지고 부족한 것은 풍력으로 보충하는 시스템으로 운영되고 있다. 대형 풍력발전기로 생태공원뿐만 아니라 듀라스 밸리 지구 전체의 에너지를 공급하고 있다. 아울러 전력회사로 가는 송전시스템을 통해 남는 전력을 판매하고 있다.

· 자연농법의 활성화로 슬레이트 조각과 퇴비를 혼합한 유기농 원예에 이용하고 있다. 자연농법은 가정원예부터 자급자족하는 농원에까지 적용이 가능하다. 생태공원에서는 자연농법과 무농약, 그리고 유전자조작을 하지 않은 재료를 사용하여 신선한 야채를 공급하고 있다.

6. 꾸리찌바(브라질)

6.1 「꾸리찌바」의 개요

표 38〉 꾸리찌바의 개요

구분	내용
위치	브라질 남부 상파울루 시에서 남서쪽으로 350km떨어진 곳에 위치
인구	약 180만 명(2006년)
주요특징	- 30년에 걸친 도시계획 - 시민 리어카 - 구두닦기 프로그램 - 재활용 의식을 심어준 녹색교환 - 과밀화를 구제한 시의 버스노선망

· 30여년에 걸쳐 각종 도시문제를 치유하면서 지속 가능한 도시환경을 조성한 도시로서 명성을 얻고 있다. 저소득층이 거주하는 교외지역 중심으로 주민들이 모은 재활용 쓰레기를 채소나 달걀 등으로 교환해주는 녹색 교환 프로그램을 성공적으로 운영해 왔다.

· 시민들의 교통난(승차난)을 해결하기 위해 주요 도시축들에 버스중앙차도제를 도입하여 효율적으로 운영하고 있다.

· 슬럼가 방지 대책으로 생태공원을 조성하여 환경도시에 기여하고 있다.

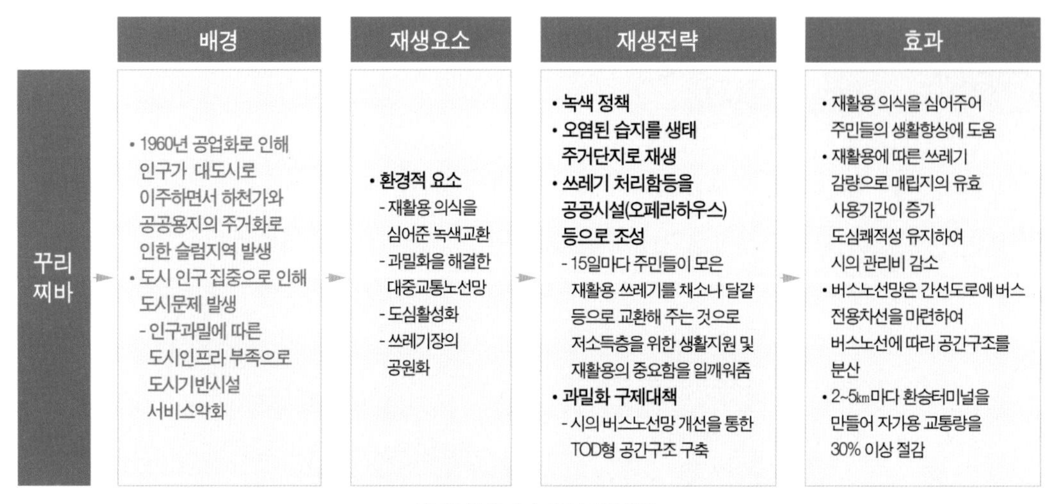

그림 164〉 꾸리찌바의 도시재생

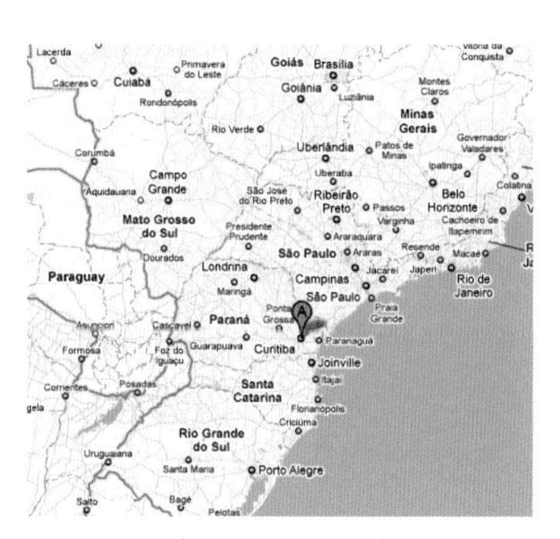

그림 165〉 꾸리찌바의 위치

6.2 과거의 「꾸리찌바」

· 1960년대에 시작된 공업화와 함께 내륙의 농촌에서 일자리를 찾아 꾸리찌바로 이주해 온 이주자들이 하천가나 빈 공공용지 등에 거주하며 슬럼가를 출현시켰다.

· 인구과밀화를 통한 도시의 인구 집중으로 인해 도시문제 심각하였다. 1970년 61만 명에서 2000년도에 160만 명으로 증가하였다. 이로 인해 슬럼가 및 교통혼잡 등 도시문제 악화가 점점 심각해졌다.

6.3 녹색개혁 추진주체

· 전 시장 '자이메 레르네르' 의 리더쉽으로 인해 비용을 들이지 않으면서 도시문제를 개선 할 수 있

그림 166〉중앙버스전용차로 정류장

그림 167〉지혜의 등대

는 도시 만들기 운동을 펼쳤다. 또한 '녹색교환' 이라는 재활용 사업, 버스중심의 대중교통망, 구축, 도심부의 상점가를 보행자 전용도로로 지정한 '꽃길' 등 다양한 정책 등이 있다.

· 최근의 시정부는 고용의 확대, 행정에 대한 시민의 참여 촉진 그리고 확대에 따른 꾸리찌바 시와 주변 자치단체 사이의 연대강화 등의 정책을 펼치고 있다.

6.4 녹색개혁을 만든 후 효과

· 시민에게 재활용 의식을 심어준 '녹색교환 프로그램' 은 1989년 사업 시작 후 쓰레기에 대한 사람들의 반응이 달라지게 함과 동시에 주민들의 생활향상에 도움을 주게 되었다. 재활용에 따른 쓰레기 감량으로 매립지의 유효 사용기간이 늘고, 자기 동네를 깨끗이 유지하여 시의 청소비도 줄

어 시 재정에도 긍정적 효과를 보여주었다. 1990년 유엔환경계획상을 받는 등 세계적으로도 높이 평가 받고 있다.

· 폐지를 수집하여 생계를 이어나가는 사람들의 폐지를 시에서 직접 사들이고 조합을 결성해주는 등 저소득층 시민들에게 안정적인 수입과 일에 대한 자부심을 가져다주었다.

· 버스노선망은 간선도로에 버스 전용차선을 마련하여 버스노선에 따라 도심부의 기능을 분산시키는 역할을 하였다. 2~5km마다 환승터미널을 만들어 자가용교통량을 30% 이상 감소시켰다.

· 1970년대부터 '슬럼화 가능성이 있는 공공용지를 미리 공원으로 만든다'는 정책을 추진하였다. 1인당 공원면적이 약 52㎡로 노르웨이의 오슬로에 이어 세계 두 번째로 넓은 1인당 공원면적을 차지하고 있다.

7. 예테보리(스웨덴)

7.1 「예테보리」의 개요

표 39〉 예테보리의 개요

구분	내용
위 치	스칸디나비아 반도 서해안 지역
인 구	약 50만 명(2008년)
주요특징	- 에너지 믹스 정책 - 5년간 1만 대의 생태 자동차(Eco-car) - 환경활동에 힘을 쏟는 기업을 골라 계약하는 '녹색조달' 추진 - 환경라벨로 선택적 구입

· 환경선진국인 스웨덴의 제2의 도시 예테보리는 석유에 의존하지 않는 대체에너지 정책, 환경을 배려하는 상품, 녹색소비자운동등이 정착된 세계에서 대표적인 환경도시이다.

7.2 과거의「예테보리」

· 1960~1970년대 예테보리는 대기오염의 도시였다. 이는 경제성장 시기에 산업단지 등에서 배출

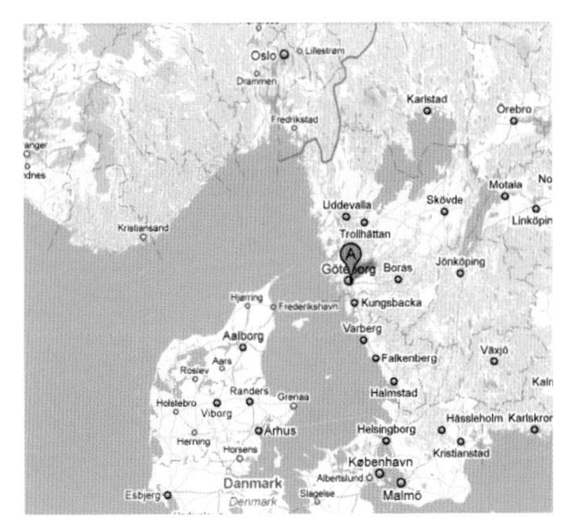

그림 168〉 예테보리의 위치

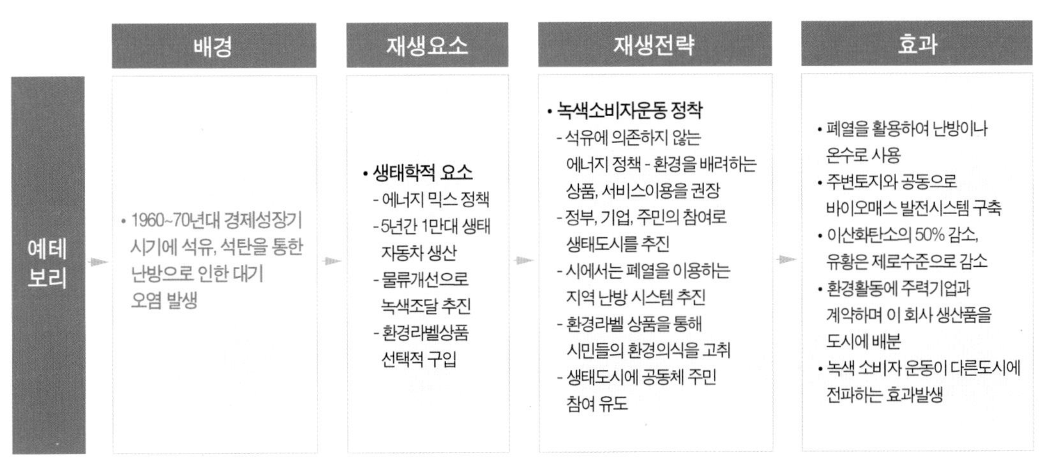

그림 169〉 예테보리의 도시재생

되는 매연가스와 석유, 석탄을 통한 난방으로 인해 대기 오염이 심각한 수준에 달했었다.

· 예테보리에 본사를 두고 있는 핵심기업인 볼보(Volvo)자동차 회사는 예태보리 환경문제에 대한 관심을 가지고 각종 대기오염 감소책으로 생태자동차를 제조하여 예테보리에 시범 운영하게 하였다.

7.3 생태도시 추진주체

· 정부, 기업, 주민의 참여는 거버보스를 구축하여 생태도시를 추진하였다.

· 시에서는 폐열을 이용하는 지역난방 시스템을 추진하기로 결정하였다.

· 택시회사는 GPS를 이용한 콜기능을 갖추어 택시와 고객을 연결 시킴으로서 연간 400만 kl의 유류를 절약하는 결과를 가져왔다.

· 환경라벨 상품을 통해 시민들의 환경의식을 자극하고 생태도시운동에 참여할 수 있는 계기를 만들었다.

7.4 생태도시 만든 후 효과

· 폐열을 이용하거나 바이오맥스 같은 재활용 에너지와 풍력, 태양, 천연가스 등 자연 에너지활용 도시시스템을 구축하였다.

· 폐열은 파이프 네트워크를 통해 주택에 보내져 난방이나 온수에 사용되었다.

· 1979년 90%의 석유 의존율이 에너지 믹스로 1%수준으로 감소 되었고, 이산화탄소는 50% 감소, 유황은 거의 제로에 가깝게 되는 등 획기적인 대기오염의 개선을 가져왔다.

· 에코하우징 프로젝트 추진으로 예테보리 시는 건축분야에서 에너지 고효율 에너지 주택 건설에 주력하였다. 예컨데 20여 채 규모의 친환경 공동 주거 단지에는 별도의 난방 시스템이 필요 없도록 설계되었다.

· 전기기구, 조명기구 등에서 나오는 열을 버리지 않고 열 밀폐 장치, 절연 장치 등을 이용해 모은 뒤 이를 난방으로 전환시켜 주는 장치를 마련하였다.

· 시주도로 5년간 생태 자동차를 1만 대 보급시켰다. 전기, 천연가스, 에탄올 등의 대체연료 사용에 적극적이며 시가 소유한 1,500대 차량의 반을 생태 자동차로 전환시켰다.

그림 170〉예테보리의 뉴오페라 하우스

· 시정부는 도시 내 핵심 기업인 볼보에 배기가스 50% 감소책을 제시하여 대기오염 방지정책에 동참하도록 유도하였다.
· 중소기업이 개발한 환경상품에 소비자가 함께 하기 위한 '녹색조달' 정책을 추진하였다. 이는 환경활동에 기여한 기업을 선택하여 계약하는 전략으로 이 녹색조달 정책은 예테보리에서 스웨덴의 다른 도시, 더 나아가 독일, 네덜란드까지 퍼져나가고 있다.

8. 에칸페르데(독일)

8.1 「에칸페르데」의 개요

표 40〉 에칸페르테의 개요

구분	내용
위치	독일 북부
면적	17.97㎢
인구	약 23,144명(2005)
주요특징	- 환경 순응적 토지이용계획 - 환경 전문가 기용 - 독자적인 에너지 요금 체계 실현 - 환경 벤처기업 창업보육센터 설립

· 1994년 독일의 '환경수도' 로 선정되어 독일전체의 주목을 받았다.
· 환경보전과 경제발전의 상생의 정책기조를 방향으로 환경 선진도시(Eco-city)를 이루었다.

8.2 과거의「에칸페르데」

· 에칸페르데는 지리적 및 교통적으로 낙후된 지역으로 발트해와 빈데바이어만 사이의 좁은 대지였다. 또한 간선도로와 독일철도 노선이 지나는 지점으로 자동차의 진입이 불가피한 지역이었다.
· 북부의 산업개발로 인해 생태보호가 어려운 도시 환경이 구축되어 왔다.
· 도시화가 진행되면서 강의 구조가 바뀌어 원래의 강의 모습을 상실해갔다.

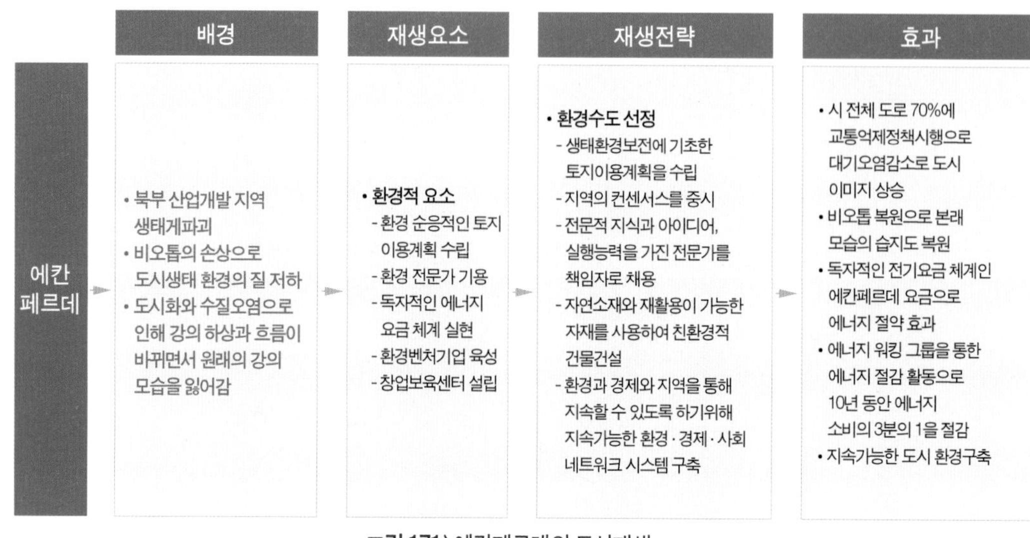

그림 171〉 에칸페르테의 도시재생

그림 172〉 에칸페르데의 위치

8.3 생태도시 추진주체

· 생태환경보전에 기반한 토지이용계획수립을 위하여 지역의 컨센서스를 중시하고, 전문적 지식과 아이디어, 실행능력을 가진 전문가를 책임자로 채용하였다. 이 책임자는 조정자역할을 하면서 환경위원회, 시의회, 시민단체와의 협상을 진행하여 추진하였다.

· 에콜로지 센터(TOZ)는 에콜로지를 주제로 환경벤처기업의 창업보육센터을 설립하였다.

· 자연소재와 재활용이 가능한 자재를 사용하여 친환경 건축물을 축조하였다.

그림 173〉에칸페르데의 복원된 습지

8.4 생태도시 만든 후 효과

· 에칸페르데는 시 전체 도로의 70%에 이용을 위한 대책을 함께 추진하여 도시 이미지를 상승시켰다.

· 교통억제 정책이 환경시책, 상업시가지 활성화, 복지정책, 관광 진흥 정책을 지속적으로 시행하였다.

· 비오톱(Biotop: 생물의 생육공간)의 복원으로 본래의 모습을 잃어가던 강을 획기적인 정책전환으로 강과 습지를 복원하였다.

· 갈대 같은 식물이 호수 주위에 자라나서 생태가 복원되면서 백조나 오리 같은 많은 물새들이 모이게 되었다.

· 독자적인 전기요금 체계인 '에칸페르데 요금' 으로 에너지 절약 효과가 나타났다.

· '에너지 워킹 그룹' 을 통한 에너지 절감 활동으로 기존 에너지 소비의 3분의 1을 절감하게 되었다.

9. 함(독일)

9.1 「함」의 개요

· 폐광지역을 '도시 일으키기' 를 통해 1998년, 1999년 독일 환경수도로 지정되었다.

· 환경도시 프로젝트를 실현하기 위해 각계각층의 단체들이 참가하여 실행모임을 만들어 아이디어 창출을 통해 프로젝트를 실현하였다.

표 41〉 함의 개요

구분	내용
위치	독일 뒤셀도르프에서 북동쪽 80km
면적	226.26㎢
인구	약 183,672명 (2006)
주요특징	- 폐광을 에코센터와 공원으로 재생 - 교통수단의 중심으로 자전거와 버스이용을 권장 - 파트너십을 주제로 한 디자인 - 건축물 전반의 에콜로지화 - 지속가능한 지역 만들기를 위하여 어린이, 시민단체의 참여 유도

그림 174〉 함의 위치

9.2 과거의「함」

· 탄광의 폐쇄로 인하여 경제침제와 실업문제로 도시가 황폐화되자 각종환경문제가 발생되었다.

· 폐광지역은 교통수단의 3분의 2를 자동차가 차지할 정도로 자동차 중심의 교통체계도 형성되어 왔다. 각종 사업자들이 자동차를 이용하여 개별적으로 상품을 배송함에 따라 교통혼잡이 발생하였다.

9.3 생태도시 추진주체

· 환경국에서는 폐광지역에 대한 '도시 일으키기' 운동을 통해 환경문제에 힘을 기울이게 되어 폐기물과 에너지 정책, 교통발전 계획, 경관계획을 세워 각종 정책을 집행했다.

· '도시발전을 위한 에콜로지컬 기준 컨셉' 을 설정하여 전문성 있는 직원을 채용하고 환경의 질에

	배경	재생요소	재생전략	효과
함	• 탄광의 폐쇄로 경제침체 탄광실직근로자로 인해 실업문제 대두 • 지나친 자동차 중심의 교통체계로 시내교통 혼잡	• 환경적 요소 - 에코센터와 공원으로 재생 - 환경을 위한 파트너쉽 - 자동화 교통억제 정책	• '도시일으키기'를 통한 환경정책 추진 - 에너지 정책, 교통수요관리 경관계획을 세워 발전 - 도시발전을 위한 생태 기준의 컨셉을 설정 - 지속가능한 환경의 질에 대한 목표 설정	• 산림과 풀꽃이 가득한 땅으로 조성되어 장소성 확립과 레크리에이션에 이용 • '맥시밀리언파크'와 같이 도시민이 즐길 수 있는 공공인프라 구축 시설 • 생태재생을 통한 매력적인 장소로 재생 • 장소성의 유지와 건축폐기물 감소 • 자전거및 보행을 위한 산책로 조성 • 생태환경의 기준의 정립

그림 175〉 함의 도시재생

대한 정책 목표를 세웠다.

· '미래의 에콜로지컬 도시' 모델 프로젝트를 시작하기 전에 환경단체, 학교, 수공업자, 기업 등 각계각층의 단체가 참여하여 합의를 도출하였다.

· 건축, 물 에너지, 폐기물에 대한 교육과 개선책 마련을 위한 여러개의 실천모임을 만들어 아이디어를 창출시키는 기반을 형성하였다.

9.4 생태도시 만든 후 효과

· 폐광을 재생하여 산림과 풀꽃이 가득한 생태도시로 조성하였다. 산업과 고용촉진 매세(Messe)와 컨벤션 시설을 갖추어 함 시와 민간출자자들이 성공적으로 운영하고 있다.

· 탄광을 시민의 쉼터인 '맥시밀리언 파크'를 조성하여 도시민들이 즐길 수 있

그림 176〉 맥시밀리언 파크 미로 정원

는 시설로 재생시켰다. 건물의 역사성을 살리면서 장소성을 창출시켰다.

· 자전거 전용도로와 자전거 산책로 조성 등 자전거 도로망을 정비하여 자전거의 활용성을 높였다.

· 자전거 도로망과 대중교통을 연결하는 '파크 앤 라이드' 시설을 구축하였다. '환경 · 레저지도' 를 만들어 함의 자연 경관이나 에콜로지컬 프로젝트를 소개하고 자연환경보호에 관한 정보를 제공하였다.

· 생태 '도시발전을 위한 에콜로지컬 원칙' 을 바탕으로 생태환경의 기준을 설립하였고, 생태적인 건축물 설계기준도 만들었다.

3장의 이야깃거리

1. 생태환경을 활용한 해외 도시재생 성공사례를 비교해보자.
2. 체터누가가 생태도시로 탈바꿈하게 된 배경과 재생전략에 대해 이야기해보자.
3. 체터누가가 생태도시로 변환 후 얻게 된 효과에 대해 이야기해보자.
4. 슈투트가르트의 생태환경을 통한 도시재생 배경과 재생전략에 대해 이야기해보자.
6. 코스타리카의 생태도시로 변환 후 얻게 된 효과에 대해 이야기해보자.
7. 라인강과 도나우강의 생태환경을 이용한 도시재생의 공통적인 특징을 이야기해보자.
8. 웨일즈의 생태도시를 통한 도시재생의 추진주체와 생태테마공원을 만든 효과는 무엇인가?
9. 꾸리찌바의 생태환경을 통한 도시재생을 이야기해보자.
10. 예테보리의 생태도시를 통한 도시재생의 효과는 무엇인지 이야기해보자.
11. 에칸페르데의 생태환경을 통한 도시재생 배경과 재생전략에 대해 이야기해보자.
12. 함의 생태도시로 변환 후 얻게 된 효과에 대해 이야기해보자.
13. 해외 생태환경 조성에 의한 도시재생 사례를 통해 우리나라에 도입시 반영할 수 있는 시사점에 대하여 이야기 해보자.
14. '굴뚝 없는 산업' 이라 불리는 문화, 관광산업의 도시재생과의 관련성에 대하여 생각해보자.
15. 생태환경에 의한 도시재생과 일반도시의 재생사례는 어떠한 점에서 차별되는지 논해보자.
16. 생태환경에 의한 도시재생 계획과정은 어떤 과정을 중시하는가?
17. 생태환경에 의한 도시재생을 계획하기 위해 고려해야 하는 계획요소에 대하여 논해보자.
18. 생태환경에 의한 도시재생을 도시계획 패러다임 변화측면에서 이야기해보자.
19. 기존도시의 어떤 문제들이 생태환경의 중요성을 부추기고 있나?
20. 우리나라가 생태도시 계획원칙을 적용한다면 어떤 계획요소를 반영할 수 있을지 생각해 보자.
21. 생태환경을 통한 도시재생을 위해서는 도시 관련법 중 어느 법이 우선적으로 개정되어야 할까?

제4장
생태공원을 통한 도시재생

1.1 생태공원을 통한 재생

	배경	재생요소	재생전략	효과
시화호	• 대단위 간척종합개발 사업의 일환으로 인공호수 조성 • 호수주변 공장의 폐수와 생활하수로 오염 심화 • 인위적 배수갑문과 수위조작으로 생태계 불안정	**• 생태학적 요소** - 시화호 종합관리 계획 - 인공습지의 조성	**• 시화호 종합관리 계획과 관리 위원회 조성** - 관련 부처, 지자체, 전문가, 지역, 이해 당사자 공동으로 위원회 구성 및 활성화 - 위원회에서 계획수립과 이해당사자 간의 환경개선 갈등해소 **• 갈대습지로 만든 인공 습지 조성** - 인공습지의 수생식물을 통해 폐수를 자연정화 시킴	• 악명높은 수질오염의 호수에서 생태학습장으로 탈바꿈 • 대체에너지 확보 및 세계기후 협약에 부흥한 성공 모델이 됨 • 생태환경에 관련한 사진전, 축제, 세미나 등의 장소로 활용 • 조력발전소 건립을 통해 50만 명이 거주하는 지역에 전력 충당
선유도 공원	• 아름다운 섬이었으나 대홍수로 인해 방치된 섬이었음 • 양화대교가 건설되면서 정수장으로 변하며 일반인들에게 소외된 장소	**• 환경적 요소** - 친환경 시설 구축 - 수생식물과 생태숲	**• 기존건물과 어우러진 친환경시설 구축** - 기존 정수장건물과 어우러진 수질정화원, 수생식물원, 환경놀이터 설치 - 국내최초의 재활용 생태공원 설립	• 국내 최초의 환경재생 생태공원이라는 장소성 구축 • 연간 약 210만 명이 이용하는 생태공원 • 휴식과 함께 자연환경의 교육의 장으로 자리매김

	배경	재생요소	재생전략	효과
상암 월드컵 공원	• 쓰레기로 뒤덮기 전 꽃과 갈대숲이 무성한 철새도래지 였음 • 쓰레기 매립장으로 지정되어 엄청난 양의 쓰레기 적재 • 1993년 쓰레기 수용 한계량에 도달하여 폐쇄	• **환경적 요소** - 쓰레기에서 발생된 열에너지의 활용 - 지연과 인공 구조물의 조화 • **생태학적 요소** - 생물서식환경 창출	• **오염물질 발생 열을 에너지로 활용** - 메탄가스 및 혼합물에서 발생된 에너지를 월드컵 공원과 경기장 시설 에너지원으로 활용 • **친환경적 공원 조성 계획** - 지속가능한 공원조성 쓰레기장의 생태복원 전략 - 환경과이용의 공생적 관계 구축 • **생물 서식환경의 개선 노력** - 훼손된 생물 서식환경 개선 생물의 다양성 증진시키고 기존환경 개선	• 세계적 환경 생태 에너지 테마 공원으로 자리매김 • 연간 이용객수 1천만 명으로 도시민의 레저휴식공간 • 자연 식생지, 운동 시설 및 산책로 등 인프라 구축으로 시민들의 다양한 활동공간 제공 • 매립지 주변환경 개선물을 통한 장소마케팅 효과
순천만 자연 생태 공원	• 해안하구 방치된 연안습지 • 개발과 보존의 갈등이 대립하는 지역	• **환경적 요소** - 자연 생태공원으로 조성 • **생태학적 요소** - 자연생태계의 보존	• **체계적 자연생태공원화** - 2000년 자연생태공원 조성을 습지 보존지역 관련협약인 람사르 협약에 가입 - 국가지정문화재 명승지로 지정 • **습지의 역할과 가치 알림** - 습지의 가치 제고 - 국제 조약을 통해 환경적 가치 및 사회경제적 가치 증대	• 국제 협약을 통해 장소마케팅 효과 • 국내 유일의 생태계 원형 보존지구 • 다양한 이벤트 및 투어를 통한 생태체험 교육의 장으로 활용 • 보존과 개발의 대립 갈등 해결의 모범적 사례 • 자연생태공원에 의해 주변을 친화경지역으로 조성하는 효과

1. 시화호(한국)

1.1 「시화호」의 개요

· 악명높은 수질오염의 호수에서 생태학습장으로 탈바꿈한 대표적인 사례이다. 오염된 호수가 친환경 생태호수 및 공원으로 변모한 곳으로 대체에너지 확보 및 세계기후변화협약에 부응하는 성공모델로 꼽힌다.

표 42〉 시화호의 개요

구분	내용
위치	대한민국 경기도 안산시 상록구
면적	104만㎡
주요특징	- 오염된 호수를 친환경 생태 공원으로 조성 - 인공 습지의 수생식물을 통해 폐수를 자연정화 시킴 - 생태환경 및 신재생에너지 체험장으로 활용 - 생태관련 세미나 및 축제를 통한 아이디어 창출

그림 177〉 시화호의 위치

1.2 과거의「시화호」

· 시화호는 간척과 방조제 축조에 의해 만들어진 인공호수이다. 대단위 간척종합개발 사업의 일환으로 1994년 1월에 시흥시 오이도와 안산시 대부도 방아머리를 잇는 주방조제가 완공되면서 시

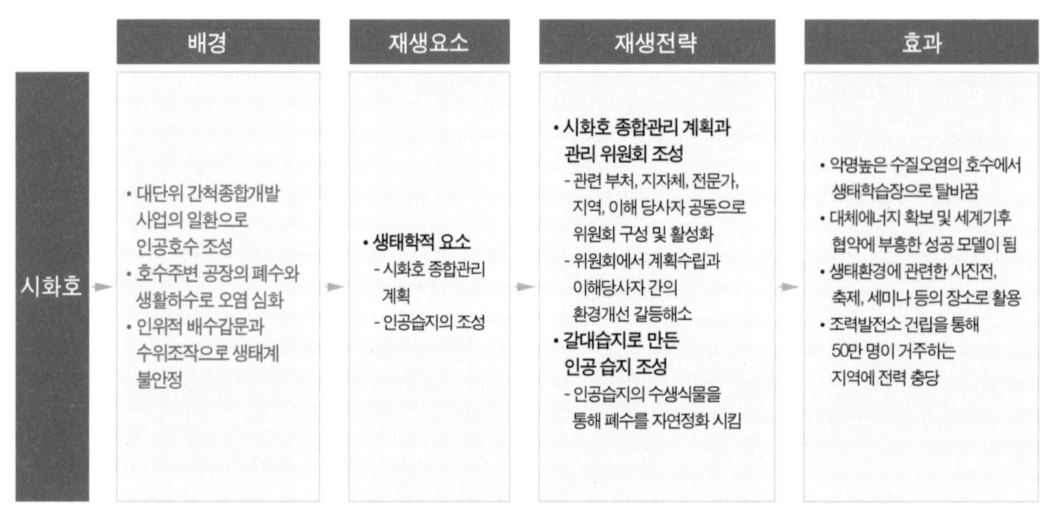

그림 178〉 시화호의 도시재생

화호가 탄생하였다. 아울러 간척지에 조성될 농지나 산업단지의 용수를 공급하기 위한 담수호로 계획하였다.

· 시화호는 주변 공장에서 쏟아져 나오는 생활하수로 인해 오염이 심해졌다. 인위적인 배수갑문 수위조작으로 인해 생물종의 다양성이 유지되지 못하는 등 생태계가 극히 불안정해졌다.

그림 179〉 시화호 생태공원

1.3 생태도시 추진주체

① 시화호 관리위원회

· 시화호 관리 위원회는 '시화호 종합 관리계획' 의 원활한 시행을 위해 설치하였다. 관련부처와 지자체, 전문가, 지역사회이해당사자를 위원회에 참여시킴으로써 시화호와 관련된 의사결정조직과 단체를 통합하고 일원화하였다. 시화호 관리위원회를 통해 시화호를 종합적이고 체계적으로 관리하도록 하였다.

② 시화호 종합관리계획

· 2000년 12월 시화호 해수화가 결정이 된 후 이해당사자의 의견을 수렴하여 '시화호 종합 관리계획' 을 수립하였다. 아울러 관리위원회에서는 수립된 계획의 집행뿐 아니라 이해당사자간의 갈등을 해소 시켰다.

1.4 생태도시 만든 후 효과

· 갈대습지로 이루어진 인공습지는 수생식물을 통해 자연적으로 폐수를 정화하게 되었다. 생태습지는 다양한 수색식물과 철새들의 서식처로 자리매김하여 생태 체험의 학습장으로 활용하게 되었다.

· 생태환경에 관련한 사진전, 축제, 세미나를 통하여 환경관리방안의 합의를 도출하는 장소로도 활용하고 있다.

· 풍력 · 태양 에너지를 활용한 하이브리드 발전기를 활용해 연못 분수대와 체험 학습장에 전기를 공급하였다.

· 조력발전소 건립을 통하여 50만 명이 거주하는 도시에 전력을 충당할 수 있는 기능을 갖추게 되었다.

· 조력발전소 청정개발체제사업으로 대체에너지 확보와 세계 기후변화협약에 부응하는 성공 모델로 꼽히고 있다.

2. 선유도 공원(한국)

2.1 「선유도 공원」의 개요

· 기존의 정수장 건축구조물을 재활용하여 국내 최초로 조성된 환경재생 생태공원이다.

표 43〉 선유도 공원의 개요

구분	내용
위 치	서울특별시 영등포구 한강에 위치
면 적	11만 407㎡
주요특징	- 기존 건물과 어우러진 수질정화원, 수생식물원, 환경놀이터 등 다양한 수생식물과 생태숲이 위치 - 국내최초 재활용생태공원

그림 180〉 선유도 공원의 위치

2.2 과거의「선유도 공원」

· 한강의 세 개의 섬 중에서 경관이 우수하기로 첫 손에 꼽히던 곳이었다. 옛날에는 봉우리가 높아 선유봉이라 불리며, 1925년 대홍수가 나서 한강이 범람한 이후 선유도의 암석을 캐서 한강의 제방을 쌓는 데 사용하면서 선유도는 봉우리가 없어지자 점차 그 고유한 아름다움을 잃게 되었다.

· 그 후 1965년 양화대교가 이곳에 걸쳐 놓이고 1978년에는 선유도가 정수장으로 변하면서 일반인들과는 완전히 멀어지게 되었다.

2.3 생태도시 추진주체

① 서울특별시 주도로 생태공원 조성

· 선유도 공원은 서울시에서 164억 원을 들여 공원으로 꾸민 것으로 한강의 역사와 동식물을 한눈에 볼 수 있는 한강역사관 · 수질정화공원, 시간의 정원, 물놀이장 등의 시설로 구성되었다.

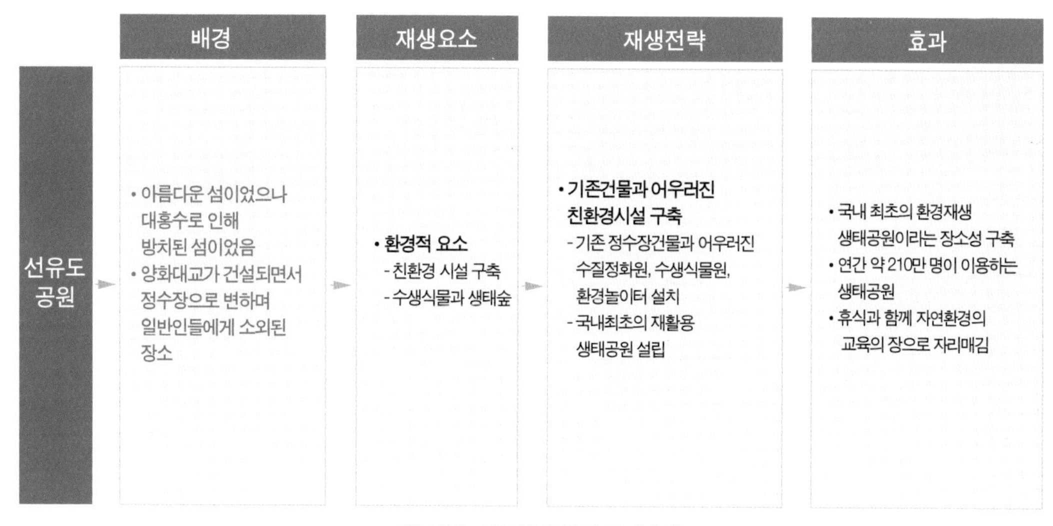

그림 181〉 선유도 공원의 도시재생

② 전문가와 시민대표

· 공원의 설계안 심사위원단은 도시, 건축, 조경, 생태, 수질, 언론 등 각 분야의 전문가와 시민대표들로 구성하여 선유도 공원의 설계안을 채택하였다.

· 다양한 계층의 사람들이 기존 시설을 재생하여 도시공원을 조성하자는 계획을 받아들였다. 선유도를 지켜가고 가꾸어가는 모임이 출범하여 공원의 유지관리와 운영에 이들의 의견이 반영되었다.

그림 182〉 선유도 공원

2.4 생태도시 만든 후 효과

· 정수장의 구조물과 낡은 건물을 재활용하여 휴식과 예술이 공존하는 도시재생공간으로 탄생되었다. 환경적인 중요성을 느끼고 배울 수 있는 환경교육의 장으로도 조성되었다.

· 정수장의 시설물 일부를 남겨놓은 상태에서 담쟁이와 줄사철 등을 심고 산책로와 휴식공원, 야외 조각 등을 종합적으로 조경 계획을 수립해서 만들었다.

· 연간 약 210만 명이 이용하며, 하루 평균 방문객은 5,700여명 정도이다.

3. 상암 월드컵 공원(한국)

3.1 「상암 월드컵 공원」의 개요

표 44〉 상암 월드컵 공원의 개요

구분	내용
위치	서울특별시 마포구 성산동 일대
면적	3,471,090㎡
주요특징	- 대표 공원인 평화의 공원을 비롯해 하늘공원, 노을공원, 난지천공원, 난지한강공원의 5개 테마공원으로 조성 - 버려진땅인 쓰레기매립지를 생태공원으로 조성

그림 183〉 상암 월드컵 공원의 위치

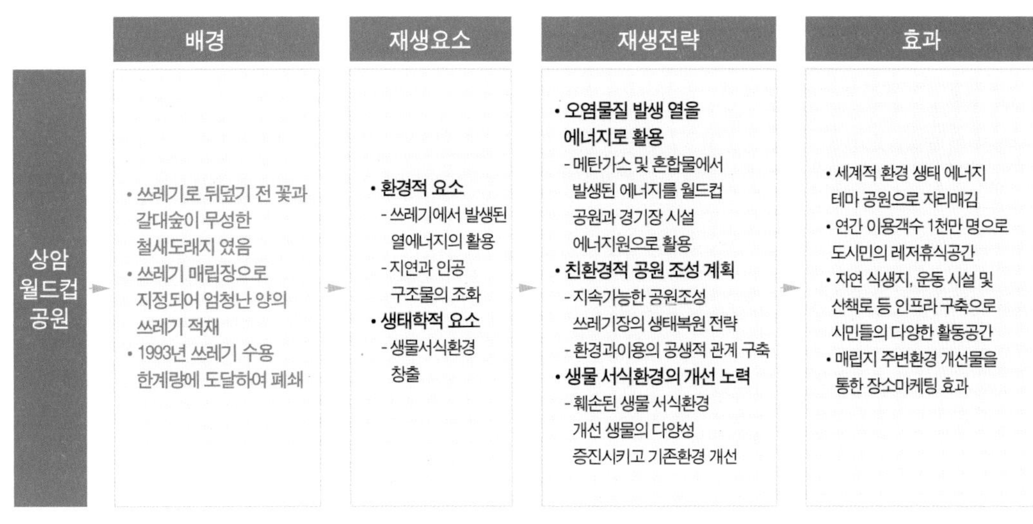

그림 184〉 상암 월드컵 공원의 도시재생

· 난지쓰레기매립지를 친환경적 공간으로 재생시킨 곳으로 국내에서 최초로 조성된 대규모 공원이다.

3.2 과거의「상암 월드컵 공원」

· 난지도는 쓰레기로 뒤덮이기 전에는 난초와 지초가 철 따라 만발해 '꽃섬' 이라 불렸으며 갈대 숲이 무성한 철새들의 도래지 였었다.

그림 185〉 상암 월드컵 공원

· 서울의 쓰레기 매립장으로 지정되면서 산업화 과정 동안 서울인구의 급속한 팽창과 더불어 엄청난 양의 쓰레기가 적재되었다. 15년 동안 난지도는 거대한 쓰레기 산으로 변해 버렸다. 쓰레기 적재량은 계속 늘어나서 하루 트럭 3,000대 분량의 쓰레기가 버려졌다.
· 1993년에 난지도 쓰레기 매립지는 수용 한계량에 도달하여 폐쇄되었으며 서울의 쓰레기 매립지는 김포로 이전하였다.

3.3 생태도시 추진주체

· 서울시는 난지도를 생태공원으로 조성하기로 계획하고 쓰레기 산을 덮어 공원 건설을 시작하였다. 현재 난지도 매립지 부지는 2020년까지의 안정화 작업에 돌입한 상태이다.
· 오염 하수가 한강에 스며드는 것을 방지하기 위해 방벽을 설치하였다.
· 쓰레기에서 발생하는 메탄가스 및 다른 혼합물로부터 나오는 에너지는 인근의 월드컵 공원과 서울 월드컵 경기장 시설의 열 에너지원으로 활용하였다.
· 공원 조성계획도 상호공존 및 공생을 주개념으로 당시 환경의 화두였던 '지속가능한 개발'을 반영하여 자연과 인간문화의 공존, 환경보전과 이용의 공생적 관계 구축 그리고 자연환경과 인공구조물의 조화를 추구하였다.

3.4 생태도시 만든 후 효과

· 난지도 지역 일대의 훼손된 생물서식환경을 개선하여 생물의 다양성을 증진시키고, 기존의 생물서식환경을 개선하였다.
· 서울시민과 우리나라 국민들은 물론 외국인들도 즐겨 찾는 세계적인 환경 생태 에너지 테마공원으로 장소마케팅 효과를 누리고 있다. 연간 이용객 수는 약 1천만 명이다.
· 어린이날이나 억새축제 기간 중에는 하루 약 20만 명 이상이 방문하고 있다.
· 자연 식생지, 운동시설 및 산책로 등 시민들이 여가를 즐길 수 있는 공간으로 조성되었고, 난지도 쓰레기 매립지의 주변환경 정비를 통해 장소 이미지를 개선하였다.

4. 순천만 자연생태공원(한국)

4.1 「순천만 자연생태공원」의 개요

표 45〉 순천만 자연생태공원의 개요

구분	내용
위 치	전남 순천시 안풍동 1176번지
규 모	75㎢가 넘는 해수역, 22.6㎢의 갯벌면적, 5.4㎢에 달하는 거대한 갈대 군락
주요특징	- 다양성이 풍부한 생물의 보고인 순천만의 식생 - 순천만의 갯벌 - 순천만의 염생 습지 - 순천만의 갈대군락 - 순천만의 구하도 - 인간과 자연이 조화를 이룬 자연생태공원

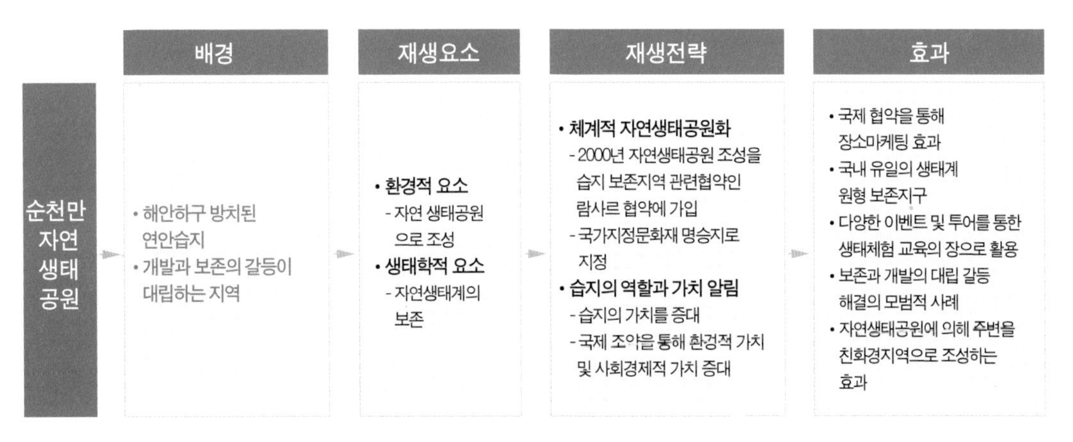

그림 186〉 순천만 자연생태공원의 도시재생

· 가장 자연적인 생태계와 국제적 희귀조류의 월동지로 해안하구의 자연생태계가 원형에 가깝게 보전되어 있는 곳이다. 2003년 12월에 해양수산부로부터 습지보존지역으로 지정되어 관리되고 있으며 2006년 1월에는 연안습지로는 전국 최초로 람사르협약에 등록되어 관리되고 있다.

4.2 과거의「순천만」

· 과거 순천만은 개발과 보존의 갈등이 매우 첨예하게 대립하고 있는 지역이었다. 보존을 주장하는

그림 187〉 순천만 자연생태공원의 위치

사람들은 어족자원이 풍부하며, 갈대 등으로 이루어진 습지로써 생물의 종이 다양하고 어류의 산란지이므로 훼손을 반대하였다. 그에 반해 개발을 주장하는 측은 홍수가 일어날 경우, 갈대밭과 퇴적 토사가 물의 역류를 도와 농경지에 큰 피해를 준다는 이유로 개발을 주장하였다.

4.3 자연생태공원 추진 과정과 주체

- 2000년 7월 남해안 관광벨트 개발계획 사업으로 자연생태공원 조성
- 2003년 12월 해양수산부로부터 습지보존지역으로 지정되어 관리
- 2006년 람사협약에 가입하여 물새서식지로서 국제적으로 중요한 습지에 관한 협약으로 선국최

그림 188〉 순천만 자연생태공원 가는길

초로 등록

- 2008년 국가지정문화재 명승지로 지정되어 순천시가 관리

4.4 자연생태공원 만든 후 효과

· 자연학습 체험장으로 널리 활용되어 갯벌이 환경에 얼마나 소중한 가치를 갖는 지에 대해 관심을 고조시켰다. 또한 인간과 환경의 자연스러운 조화를 이루게 하였다.

· 습지의 역할과 가치를 증대시켜 순천시와 국제 조약을 통해 환경적 가치 및 사회경제적 가치를 증대시켰다.

· 갈대군락은 적조를 막는 정화 기능이 뛰어나 순천만의 천연 하수처리장의 역할을 하고 있다.

· 국내에서 거의 유일하다고 할 만큼 순천만 구하도는 잘 보존된 상태이며, 근래에는 농경지의 취수나 배수로로서 중요한 역할을 하고 있다.

· 다양한 이벤트 및 투어를 통해 생태체험 및 관광의 역할을 동시에 이루었다.

4장의 이야깃거리

1. 우리나라 시화호의 생태공원을 통한 도시재생 배경과 재생전략에 대해 이야기해보자.
2. 시화호의 생태공원을 통한 도시재생의 특징을 이야기해보자.
3. 우리나라 선유도 공인의 생태환경을 통한 재생전략과 그 의미는 무엇인지 이야기해보자.
4. 선유도 공원을 만든 후 어떠한 효과가 있는지에 대해 생각해보자.
5. 상암 월드컵 공원의 생태공원을 통한 도시재생 배경과 재생전략에 대해 논의해보자.
6. 순천만 자연생태공원의 생태환경을 통한 재생전략과 그 의미는 무엇인지 이야기해보자.
7. 도시 내 녹지공간의 활용방안을 도시재생의 관점에서 이야기해보자.
8. 생태공원에 의한 도시재생과 일반도시의 재생사례는 어떠한 점에서 차별되는지 논해보자.
7. 생태공원에 의한 도시재생 계획과정은 어떤 과정을 중시하는가?
8. 생태공원에 의한 도시재생을 계획하기 위해 고려해야 하는 계획요소에 대하여 논해보자.
9. 기존도시의 어떤 문제들이 생태환경의 중요성을 부추기고 있나?
10. 생태환경을 통한 도시재생을 위해서는 도시 관련법 중 어느 법이 우선적으로 개정되어야 할까?
11. 도시 내 녹지공간의 활용방안을 도시재생의 관점에서 이야기해보자.

제5장
예술을 통한 도시재생

1.1 예술을 통한 재생

	배경	재생요소	재생전략	효과
빌바오 구겐하임 미술관	• 15세기 제철소, 철광석 광산, 조선소 등의 공업도시 • 1980년대 철강산업의 쇠퇴로 인해 낙후된 도시로 인해 낙후된 도시로 방치	• 문화예술재생 요소 - 공장, 화물 철도역을 구겐하임 미술관으로 재생	• 빌바오 구겐하임 미술관을 건립 - 도시재생 차원에서 미술관 건립계획을 수립 - 프랑크 게리 건축가에 의한 독특한 디자인으로 미술관 건립 - 수변공간과 미술관의 연계와 조화를 통한 일체감 있는 미술관 단지 조성	• 매년 500만 명이 넘는 관광객이 방문 • 미술관 건립으로 세계적인 문화중심지로 변모 • 도시환경을 새롭게 변화시키고 재활성화시킴 • 미술관으로 주변지역 재생효과
나오시마 지중 미술관	• 1910년대 후반 미쓰비시의 청광석 제련소가 들어오면서 경제적 성장을 하였으나 자연파괴 및 폐기물 발생 • 자연파괴를 복원할 수 있는 사회적 의식이 등장	• 문화예술재생 요소 - 황폐한 땅에 지중 미술관을 건립하여 재생	• 아트 프로젝트 - 자연과 예술이 하나가 된 문화의 섬으로 조성 - 지중 미술관으로 인해 예술의 섬, 문화의 낙원으로 재탄생 시킴	• 내년 약 50만명의 관광객이 방문 • 나오시마의 지적을 일으킨 원동력이 되었음 • 일본 관광청이 선정한 4대 관광지 중 하나로 세계 7대 관광지 리스트에 등재
런던 게이츠 헤드	• 19세기 산업혁명 이후 석탄 · 제분 등이 주력산업인 공업도시 • 쇠퇴기를 겪으면서 1980년대 후반 최악의 상태를 맞음	• 문화예술재생 요소 - 제분 공장을 리모델링하여 현대 미술관으로 재생	• 게이츠 헤드의 공공미술프로그램 - 국내외에 마케팅 - 예술적인 작품 지원 - 공공예술이 주변환경의 조화유도	• 연평균 250만 명의 관광객이 방문 • 창조산업 분야 종사자가 5만 8천 명 이상 증가 • 400개의 신규 일자리 창출 • 26억 파운드의 연매출 기록
런던 테이트 모던	• 1950년대 2차 세계대전 직후 런던 중심부에 전력을 공급하기 위한 용도로 건립된 발전소 건물이 1995년 도시 재생사업으로 개발	• 문화예술재생 요소 - 발전소 건물을 리모델링하여 현대 미술관으로 재생	• 영국의 21세기 미술경영전략수립 - 2000년 밀레니엄 프로젝트 일환으로 테이트모던 미술관 건립	• 도시 인지도 상승 • 도시 마케팅 효과 • 지역경제 회복에 큰 역할을 함 • 2천 4백개의 고용창출 • 연간 8억달러의 관광수입 • 주변 지역 경제 활성화에 기여

1. 빌바오 구겐하임 미술관(스페인)

1.1 「빌바오 구겐하임 미술관」의 개요

· 빌바오 구겐하임 미술관은 미국 건축가 프랭크 게리의 설계로 지어져 후안 카를로스 스페인 국왕으로부터 '20세기 인류가 만든 최고 건물' 이라는 극찬을 얻은 작품이다.

표 46〉 빌바오 구겐하임 미술관의 개요

구분	내용
대지위치	에스파타 바스크 지방의 빌바오에 위치
규 모	대지면적 : 32,700㎡, 연면적 : 24,290㎡ 전시면적 : 10,560㎡, 공공 공간 : 2,500㎡ 사무 공간 : 1,200㎡, 휴게 공간 : 610㎡
완공(기간)	1997년 10월 (설계 착수-1991년, 시공 착수-1993년)
비용	1억 달러(비공식적으론 1.5억 달러추정)
건축설계	Frank O Ghery and Associates, Inc
건축주	솔로몬 구겐하임 재단, 빌바오 구겐하임미술관 프로젝트위원회

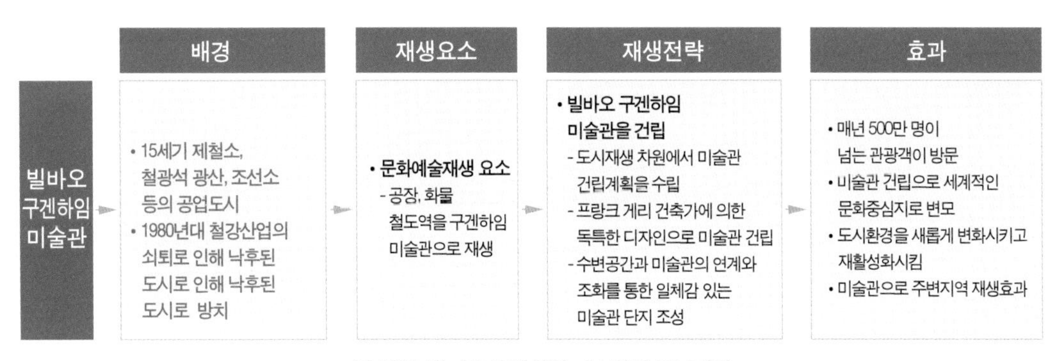

그림 189〉 빌바오 구겐하임 미술관의 도시재생

1.2 과거의「빌바오」

· 빌바오는 15세기 이래 제철소, 철광석 광산, 조선소 등이 즐비했던 공업도시였다. 1980년대 빌바오 철강 산업이 쇠퇴하고 바스크 분리주의자들의 테러가 잇달으면서 전반적인 도시의 기능이 점차 침체되어갔다.

· 아시아 국가의 발전과 더불어 철광석에 대한 경제성이 떨어져 도시가 경쟁력을 잃기 시작하였다.

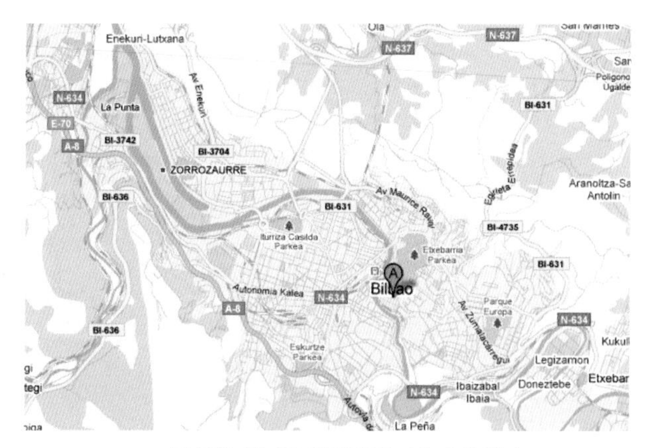

그림 190〉 빌바오 구겐하임 미술관의 위치

1991년 바스크 지방정부는 빌바오가 몰락의 늪에서 벗어날 수 있는 유일한 방법은 문화산업이라고 판단하고, 1억 달러를 들여 구겐하임미술관을 유치하였다.

· 건물이 지어진 부지는 전에 공장과 화물 철도역이 들어섰던 곳인데, 공장의 가동이 멈춰진 후로는 슬럼가가 되어버린 곳이었다. 미술관 건축후보지는 도심을 흐르는 레르비온 강을 끼고 있는 빌바오의 중심이었기에 미술관을 짓기로 결정하였다.

1.3 문화 · 예술 프로젝트의 추진체계

· 바스크 자치 정부는 탄광촌 빌바오의 이미지를 탈피하고자 상징적인 건축물을 도시 재생의 대안으로 선정하였다. 또한 바스크 정부는 프로젝트의 재원을 담당하고, 소유권을 갖기로 하였다. 구겐하임재단은 미술관을 운영하고 주요 소장품을 제공하기로 협정을 맺고 프랑크 게리(Frank Gehry)의 설계로 7년 만에 건물을 완공시켰다.

· 당시 1억달러나 되는 막대한 건축 비용과 부지를 빌바오 시가 제공하고, 구겐하임 미술관은 미술관 운영과 더불어 기획전시 프로그램상품을 개발하여 미술관 마케팅을 시작하였다.

· 빌바오를 담당하고 있는 바스크 주 정부는 도시재생을 위해 오랜 기간 동안 치밀한 발전 전략을 수립하였다. 철저하게 고유의 전통과 문화를 보전하면서 관할 15개의 크고 작은 중소도시들을 각각의 지역 특성에 맞게 특화시켜 균형적 발전을 유도하겠다는 마스터플랜을 세웠다.

· 당시 미술관을 건축하기 위해 세계적인 건축가들에게 지명설계를 의뢰하였는데 상식과 형식을 뛰어넘은 새로운 시도의 프랑크 게리의 작품이 선정되었다. 그의 작품은 매우 파격적이고, 기존의 건축양식과는 거리가 먼 거대한 조각과도 같았다.

그림 191〉 빌바오 구겐하임 미술관 전경

1.4 문화 · 예술 프로젝트 후 효과

· 개관 이후 매년 500만명이 넘는 관광객들이 빌바오 구겐하임 미술관을 보기위해 찾았다. 건축물 하나가 도시를 재생시킨 사례를 보기위해 도시계획 전문가, 건축가, 공무원 등이 방문하고 있다.

· 프랑스 일간지 르 피가로(Le Figaro)는 최근 미국 하버드대가 '구겐하임 효과(Guggenheim Effect)'란 용어로 문화시설 하나가 도시 전체를 어떻게 바꿀 수 있는지 강의하고 있다고 전하였다.

· 구겐하임 미술관 건물하나로 도시 전체를 바꾼 사례로서 스페인을 상징하는 문화아이콘으로 자리 매김하고 있다.

2. 나오시마 지중 미술관(일본)

2.1 「나오시마 지중 미술관」의 개요

· 2004년에 개관한 지중미술관은 섬의 지형을 그대로 살려 3층 규모의 건물을 이름 그대로 지중(地

中)에 건축된 땅 속 미술관이다. 섬 북부에는 동양 최대 금 생산소인 '미쓰비시 매터리얼 나오시마 제련소' 가 있으며, 중앙부에는 각종 교육시설이 들어서 있는 문교지구가 있다.

· 남부에는 미술관, 캠프장이 있는 '베넷세 아일랜드 나오시마 문화촌' 이 있어 자연과 산업, 문화가 조화를 이루고 있다.

· 주산업은 금속 제련, 어업 및 관광으로, 일본에서 15번째이자, 섬으로서는 최초로 '에코타운(Eco-Town)' , 즉 친환경도시 조성계획 승인을 받았다.

표 47〉 나오시마 지중 미술관의 개요

구분	내용
위치	일본 가가와현 다카마쓰시 북쪽 약 13km에 위치
면적	14.23㎢
인구	약 3,400명(2009년 기준)

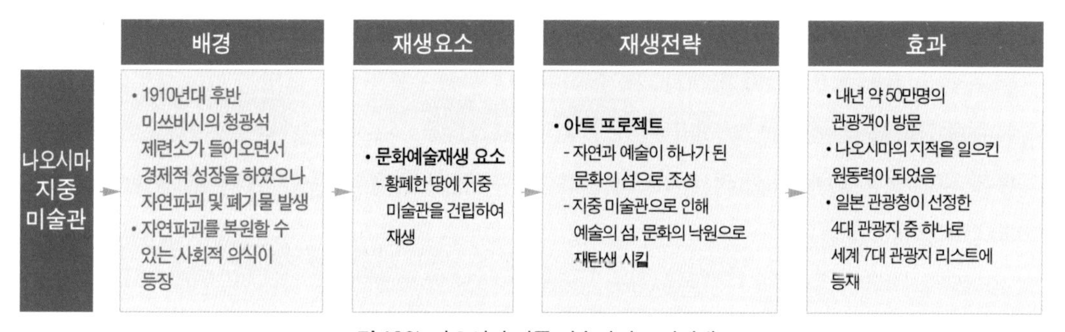

그림 192〉 나오시마 지중 미술관의 도시재생

2.2 과거의「나오시마」

· 1910년대 후반 미쓰비시의 철광석 제련소가 들어오면서 나오시마는 경제적으로 성장하였다. 나오시마섬의 경제성장 동력이었던 제련소는 자연환경의 파괴를 유발하였고, 구리 제련소가 배출하는 각종 폐기물로 인해 나오시마는 환경오염에 시달렸다.

· 지역경제 활성화는 이루었지만, 자연환경 파괴로 인해 나오시마는 지역 쇠퇴로 이어지게 되었다.

2.3 문화 · 예술 프로젝트의 추진체계

· '나오시마 프로젝트' 를 성공시킨 베네세의 후쿠다케 소이치로 회장은 2008년 포천지 선정 '일본

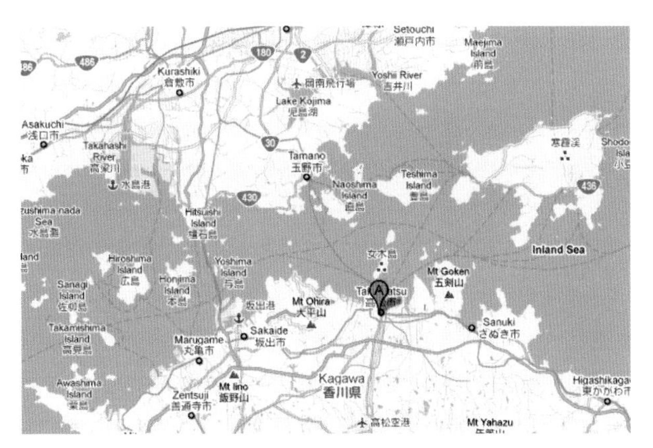

그림 193〉 나오시마 지중 미술관의 위치

20대 부호' 리스트에 이름을 올린 부호이다. 그는 일본 최대 출판 · 교육그룹 총수로서 미술품에 관심이 많았던 그는 무인도에 가까운 나오시마섬을 탈바꿈시키기 위해 회장 취임 이듬해 10억엔을 투입하여, 나오시마 섬의 절반을 사들였고, 황폐한 땅 나오시마의 예술의 힘으로 파괴된 환경을 예술의 힘으로 자연으로 되돌리고 싶어 하였다.

· 베네세가 나오시마를 자연과 예술이 하나가 된 '문화의 섬' 으로 만들겠다는 장기적인 계획을 세우고, 1989년 시작한 '아트 프로젝트' 를 위해 건축가인 안도 다다오에게 프로젝트의 핵심 역할을 부탁하였다.
· 안도 타다오의 설계로 만들어진 이 미술관은 지하에 완전히 숨겨져 독특한 건축구조로 설계되었다.
· 지중미술관은 3명의 예술가 '클로드모네(Claude Monet), 제임스 터렐(James Turrell), 월터 데 마리아(Walter de Maria)' 의 작품 단 8점 만을 위해 건립된 미술관이다.
· 예술을 사랑한 한 기업가의 꿈과 건축가의 만남이 나오시마 프로젝트라는 이름으로 예술의 섬, 문화의 낙원으로 재탄생하였다.

2.4 문화 · 예술 프로젝트 후 효과

· 오늘날 33만명(2008년 기준)의 관광객을 끌어 모으면서, 주민 1인당 평균소득도 가가와현 내 35개 지자체중에 1위로 올라서게 되었다. 나오시마 주민들 스스로도 나오시마 예술프로젝트 성공을 '나오시마의 기적' 이라 불리게 되었다.
· 일본의 작은 섬의 기적뿐만 아니라 회사의 글로벌 전략에도 크게 공헌하며 베네세 그룹은 세계 29개국에 진출한 글로벌 기업이 되었다.

그림 194〉 나오시마 지중 미술관

· 일본 관광청이 선정한 4대 관광지 중 하나이자, 세계 여행 잡지 트래블러지가 선정한 '세계 7대 관광지 리스트' 에 파리, 두바이 등과 함께 이름을 올렸다.

· 나오시마의 100년 이상 된 낡은 주택과 폐허였던 사찰과 신사 그리고 도로들은 문화체험 공간으로 변신하게 되었다.

3. 런던 Tate Modern Museum 게이츠헤드 Baltic Centre(영국)

3.1 「런던 Tate Modern Museum, 게이츠헤드 Baltic Centre」의 개요

· 런던은 영국의 수도로서 과거와 현재가 조화롭게 공존하는 도시이며, 소호(SOHO)지구를 중심으로 동쪽은 서민적인 이스트엔드, 서쪽은 귀족적이고, 화려한 분위기의 웨스트엔드로 구분된다.

· 게이츠헤드는 타인강 남안, 뉴캐슬어폰타인의 대안에 있으며, 뉴캐슬어폰타인과는 5개의 다리로 연결되며, 강가에는 연안항로용 부두가 있고, 세인트메리 교회를 비롯한 옛 사적이 많은 도시이다.

3.2 과거의「런던 Tate Modern Museum」,「게이츠헤드 Baltic Centre」

· 런던의 테이트 모던 미술관은 1950년대 2차 세계대전 직후 런던 중심부에 전력을 공급하기 위한 용도로 건립하여 1981년 문을 닫은 뱅크사이드(Bankside)발전소를 리모델링하였다.

표 48〉 런던 Tate Modern Museum,게이츠헤드의 개요

구분	내용	
도 시	런던	게이츠헤드
위 치	영국 잉글랜드 남동부	영국 잉글랜드 북동지
면 적	1,578㎢	142.35㎢
인 구	약 7백 51만명	약 19만명
주요특징	- 잉글랜드 남동부 템스강 하구에서부터 약 60㎞ 상류에 위치해 있음 - 영국의 수도로서 정치 · 경제 · 문화 · 교통의 중심지이며 세계 최대 도시 중 하나	- 1936년 남서부 2.8㎢에 이르는 지역이 산업지구로 개발되어 경공업을 포함한 각종 소규모의 산업체가 발달하였음

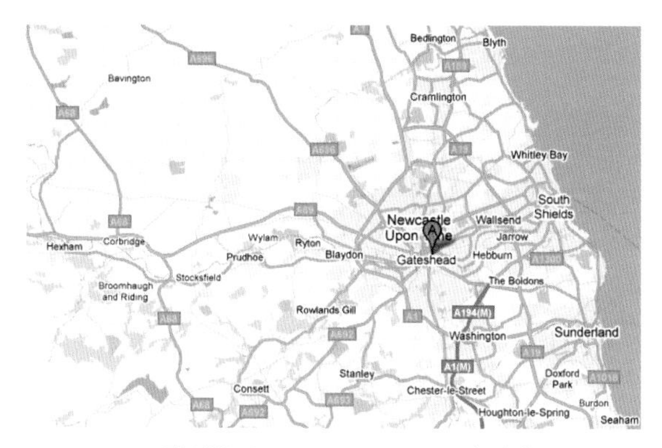

그림 195〉 Tate Modern Museum의 위치

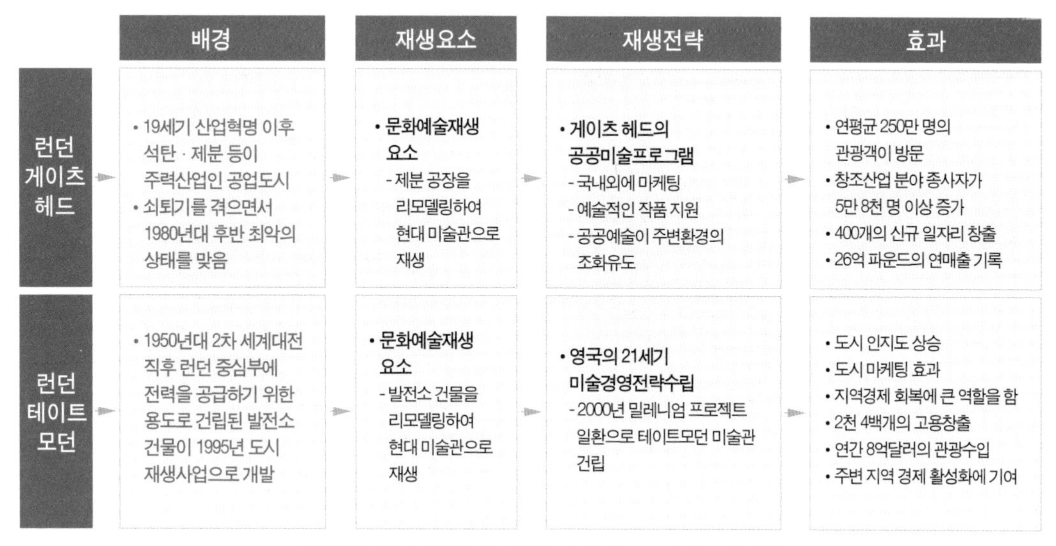

그림 196〉 런던게이츠헤드와 런던 테이트 모던의 도시재생

· 20년간 방치되어진 발전소 건물을 1995년 '도시 재생' 사업의 밀레니엄 프로젝트에 의해 개발되었다.

· 게이츠헤드는 19세기 산업혁명 이후 석탄 · 제분 등을 주력산업인 공업도시로 번창했지만 공장이전 등 쇠퇴기를 겪으면서 1980년대 후반 최악의 상태를 겪게 되었다. 따라서 1990년부터 도시 재생사업이 본격화되어 타인강 주변에 이 지역을 대표하는 제분공장을 리모델링하여 발틱 현대미술관이 탄생하였다.

3.3 문화 · 예술 프로젝트의 추진체계

· 런던의 테이트 모던 미술관은 1993년 정부산하 단체로 밀레니엄 위원회가 설치되고, 영국의 문화, 미디어, 체육부의 주관하에 밀레니엄 프로젝트를 시작으로 2억 달러 이상의 경비는 국가 복권지원금으로 절반을 유치하고, 나머지 절반은 개인 기부자들과 기업의 기부금으로 채워졌다.

· 테이트 모던 미술관은 미국의 모마(MOMA, The Museum of Modern Art)의 영향력에 대응하기 위한 영국의 21세기 미술경영전략 중 하나였다.

· 게이츠헤드는 1980년대 설립된 공공예술프로그램(Public Art Programme)은 국내외 인지도를 상승시켜 여러 예술적인 작품을 지원하였고, 공공예술이 주변환경과 새로운 건축물에 통합되도록 장려하였다.

그림 197〉 런던의 테이트 모던 박물관

그림 198〉 게이츠헤드 발틱센터

· 게이츠헤드의 발틱현대미술관은 관민의 노력으로 8년 동안 총 900억원의 예산 중 80%가 외부 국제로터리클럽과 유럽지역 발전기금 등으로 유치하였다.

3.4 문화 · 예술 프로젝트 후 효과

· 런던의 테이트 모던 미술관은 과거 화력발전소에서 현대미술관으로 모습을 바꾸면서 도시재생은 물론 도시마케팅의 효과를 누리고 있다. 또한 발전 중단이 된 상태에서 방치되었던발전소를 문화공간으로 리모델링하면서 전 세계 작가와 컬렉터, 관광객들을 런던으로 끌어들이며, 창의적 문화공간 발상으로 침체된 도시경제 회복에 큰 역할을 하였다. 그리고, 2천 4백개의 새로운 일자리를 창출하고, 연간 8억 달러의 관광수입을 초래하게 하였다.

· 게이츠헤드의 발틱현대미술관은 개관 첫해 100만명의 관광객이 방문하였고, 연평균 250만명의 관광객이 방문하고 있다. 또한 프로젝트 추진에 의해 새로운 분야의 일자리 창출로 창조산업 분야 종사자가 5만 8천명 이상으로 증가하고, 400개의 신규 일자리가 창출되었으며, 26억 파운드의 연매출을 올렸다.

5장의 이야깃거리

1. 빌바오의 예술을 통한 도시재생 배경과 재생전략에 대해 이야기해보자.
2. 나오시마의 예술을 통한 도시재생의 특징을 이야기해보자.
3. 런던의 예술을 통한 재생전략과 그 의미는 무엇인지 이야기해보자.
4. 도시디자인에 있어서 단기적이고 즉흥적이 아닌 장기적인 관점에서 도시의 틀과 골격에 바탕을 둔 디자인계획은 어떠한 것들이 있는지 이야기해보자.
5. 기존의 도시들이 문화 · 예술 프로젝트를 통한 도시재생 시 어떤 계획요소, 정책, 전략이 우선적으로 고려되어야 하나?
6. 문화 · 예술 프로젝트에 의한 도시재생사례는 일반 도시재생사례와 어떠한 점에서 차별되는지 논해보자.
7. 문화 · 예술 프로젝트에 의한 도시재생의 대표적 사례인 스페인의 빌바오 구겐하임 미술관의 도시재생 전략이 무엇인지 설명하고, 우리나라에 구겐하임 미술관을 도입한다면, 어떤 전략을 반영해야 하는지를 논해보자.
8. 우리나라의 문화 · 예술 프로젝트에 의한 도시재생 사례를 살펴보고, 우리나라 도시에 얼마나 접목되어 계획과 설계가 진행되고 있는지 생각해 보자.
9. 문화 · 예술 프로젝트의 하나인 "공공미술"의 활성화 방안을 논해보자.
10. 문화도시가 지속가능성을 갖기 위해서는 어떤 속성을 가져야 하는가?
11. 예술과 문화는 도시마케팅 전략의 하나로 꼽힌다. 예술과 문화가 도시의 마케팅 전략에 있어서 얼마나 중요한지 논해보자.
12. 도시경쟁력과 문화, 예술은 어떠한 관계를 갖고 있는가?
13. 수변 공간의 부두와 고가도로를 재이용하는 수변시설 재생과 아울러 수변과 연계된 수변공간의 환경보존에 주안점을 두고 있는 이유는 무엇인지 생각해보자.

참고문헌

국내문헌

- 국토연구원, 2005, 세계의 도시, 한울
- 국토해양부, 2008, 미래도시정책방향 수립연구
- 김영기, 김승희, 난부 시세키, 2009, 도시재생과 주심시가지의 활성화, 한울아카데미
- 김민수, 2009, 한국 도시디자인 탐사, 그린비
- 대한국토 · 도시계획학회, 2006, 도시개발론, 보성각
- 대한국토 · 도시계획학회. 2007, 「도시설계-이론편」, 보성각
- 문화관광부. 2006, 「공공디자인 정책의 기본방향」, 한국문화관광정책연구원
- 문화관광부. 2006, 「디자인 문화원 설립 기본방향연구」, 한국문화관광정책연구원
- 송진희. 2007, 「문화 도시와 경쟁력」, 기문당.
- 안건혁, 온영태 역, 2003, 뉴어바니즘 헌장, 한울아카데미
- 원제무, 2008, 마음으로 읽는 도시, 삶의공간을 가꾸는 도시계획, 도서출판 조경
- 원제무, 2010, 도시공공시설론, 보성각
- 원제무, 2010, 녹색으로 읽는 도시계획, 도서출판 조경
- 이주형, 2001, 도시형태론, 보성각
- 이주형, 2009, 21세기 도시재생의 패러다임, 보성각
- 이종수, 윤영진외, 2009, 「새 행정학」, 대영문화사
- 이정형, 2007, 「도시재생과 경관 만들기-일본의 13도시재생프로젝트」, 발언
- 윤호중, 2005, 도심지 재개발 선진사례연구, 「국회정책 자료집」
- 정강화, 2007, 도시 공공디자인의 해외 성공사례.「도시문제」, 10월호
- 정봉금, 2007, 「21세기 문화산업을 위한 공공디자인 정책연구」, 한국학술정보
- 조재성, 2001, 미국의 도시계획, 한울아카데미
- 최인규, 2008, 도시디자인 프로젝트, 시공문화사
- 하성규, 2003, 지속가능한 도시론, 보성각
- 한국도시지리학회, 1999, 한국의 도시, 법문사
- 형시형, 2006, 「지속 가능한 성장관리형 도시재생의 전략」, 한국학술정보
- 김영환, 2001, 영국의 지속가능한 주거지 재생계획의 특성, 대한국토 · 도시계획학회지「국토계

획」제 36권 1호.

- 김영환 · 최정우 · 오덕성, 2003, 성장관리형 도심재생의 기본전략 및 계획요소, 대한국국토?도시계획학회지 '국토계획', 제38권 제3호
- 박영춘, 류중석, 2000, 뉴 어바니즘 도시설계의 가능성과 한계성에 관한 연구, 대한건축학회논문집
- 박영춘, 임경수, 2000, 뉴어바니즘 도시설계에 관한 고찰, 한국지역개발학회지
- 박천보 · 오덕성, 2004, 해외 도심재생의 정책 및 제도에 관한 연구, 대한국토 · 도시계획학회지 「국토계획」, 제39권 제5호,
- 안건혁, 2007, 삶의 질 향상을 위한 도시재생 전략, 충청권의 도시재생 국제 심포지움 자료
- 안태환, 2004, 포스트모던의 계획에의 적용논의, 한국지역개발학회지
- 양재섭 · 김정원, 2006, 도시재생정책의 국제비교 연구 -영국과 일본을 중심으로-, 서울시정개발연구원
- 오병호, 2007, 도심산업재생: 미래의 선택, 후기산업사회의 종합적 도시재생정책 방향에 관한 토론회 자료
- 오덕성 · 염인섭, 2008, 도심재생사업의 지속가능성 평가에 관한 연구: 영국 노팅엄시와 한국 대전광역시의 사례를 중심으로, 서울도시연구 제9권 제1호
- 오민근, 2003, 마을 만들기와 마찌즈쿠리,그리고 지역 활성화,정보광장 10월호(통권148호),
- 윤상복 외, 2007, 도시재생을 위한 주택재개발사업의 현황과 과제, 대한국토?도시계획학회 추계정기학술대회 발표집
- 윤상조 · 이주형, 2008, 도시재생과 주거단지 확립방안에 관한 연구, 한국생태 환경건축논문집, Vol.8 No.4,
- 이삼수, 2006, 도시패러다임의 변화의 의의, 도시정보, 제295호
- 이삼수, 2008, 최근 일본의 도시재생정책 동향과 한국에의 시사점, 토지와 기술, 제2호 통권 제76호, 임서한 외,일본의 도시재생사례와 시사점, 주택도시연구원, 2006
- 전상억, 2007, '도시재정비 촉진을 위한 특별법' 을 활용한 도시재생방안, 국토, 통권 305호,
- 조명래, 2007, 지구화시대 경제사회의 변화와 도시재생의 중요성, 국토, 통권305호,
- 주관수, 2008, 도시정비에서 도시재생으로: 재개발의 패러다임 전환을 위하여, HURI FOCUS 제27호
- 진시원, 2006, 영국의 지속가능한 도시재생정책: 역사적 발전과정과 한국에의 시사점, 국제정치연구, 제9권 제2호.

• 형시영, 2006, 지속가능한 성장관리형 도시재생의 전략, 한국학술정보
• 한국건설교통기술평가원, 2006, 도시재생사업단 사전기획연구 최종보고서, p.6.
• 주관수 외, 2007, 한국의 도시재생과 공공의 역할. 대한주택공사 주택도시연구원, pp.25~47
• 문채, " 중심시가지 도시재생전략에 관한 연구" 한국지역사회발전학회, 2008
• 황희연, 전원식, 박원규, "주민참여형 도시만들기 사례의 사업주체별 유형과 특성분석" 대한국토도시계획학회, 2008
• 김영, 김기홍, 이승현, "지방도시 도심분석과 도시재생 방향에 관한 연구", 진주시와 마산시를 중심으로 한국주거환경학회, 춘계학술대회 발표논문집, 2007
• 임서환, "도시재생사업에 대한 제언", 도시정보, 대한국토도시계획학회, p23~24
• 강병주, 이건호, 오덕성, 김혜천, "도심공동화의 원인과 활성화 대책", 대한국토도시계획학회, 2000
• 백기영, 황희연, 변병설, "도시생태학과 도시공간구조", 2002, 보성각
• 김영환, 백기영, 오덕성, "영국 쉐필드시 도심재생계획의 특성에 관한 연구", 대한건축학회 논문집, 2003, p69~78
• 박천보, "도심재활성화를 위한 개발전략-지역,건축계획 및 지원정책을 중심으로", 대한 건축학회 연합논문집, 4권 4호, 2002
• 은기수, "네트워크사회의 사회해체" 정보통신정책연구원, 2005
• 조봉운, "도시재생사업의 수요조사 및 사업추진방안" 충남발전연구원, 2007
• 안현진, "한국도시계획계의 '도시재생' 에 관한 담론 분석", 서울시립대학교 석사학위논문, 2008
• 진동규, "도시재개발의 이론적 고찰과 개선방안에 관한 연구" 한국지역복지정책연구회, 1996
• 이규방, "정보화시대에 대비한 도시정책 모색이 필요하다" 대한국토 · 도시계획학회, 2003
• 김혜천, "도심공동화 문제의 이해와 도심재생의 접근방법", 한국도시행정학회 도시행정학보 제16집 제2호, 2003
• 남용훈, 김태엽, 신중진, "일본의 기성시가지 재생을 위한 공간계획기법에 관한 연구", 한국도시설계학회, 학술발표논문집, 2004
• 건설교통기술연구 개발사업 10차 시행계획, 건설교통기술평가원, 2006
• 김용웅,"우리나라 도시재생정책의 추진 현황과 방향" ,한국도시행정학회, 2007
• 주관수, 조승연, 김홍주, 김옥연, 지규현, 이영은, "한국의 도시재생과 공공의 역할" ,주택도시연구원, 2007

- 김타열, 장찬호, 조득환, "대구 중심시가지 활성화의 과제와 전략" 영남대학교 영남지역발전연구소, 2007
- 양재섭, 장남종, "사회경제적 여건변화에 대응하는 도시재생정책 ; 국내 도시재생사업의 추진동향과 과제 - 서울,인천,대전을 중심으로" 국토연구원, 2007
- 형시영, 민현정, "민,관 중심주체들의 시각에서 바라본 지방 대도시 도심재생사업 평가
- 광주광역시 공무원,주민,자영업 종사자 의견조사를 중심으로" 한국도시행정학회, 2005
- 김영환, 오덕성, "지속가능한 도시형태 이론과 모형에 관한 연구", 한국도시설계학회 학술대화논문집, 2003
- 윤정란, "중소규모 역사도시의 도심상업지 재생방안 연구 - 전라북도 전주시의 도심상업지를 중심으로", 대한국토 · 도시계획학회지 제42권 제3호, 2007
- UNEP, ANNUAL REPORT, (UNEP 2004 연례보고서) "천연자원보호와 파트너쉽의 역사를 필두로 지속가능한 개발 촉진", 2004
- 김수미, 양재혁, "가로공간 개선을 통한 도심재생방안에 관한 연구", 대한건축학회, 제 25권 제 1호, 2005
- 임서환, "도시재생 R&D 사업의 과제와 추진방향" 한국도시행정학회 학술발표대회 논문집 , 2007, p74~75
- 김세용, "도시커뮤니티 보전과 지역재활성화" 건설 기술인, 2007

국외문헌

- Allmendinger, P. 2001, Planning in Postmodern Times. London : Routledge.
- Baldwin, David A.(ed.), 1993, Neorealism and Neoliberalism: The Contemporary Debate. New York: Columbia University Press.
- Boyer, R., 1991, The Eighties: The Eearch for Alternatives to Fordism, in the Politics of Flexibility, ed. Jessop, B. Kastendiek, H and Nielsen, K., Petersen, I. K. Aldershot, Hants: Edward Elgar
- Breheny, M., 1992 The Compact City: An Introducation, Built Environment, 18(4)
- Calthorpe, P. 1993, The Next American Metropolis, New York : Princeton Architectural Press
- Calthorpe, P. 1994, The Region The New Urbanism : Toward on Architecture of Community, Written by P. Katz, New York : McGraw-Hill, pp. xi~xvi.

• Dear, M. 1995, Prolegomena to a Postmodern Urbanism, ed P. Healy et al Managing Cities, Chichester: John Wiley.
• Dear, M. 1988, The Postmodern Challenge. Transactions of the Institute of British Geographers. 13
• Ellin, N. 1996, Postmodern Urbanism, Cambridge: Blackwell Publishers.
• Ford, L. 1999, Lynch Revisited: New Urbanism and Theories of Good City Form, Cities, 16(4)
• Harvey, D. 1989, The Condition of Postmodernity. Oxford Basil Blackwell.
• Harvey, D. 1990, The Condition of Postmodernity, Oxford : Basil Blackwell.
• Jacobs, J. 1961, The Death and Life of Great American Cities, NY : Vintage Books
• Kuhn, T., 1970, The Structure of Scientific Revolution Chicago, IL: University of Chicago Press
• Lesley Hemphill?Jim Berry?Stanley McGreal, 2004, An Indicator-based Approach to Measuring Sustainable Urban Regeneration
• Moule, E. 2003, 제16조, 뉴 어바니즘 협회, 뉴어바니즘 헌장, 안건혁 · 온영태 옮김. 한울.
• Orange, M. 2002, Panning and the Postmodern Turn, Planning Futures, ed P. Allmendinger and M. Tewdwe-Jones, London : Routledge.
• Pawley, M. 1996, Architecture vs. Housing, 최상민 · 이영철 역, 근대 주거 이론의 위기, 서울 : 태림문화사.
• Paytok, M. 2001, Martha Stewart Vs. Studs Terkel News Urbanism and Inner Cities Neighborhoods That Work, Sage Urban Studies Abstracts, 29(1)
• Peter Roberts & Hugh Sykes, 2000, Urban Regeneration: A handbook, SAGE Publication
• Soja, E., 1989, Postmodern Geographies, London: Verso
• Talen, E. 1999, Sense of Community and Neighborhood Form : An Assessment of the Social Doctrine of New Urbanism, Urban Studies, 36(8)
• Roberts, P. and Sykes, H (eds). 2000, Urban Regeneration, SAGE Publication, PP.17~18.
• Lang, T. 2005, Insights in the British Debate about Urban Decline and Urban Regeneration. IRS Working Paper. Leibniz-Institute for Regional Development and Structural Planning(IRS), pp.7~8.
• Urban Task Force. 1999, Towards an Urban Renaissance : Final Report of the Urban Task Force Chaired by Rogers of Riverside, UK, pp.27~29.

표, 그림 찾아보기

표순서

그림순서